人民防空工程设计丛书

人民防空工程通风空调设计

马吉民　朱培根　耿世彬　郭春信　编著

中国计划出版社

图书在版编目（CIP）数据

人民防空工程通风空调设计/马吉民等编著．—北京：中国计划出版社，2006.8

（人民防空工程设计丛书）

ISBN 7-80177-689-5

Ⅰ．人…　Ⅱ．马…　Ⅲ．①人防工程－通风设备－建筑设计②人防工程－空气调节设备－建筑设计

Ⅳ．TU927

中国版本图书馆 CIP 数据核字（2006）第 058891 号

人民防空工程设计丛书

人民防空工程通风空调设计

马吉民　朱培根　耿世彬　郭春信　编著

☆

中国计划出版社出版

（地址：北京市西城区木樨地北里甲 11 号国宏大厦 C 座 4 层）

（邮政编码：100038　电话：63906433　63906381）

新华书店北京发行所发行

三河富华印刷包装有限公司印刷

787×1092 毫米　1/16　14.75 印张　371 千字

2006 年 8 月第一版　2006 年 8 月第一次印刷

印数 1—3000 册

☆

ISBN 7-80177-689-5/TU·441

定价：38.00 元

（内部发行）

《人民防空工程设计丛书》编审人员名单

主　　编： 李刻铭　李建民　吴　涛

编写人员：（按丛书顺序，排名不分先后）

杨延军　吴　涛　曹继勇　马吉民　丁志斌
方志刚　邢建春　周壁华　李建民　谢金容
张尚根　朱培根　任俊宏　石立华　王　平
耿世彬　崔陈华　王双庆　杨启亮　李刻铭
郭春信　刘　广　徐其威　王春明　梁德新
唐友怀　陈　彬　高　成　戴佑斌　顾建新

主　　审： 吴步旭　太史功勋　常守民

审查人员：（按丛书顺序，排名不分先后）

朱忠吉　王年桥　刘新宇　常守民　余有山
陈松华　吴步旭　袁正如　尧　勇　杨盛旭
刘凤田　杨腊梅　程宝义　缪小平　郭春信
郭海林　王金全　周壁华　石立华　太史功勋
李建民　吴　涛　丁志斌　邢建春　李刻铭
杨延军　曹继勇　马吉民　王　平　方志刚

编写单位： 解放军理工大学工程兵工程学院
协编单位： 江苏高科应用科学研究所

序

改革开放以来，城市地下空间的开发与利用越来越受到人们的重视，人们对城市综合防灾抗灾、防空袭能力的要求也越来越高。随着我国国民经济的高速持续发展，城市建设规模和建设水平不断地提高，作为与经济建设协调发展、与城市建设相结合的人民防空工程建设，尤其是人民防空地下室工程的建设将得到空前的发展。

由于种种原因，有关人民防空工程设计和管理方面的专业图书资料很少。在中国计划出版社的大力支持下，全国唯一培训人防工程专业人才的解放军理工大学工程兵工程学院，依靠自身优势和专业特点，结合当前人防工程建设发展的实际需要，以及近年来我国人防科研成果及相关文献资料，根据学院及相关单位长期从事人防工程教学、设计及工程实践所积累的经验和成果，从人民防空工程的概论、建筑、结构、通风空调、给水排水、电气、智能系统以及电磁脉冲防护等八个方面，全面系统地论述了人防工程的基本概念、设计原理、设计方法和设计要求，这是我国第一套有关人民防空工程设计方面的专业丛书。

相信这套丛书的出版对我国人防工程的建设将起到积极地推动作用，对人防工程设计、审查和管理的相关工程技术人员，是一套不可或缺的实用工具书，也是一套高校人防工程专业不可多得的实用设计教程。

中国工程院院士

二〇〇六年六月二十六日

前　言

近年来，随着我国国民经济高速、持续地发展，城市建设的规模和水平不断地提高，城市地下空间的利用越来越受到人们的重视。与此同时，人们对城市防灾抗灾、防空袭的认识也不断地增强，我国人民防空事业也进入了自二十世纪六七十年代以来的第二个蓬勃发展的高潮，作为人民防空事业物质基础的人民防空工程（简称人防工程），特别是作为城市人防工程重要组成部分的人民防空地下室的建设总量和规模不断地增大，建设水平也不断地提高。

由于人防工程设计的特殊性和专业性，要设计出“防护可靠、经济合理、平战两用”的人防工程就要求设计人员掌握必要的人防工程设计专业知识。由于历史的原因和涉密方面的限制，目前供从事人防工程设计和管理人员使用的专业图书资料很少，这也给防空地下室设计和设计审查管理人员带来了很大的困难和诸多不便。

根据建设部“2005 年工程建设标准规范制订、修订计划（第一批）”和国家人民防空办公室“人民防空科学技术研究第十个五年计划”的要求，按照 2003 年新修订的“人民防空工程战术技术要求”，人防工程设计规范进行了全面修订，《人民防空工程设计规范》GB 50225—2005 和《人民防空地下室设计规范》GB 50038—2005 自 2006 年 3 月 1 日正式颁布实施，它们代表了我国在人防工程建设方面的最新研究成果。

本套丛书以上述两本设计规范为主要依据，结合当前人防工程建设发展的实际需要，汲取了国内外先进的科研成果和有关文献资料，将解放军理工大学工程兵工程学院长期从事人防工程教学、科研、设计及工程实践的经验与体会加以整理归纳，从概论、建筑、结构、通风空调、给水排水、电气、智能系统以及电磁脉冲防护等八个方面，即《人民防空工程概论》、《人民防空地下室建筑设计》、《人民防空地下室结构设计》、《人民防空工程通风空调设计》、《人民防空工程给水排水设计》、《人民防空工程电气设计》、《人民防空工程智能化系统设计》和《人民防空工程核电磁脉冲防护设计》（该册已由国防工业出版社出版），全面、系统地论述了人防工程的基本概念、设计原理、设计方法和设计要求。这套丛书的编写几乎是与上述两本规范的修订同步进行的，许多作者同时也是这两本规范的主编人员。丛书结构清晰，深入浅出，结合人防工程实例，重点阐述了设计原理与方法，所举工程实例都是常见的实际人防工程项目，具有一定的普遍性和针对性，是一套实用性很强的设计指导教程，也是我国出版的第一套有关人民防空工程设计方面的专业丛书。

本套丛书主要面向全国人防工程设计、审查、管理及其他相关工程技术人员，可作为人防工程设计、施工、监理及管理的培训教材，亦可作为人防工程相关专业的本科教材使用，对从事人防工程教学和科研人员具有一定的参考价值。

这套丛书的出版得到了工程兵工程学院许多教员尤其是一批老教授的指导和帮助，学院原院长李金勇少将、人防工程系原系主任金丰年教授给予了许多关心和鼓励，特别是中国工程院钱七虎院士为丛书欣然作序，在此表示由衷的谢意！

本书是《人民防空工程设计丛书》的通风空调设计部分，主要按照现行的《人民防空地下室设计规范》、《人民防空工程设计规范》和《人民防空工程设计防火规范》等相关规范，结合工程实例阐述了人防工程通风空调方面的设计原理与方法。本书由人防工程防护通风系统、防护通风设备、通风量与通风管道计算、防火排烟、空气调节与防潮除湿、地下汽车库通风与排烟设计、柴油电站通风降温、自然通风和常见人防工程通风设计要点及实例等9章内容组成。

本书由马吉民、朱培根、耿世彬和郭春信编著，马吉民任主编，缪小平审阅。具体分工：第1章、第2章、第3章、第9章由马吉民编写，第5章、第6章由朱培根编写，第4章、第7章由耿世彬编写，第8章由郭春信编写。本书编写过程中得到了解放军理工大学程宝义教授、刘凤田教授、郭海林教授、缪小平教授和济南军区工程科研设计院刘英义高工的多方面帮助和支持，缪小平教授还在百忙中对书稿进行了审阅，许立平为书稿的输入和校对做了大量工作，在此深表谢意。

由于编者水平有限，错误和疏漏之处在所难免，恳请广大读者批评指正。

编　者

2006年4月于南京

目 录

1 人防工程防护通风系统

1.1 人防工程通风空调系统的特点与作用

人民防空是指国家根据需要，动员和组织群众采取防护措施，防范和减轻空袭灾害的行为，简称“人防”。国外把保护平民不受战争灾害或自然灾害危害的救助行为称为“民防”。

人民防空工程（简称人防工程）是战时掩蔽人员、物资以及保护人民生命财产安全的重要场所，也是实施人民防空最重要的物质基础。

通风空调系统是为人防工程提供空气环境保障的重要设施。

1.1.1 人防工程的分类

(1) 按构筑方式和所在的环境条件分类

按构筑方式和所在环境条件，人防工程可分为坑道式、地道式和掘开式。

坑道式：建筑于山地或丘陵地，大部分主体地面与出入口基本呈水平的暗挖式人防工程。

地道式：建筑于平地，大部分主体地面明显低于出入口的暗挖式人防工程。

掘开式：采用明挖法施工建造的人防工程。掘开式人防工程又分为单建式和附建式。单建式：上方没有永久性地面建筑物的人防工程，也称单建掘开式。附建式：即防空地下室，在其上方有永久性地面建筑物的人防工程。

(2) 按战时使用功能分类

按战时使用功能，人防工程可分为指挥通信工程、医疗救护工程、防空专业队工程、人员掩蔽工程和配套工程等五大类。

指挥通信工程：保障人防指挥机关战时工作的人防工程。

医疗救护工程：医疗救护工程是战时对伤员独立进行早期救治工作的人防工程（包括防空地下室）。医疗救护工程根据作用的不同可分为三等：一等为中心医院，二等为急救医院，三等为救护站。

防空专业队工程：防空专业队工程是战时保障各类专业队掩蔽和执行勤务而修建的人防工程。防空专业队包括抢险抢修、医疗救护、消防、治安、防化防疫、通信、运输等七种。其主要任务是：展示担负抢险抢修、医疗救护、防火灭火、防疫灭菌、消毒和消除沾染、保障通信联络、抢救人员和抢运物资、维护社会治安等任务，平时参与防汛、防震等，担负抢险救灾任务。

人员掩蔽工程：战时供人员掩蔽使用的人防工程。根据使用对象的不同，人员掩蔽工程分为两个等级，一等人员掩蔽工程是供战时坚持工作的政府机关、城市生活重要保障部门（电信、供电、供气、供水、食品等）、重要厂矿企业和其他战时有人员进出的人员掩蔽工程。二等人员掩蔽工程是为战时留城的普通居民提供的掩蔽所。

配套工程：战时用于协调防空作业的保障性工程，主要有区域电站、供水站、食品站、人防物资库、人防汽车库、生产车间、人防交通干（支）道、警报站和核生化检测中心等。

（3）按平时使用功能分类

人防工程平时使用功能很多，主要用于地下车库（汽车库、自行车库等）、地下商业设施（地下商场、地下街等）、地下娱乐场所（地下舞厅、茶座和酒吧等）和地下交通设施（地铁、隧道）等。

1.1.2 人防工程的特点

（1）封闭性

人防工程由于处于地下，周围是岩石和土壤，只有有限几个出入口与外界相通，与地面工程相比具有更大的封闭性，对空气流通不利，热量也不易排出工程外，发生火灾不易扑救，因而要求其通风换气次数和新风量比地面建筑相应大一些。

（2）维护结构的热稳定性大

由于工程周围岩石和土壤远比地面建筑墙体厚，岩石和土壤的蓄热能力强，其热惰性远大于地面建筑，工程壁面温度变化小，同时受室外气候变化的影响小，因而人防工程内温度波动小，有冬暖夏凉的特点。

（3）潮湿

由于人防工程散湿源多且不易排出，一般情况下远比地面建筑潮湿，因而在计算空调负荷时，必须计算湿负荷，并采取防潮除湿的技术措施。

1.1.3 人防工程通风空调系统的作用

人防工程一般平时、战时都使用（简称平战结合），但平时、战时功能往往不同。平时通风空调系统主要是保障工程内相应的空气热湿环境和空气质量；战时通风空调系统主要是为了应对未来战争中敌人空袭对工程内人员和物资的威胁，确保工程内人员和物资的安全。人防工程中通风空调系统的作用有以下几个方面：

（1）保证人防工程的通风换气

无论平时还是战时，人员在人防工程内生活、工作都离不开氧气，为此，应向人防工程中输送新鲜空气，保证氧气浓度，同时要排除工程内的污浊空气，保证空气中有害气体浓度在容许的范围内。因而人防工程除尽可能利用自然通风外，为了保证可靠的通风换气，一般应设置专门的机械通风系统。工程的类型和功能不同，其通风要求也不同。

（2）保证人防工程内人员的集体防护

在未来战争中，敌人可能会使用包括核武器、化学武器和生物武器在内的大规模杀伤性武器和常规武器对我们进行空袭，大气中将可能有大量的放射性尘埃、化学毒剂、生物战剂等对人员有杀伤作用的物质。因此人防工程往往需要在大气染毒和大气受放射性污染的情况下通风换气，从而必须解决进风的滤毒、消除放射性沾染的问题。

为了防止外界染毒空气沿人防工程的各种缝隙渗透到工程内，同时为防止染毒空气随人员出入而侵入工程内部，要求保证工程内部超压，并保证防毒通道的通风换气。另外，人防工程必须保持较高的气密性，具有隔绝防护能力。

(3) 保证人防工程内适宜的热湿环境

与地面建筑相比，夏季人防工程内部自然温度偏低，外界的热湿空气进入人防工程将会结露，加上人员和设备的散湿和围岩的渗水与散湿，造成工程内的空气比较潮湿，使人产生"阴、冷、潮"的感觉，潮湿可能引起人员的多种疾病，也会造成工程内设备易损坏、锈蚀，物资器材易发霉变质，影响了人防工程平战功能的发挥。因而这类人防工程内需要采取以"防潮除湿"为主的空气处理技术措施。对发热量大的工程，工程内需要采取以降温为主的空气调节技术措施。地下商场、地下娱乐等场所需要设置通风空调系统来保证其舒适的空气环境。

1.2 人防工程面临的威胁

人防工程属于战备工程，在战争中起着防护敌人武器的攻击、保护工程内人员和装备物资免遭武器破坏的作用。在现代战争条件下，核、生、化和常规武器对工程的毁伤已经成为防护的重点。武器效应系指兵器对人员和工程设施的杀伤、破坏作用和特征。为此，了解这些武器性能及其效应是十分必要的。

1.2.1 核武器及其效应

(1) 核武器

核武器是以核裂变反应（原子弹）或核聚变反应（氢弹）在瞬间放出巨大能量，达到大规模杀伤人员和破坏城市设施的一种现代武器。原子弹、氢弹统称核武器。

(2) 核武器效应

核武器的威力用"梯恩梯当量"（简称"当量"）表示。"当量"是指核爆炸时放出的能量相当于多少重量的梯恩梯炸药爆炸时所放出的能量。核武器按当量分为百吨级、千吨级、万吨级、十万吨级、百万吨级和千万吨级。

核武器的爆炸方式通常分为空中、地（水）面和地（水）下爆炸。空中爆炸按爆炸的比例爆高不同，分为低空爆、中空爆、高空爆和超高空爆。不同的爆炸方式，核武器的破坏效果不同。人防工程设计中一般按核武器的空中爆炸考虑。

低空爆炸主要用来破坏较坚固的地面、浅层地下目标和杀伤野战工事内的人员，它所形成的地面沾染对部队行动有一定的影响。中、高空爆炸主要用来杀伤地面暴露人员和破坏不坚固的目标，它所形成的地面沾染很轻，对部队行动没有影响。超高空爆炸主要用来摧毁飞行中的导弹、火箭，对地面上的人员、物体无杀伤破坏作用。地面爆炸主要用于破坏地面或浅埋地下的坚固目标，并能造成严重的地面沾染。

核武器爆炸后产生五种杀伤破坏因素，即空气冲击波、热（光）辐射、早期核辐射、核电磁脉冲、放射性沾染。前四种因素是在爆炸后几秒至几十秒内起作用的，又叫瞬时杀伤破坏因素，其作用迅速，危害大；放射性沾染的伤害作用时间较长，一般不会使人员立即丧失战斗能力。

1）空气冲击波（简称冲击波）是核爆产生的高速高压气浪。它是由高温、高压火球猛烈膨胀，急剧地压缩周围空气而形成的。冲击波从爆心以超音速向四周传播，随着距离的增大，传播的速度逐渐减慢，直至消失。冲击波到达时，人和物体会同时受到超压的挤压作用和动压的冲击作用。冲击波是核武器杀伤破坏最大的因素，冲击波能量占核爆炸能量的50%。冲击波作用时有正压和负压，作用突然并且无孔不入。因此防护通风系统要采取措施防止冲击波沿通风系统进入人防工程内。

2）热（光）辐射是从核爆炸的高温火球中辐射出来的强光和热。光辐射和普通光一样以光速直线传播，它可以被物质吸收、反射和遮挡，并能透过透明的物体。光辐射的能量很大，被物体吸收后，主要转变为热能，使之温度升高。

3）早期核辐射，是爆炸后最初十几秒内从火球和烟云中放出的γ射线和中子流。它是核武器特有的杀伤破坏因素。早期核辐射中的γ射线以光速、中子流以每秒几千至几万公里的速度，从爆心向四周传播，具有较强的贯穿能力。中子流会使某些物质产生感生放射性。早期核辐射只有几秒到几十秒，γ射线的强度在几秒内迅速下降，中子流在一秒钟后就可结束，同时由于烟云上升，使早期核辐射被空气层的削弱越来越多，作用于地面上的射线越来越少。

4）核电磁脉冲是核爆炸时产生的一种电磁波。核电磁脉冲电磁场强度高，比雷电产生的电磁信号至少高千百倍；频带很宽，现代电子设备几乎都会受到它的干扰；作用距离远，达几百到几千公里；持续时间短，只有万分之几秒。它不仅能干扰电子、电器设备的正常工作，并能使其失效和损坏。

5）放射性沾染是核爆炸产生的放射性产物以及感生放射性灰尘的运动对地面、水、空气、食物、人员、武器装备等所造成的沾染。放射性沾染来源于核裂变碎片、感生放射性物质以及未裂变的核装料。放射性沾染能放出多种射线，对人员产生杀伤作用。地爆时地面沾染作用时间长，一般在几天到几周或更长时间。放射性微粒一般是在爆炸后的0.5～1.0小时后，从空中回落到地面和水面。

1.2.2 化学武器及其效应

装有毒剂的各种兵器统称为化学武器，包括各种毒剂炮弹、炸弹、火箭弹、导弹、手榴弹、地雷和毒烟罐。

根据技术战术应用上的不同需要，可将毒剂按不同的方法分类。如按毒害作用分类（即按生理作用分类）有：神经性毒剂、糜烂性毒剂、全身中毒性毒剂、失能性毒剂、窒息性毒剂、刺激性毒剂等。如按战术使用分类有：致死性毒剂和非致死性毒剂。如按杀伤作用快慢分类有：速效性毒剂和缓效性毒剂。如按杀伤作用持续时间分类有：暂时性毒剂和持久性毒剂。

化学武器使用后可呈现气态、雾态、烟态、液滴态、微粉态五种不同的战斗状态。而毒剂进入人体的主要中毒途径有呼吸道、皮肤、眼睛、消化道和伤口等。

为了便于对毒剂的杀伤特性进行基本的数量分析，达到定量认识毒剂杀伤特性的目的，需要掌握有关毒剂的计量方法。

染毒浓度：染毒浓度是指单位体积染毒空气（或水）中含有毒剂的质量。根据空气的染毒浓度和无防护人员在染毒空气中暴露时间的长短，可以判断毒剂对人员的伤害程度。具有杀伤作用的染毒浓度称战斗浓度；失去杀伤作用的最大浓度叫安全浓度。

染毒密度：染毒密度是指单位面积地面（或物体）上沾染毒剂的质量。根据染毒密度可相对地比较毒剂对人员伤害的轻重、毒剂持久度的长短、再生云危害纵深的远近等。

1.2.3 生物武器及其效应

生物武器是依靠各种致病性微生物（细菌、立克次体、真菌、病毒等）和用细菌产生的毒素来达到杀伤人员和牲畜的武器。生物战剂按微生物分类有：细菌、病毒、毒素、立克次体、真菌。按对人员伤害程度分类有：失能性战剂、致死性战剂。按致死后有无传染性分类有：传染性战剂、非传染性战剂。

生物武器具有以下特征：致病性、传染性、迟缓性和局限性。

由于生物战剂施放方法的不同及各类战剂性质的差异，致使侵入人体的途径也不完全一样。它能通过呼吸道进入人体，可从消化道进入人体，还可直接经皮肤、黏膜、伤口或蚊虫叮咬进入人体。受生物战剂溶胶污染，或带菌昆虫、小动物、杂物等散布的地区，称为污染地域。生物战剂引起传染病发生和流行时，病人所处的地区称为疫区。

1.2.4 常规武器及其效应

人防工程抵御的常规武器主要指航空炸弹中的普通爆破弹。常规武器的杀伤作用分为直接和间接两种，直接杀伤作用是指以其爆炸冲击波和飞散的弹片对人员直接造成的伤害，间接杀伤作用是指由炸弹爆炸造成的地面建筑物倒塌和火灾等灾害对人员造成的伤害。

1.2.5 战时城市火灾

战时城市火灾是战时在敌人空袭后产生的次生灾害，是指在核爆炸或大规模燃烧弹袭击条件下所引发的全城性火灾。战时城市火灾会在地面形成长时间的高温，因而会使人防工程内的人员无法生存，无法转移。最严重的城市火灾又称风暴，可使人防工程严重缺氧，危及人防工程内人员的生命安全。

1.3 人防工程通风系统的防护要求

1.3.1 人防工程防护通风系统所应具有的防护能力

人防工程的防护通风系统必须确保战时防护要求，保证工程内人员和物资的安全。具体说来，防护通风系统应具有以下防护能力。

（1）对冲击波的防护能力

要防止核武器和常规武器爆炸产生的冲击波沿通风管道进入工程内。

（2）对放射性沾染的防护能力

防护通风系统要采取措施防止核爆炸后产生的放射性沾染随工程外空气进入人防工程内。

（3）对化学、生物武器的防护能力

防护通风系统要采取措施防止化学毒剂、生物战剂随工程外空气进入人防工程内，其防化等级由战时功能确定。

（4）对战时城市火灾的防护能力

要能防止战时城市火灾产生的高温、烟气对人防工程内人员造成的危害。

人防工程对核、生、化武器的防护称为“三防”。

1.3.2 人防工程防护通风系统的性能要求

1）具有良好的密闭性。

2）能有效地防止冲击波沿进、排风口进入工程内部。

3）对人员掩蔽工程应有除尘滤毒装置，能将一定量的室外染毒空气处理至容许浓度。

4）具有一定的隔绝防护能力，在规定的隔绝时间内，保持工程内 CO_2浓度不超过允许值。

5）在过滤通风时，保证工程内一定的超压值和防毒通道的通风换气。

6）能随时了解工程内外的染毒和超压情况。

7）应有洗消设施。

1.3.3 人防工程防护通风系统采取的综合技术措施

在人防工程的防护通风设计中，目前主要采用以“堵”为主，“堵、滤、排、消”相结合的综合技术措施。

堵——人防工程除在出入口设置防护门、密闭门外，在通风系统上设置防爆波活门、密闭阀门和密闭穿墙管等措施将核、生、化污染物及冲击波“挡”在工程之外。

滤——在工程内设置除尘和滤毒设备，将进入工程内的外界污染空气进行处理，使污染空气中的放射性沾染、化学毒剂、生物战剂的含量达到规定的安全值。放射性沾染、化学毒剂和生物战剂虽是三种不同的杀伤武器，但它们具有共同的特点，即都必须进入工程内才能对工程内人员产生杀伤作用，可用相似的技术措施去处理。

排——保证工程内一定的超压，并对口部防毒通道和（简易）洗消间实施排风换气，将染毒空气“稀释”至安全浓度。

消——在工程口部设置洗消设备，对进入工程内的人员、服装、武器及口部沾染区的管道、设备、房间等进行洗消。

1.4 防护通风系统的组成及通风方式

1.4.1 防护通风系统的组成

实现人防工程内部通风换气的一整套设备与管道系统称为通风系统。根据系统各部分担负的任务，通风系统又分为进风系统、排风系统（见图 1-1）。对温湿度有一定要求的工程，除了设有进、排风系统外，还设有空调送风系统和回风系统。

根据工程内房间的使用功能，可以将人防工程内的房间分为送风房间和排风房间两类。

送风房间是人员生活和工作的房间，对空气卫生标准要求较高，因此需要不断地送入新鲜空气或者经过空调处理后具有一定温、湿度的空气，如人员掩蔽、办公、医疗等。排风房间是指不断产生异味或有害物的房间，如厕所、厨房、水库、盥洗间、污水泵间、蓄电池间等。为了防止排风房间产生的有害气体向其他房间扩散，将送风房间用过的空气，有序地通过这些排风房间排到工程外。

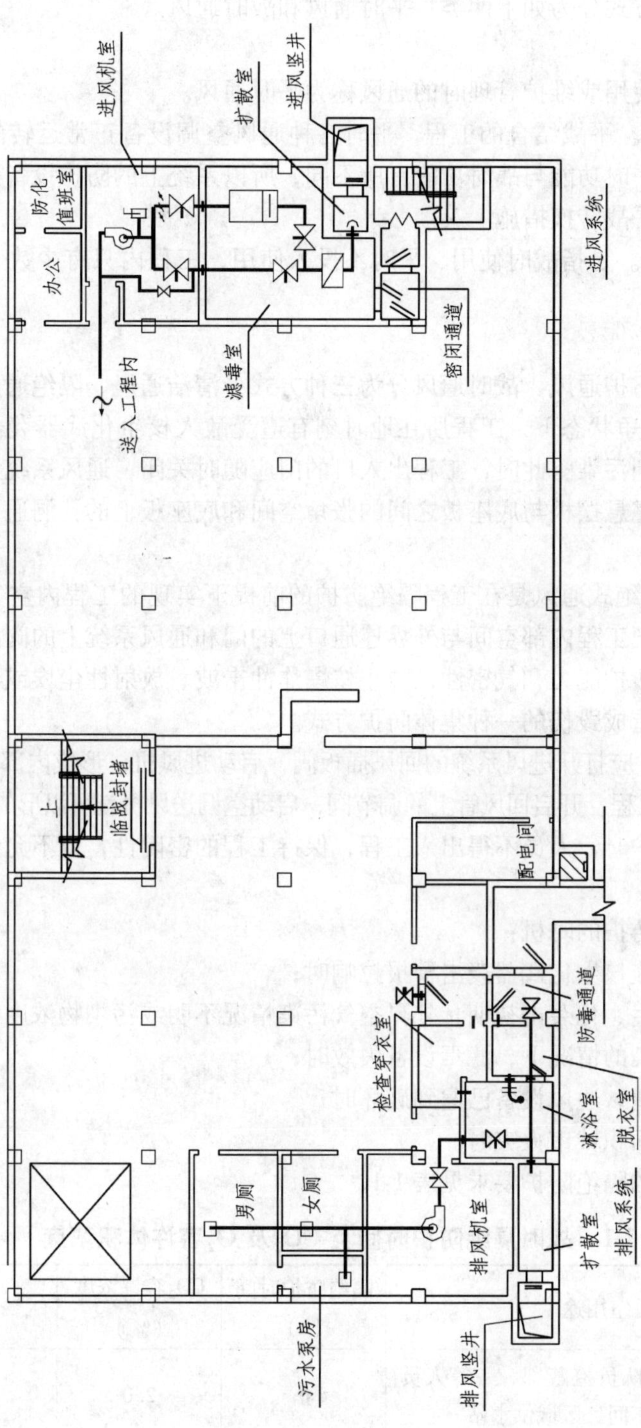

图 1-1 战时通风系统的组成

1.4.2 人防工程通风方式

人防工程的通风方式分为如下两类：平时通风和战时通风。

（1）平时通风

工程在和平时期使用或维护管理时的通风称为平时通风。

1）平时正常通风。平战结合的工程，平时各种通风空调设备正常运转的通风方式称为平时正常通风。由于平时功能与战时功能有所不同，所以系统上的防护设备处于待装或维护状态。临战时要采取平战转换措施。

2）平时维护通风。是指战时使用、平时不投入使用，工程内只有少数人进行维护管理的工作状况下的通风。

（2）战时通风

战时通风又称为防护通风，战时通风分为三种方式：清洁通风、隔绝通风和滤毒通风。

1）清洁通风。战争状态下，工程所在地时刻有遭受敌人核生化武器袭击的可能，但是工程外的空气尚未受到污染。此时，工程出入口的门应随时关闭，通风系统上防爆波活门的底座板应关闭拴紧，靠悬摆板与底座板之间的张角空间和底座板上的孔洞通风，这时的通风称为清洁通风。

2）隔绝通风。隔绝式通风是在工程隔绝防护的前提下实现的工程内空气循环的通风方式。隔绝式防护是指把工程内部空间与外界连通口上的门和通风系统上的阀门全部关闭或封堵，利用工程本身的防护能力和气密性，防止核爆炸冲击波、放射性尘埃或毒剂、生物战剂等对工程内掩蔽人员造成毁伤的一种集体防护方式。

实施隔绝式通风，应打开进风系统的回风插板阀，启动进风机，形成内部空气循环。对于设有空调送风系统的工程，开启回风管上的调节阀，启动空调送风机就可以形成内部空气循环。

工程处于隔绝防护时，人员不得出入工程，保持工程的密闭性，也不允许向工程外排放污水。

工程转入隔绝式防护的时机：

①敌人对该地实施核生化武器袭击警报拉响时；

②敌人实施核、生、化袭击初期，外界空气污染情况不明或污染物浓度太高时；

③外界空气受污染的情况下，滤毒设备失效时；

④通风孔口被堵塞，通风设备已遭到破坏时；

⑤工程外发生大面积城市火灾时。

防空地下室工程的隔绝防护要求见表 1-1。

表 1-1 战时隔绝防护时间及 CO_2 及 O_2 容许体积浓度

防空地下室用途	隔绝防护时间（h）	CO_2 容许浓度（%）	O_2 容许浓度（%）
医疗救护工程、专业队员掩蔽部、一等人员掩蔽所、食品站、生产车间、区域供水站	6	2.0	18.5
二等人员掩蔽所、电站控制室	3	2.5	18.0
物资库等其他配套工程	2	3.0	—

隔绝防护时间的校核：

在设计时要对工程隔绝防护时间按公式（1-1）进行校核：

$$t = \frac{1000V_0(C - C_0)}{nC_1} \tag{1-1}$$

式中 t——隔绝防护时间（h）；

V_0——人防工程内清洁区的体积（m^3）；

C——人防工程内隔绝防护时 CO_2 容许浓度（%），应按表 1-1 确定；

C_1——清洁区内每人每小时呼出的 CO_2 量［L/（人·h）］，掩蔽人员可取 20，工作人员可取 20～25；

C_0——隔绝防护前人防工程内 CO_2 浓度（%），可按表 1-2 确定；

n——隔绝防护时人防工程清洁区内的掩蔽人数（人）。

表 1-2　清洁式通风时防空地下室内 CO_2 含量 C_0 值选用表

隔绝防护前的新风量 L/（人·h）	C_0（%）
25～30	0.13～0.11
20～25	0.15～0.13
15～20	0.18～0.15
10～15	0.25～0.18
7～10	0.34～0.25
5～7	0.45～0.34
3～5	0.72～0.45
2～3	1.05～0.72

当计算出的隔绝防护时间不能满足表 1-1 的规定时，应采取延长隔绝防护时间的措施，增加氧气、减少二氧化碳或减少掩蔽人数。

【例 1-1】　有某一等人员掩蔽部，工程内有效掩蔽空间 $V_0 = 5000m^3$，战时掩蔽 800 人，其清洁式通风量标准 $q = 10$［m^3/（人·h）］。试问该工程由清洁式通风转入隔绝式通风后，是否达到规范要求的隔绝防护时间？

解：

由表 1-1 可知，对一等人员掩蔽工程，隔绝防护时间为 $t \geq 6h$，CO_2 容许浓度为 $C \leq 2.0\%$。

查表 1-2，工程内一般为掩蔽人员，故取 $C_1 = 20$［L/（人·h）］，$C_0 = 0.25\%$；将数据代入公式（1-1）：

$$t = \frac{1000V_0(C - C_0)}{nC_1} = \frac{1000 \times 5000(2.0\% - 0.25\%)}{800 \times 20} = 5.46(h)$$

结论：$t = 5.46h < 6h$，达不到规范所要求的隔绝防护时间。

要达到要求的隔绝防护时间，工程内所能掩蔽的人数为：

$$n = \frac{1000V_0(C - C_0)}{t_g C_1} = \frac{1000 \times 5000(2.0\% - 0.25\%)}{6 \times 20} = 729(\text{人})$$

延长隔绝防护时间的措施：

要延长人防工程的隔绝防护时间，采取的技术措施就是提高空气中的 O_2浓度，降低工程内的 CO_2浓度。其措施有：

①氧气再生装置。65 型（原名 KZ-2 型）对流式 O_2再生装置。当工程处于密闭隔绝通风时，CO_2浓度不断上升，超过容许标准时，可开启此装置，以维持人员的生活。

65 型 O_2再生装置是由空气再生装置壳体和药板箱组成。再生药板是装有再生药粒的钢丝网板。再生药粒是黄色碱性强氧化剂，失效后变成白色，其成分为：超氧化钠（NaO_2）占 95%，过氧化钙（CaO_2）占 5%。

作用原理：在隔绝式通风时，含有水蒸气和 CO_2的空气，经过再生装置的下部箱箍进气孔及箱体侧面百叶窗进气孔进入再生装置，当水蒸气和 CO_2通过再生药板间的空隙时，则与药粒接触起化学作用，CO_2被吸收，放出 O_2，同时放出热量，因此，装置中的空气被加热上升，经上部箱箍气孔排出，这样在室内就形成了对流。其化学反应如下：

$$NaO_2 + H_2O —— NaOH + O_2 + \text{热}$$
$$2NaOH + CO_2 —— Na_2CO_3 + H_2O + \text{热}$$

当工程密闭（进入隔绝式通风）2h 以后，则每经过 1h，须检测一次空气中的 CO_2浓度。使用再生装置的时机，应根据隔绝式通风时 CO_2的容许浓度标准确定。

使用前，从保管地点取出装置和药板箱。将再生装置放在房间的中央，根据所需启用再生装置的时间长短来选择再生装置个数和药板箱的个数（参看性能表 1-3）。

表 1-3　65 型 O_2再生装置性能参数

药箱数（箱）	O_2再生装置数（箱）	使用人数（人）	药板使用效率（%）	使用时间	
				人·h	h/箱
1	1	4	80	>72	>18
1/2	1	4	50	25.5	6.4
1	1	6	<80	63	10.5
1	1	8	38.4	33.6	4.2
1	1	10	36.4	30	3

②高压氧气钢瓶供氧。利用钢瓶里的高压 O_2不断向空气中补充，以维持人员的呼吸需要。一个容积为 40L 的钢瓶，当压力在 125～150 个大气压时，贮氧量可达 5000～6000L。如果每人每小时需氧量按 20～25L 计，则可供 200～300 人用 1 小时。

由于它只能供氧，不能消除 CO_2，所以最好与消除 CO_2器材结合使用。

③CO_2的清除。清除工程中 CO_2的方法很多，常用的有以下两种：

a. 生石灰：将生石灰（CaO）加少量的水熟化，然后再加适量的水搅拌均匀，灰水比控制在 8∶1～3∶1（重量比）之间。其作用原理是：

石灰遇水后，生成氢氧化钙 $CaO + H_2O —— Ca(OH)_2$

氢氧化钙容易吸收酸性的二氧化碳 $Ca(OH)_2 + CO_2 —— CaCO_3 + H_2O$

b. 碱石灰：碱石灰是由烧碱、生石灰和水混合溶化后再烘干而制成一种粒状 CO_2 吸收剂，其基本原理和使用方法与生石灰相同。加入烧碱是为了使吸收剂在使用过程中保持一定的水分，增强碱性，并能增加吸收剂的颗粒强度和多孔性。试验表明，当 CO_2 浓度上升到3%时，每人使用0.75kg碱石灰，铺放面积0.275平方米，可在4～5h内保持 CO_2 浓度不再上升。

3）滤毒通风。当工程外的空气遭受敌人核、化学或生物武器袭击而被污染时，进入工程内部的空气应经过除尘滤毒处理，并将用过的废气靠超压排风系统排出工程，这种通风方式称为滤毒通风。

滤毒通风时，工程外的染毒空气必须经滤毒式通风管路上的过滤吸收器处理后才能送入工程内使用。如果外界毒剂浓度很高时就转入滤毒通风，必将大大缩短滤毒设备的使用寿命，导致滤毒设备很快失效，从而无谓地增加拆换滤毒设备的次数和工作量，可能贻误战机，甚至危及人员的生命安全。因此，能否恰到好处地抓住工程转入滤毒通风的时机是至关重要的。工程转入滤毒通风之前，应搞清工程外遭受袭击的状况，查明毒剂的性质、种类和浓度。待初生云团过后，方可转入滤毒通风。

人防工程转入滤毒通风的时机：

①有人员急需进、出工程，需要造成工程内一定的超压值，为防毒通道进行通风换气，以便排出因人员进、出带入防毒通道的染毒空气时；

②毒剂沿缝隙渗入工程，将要威胁人员的安全时；

③当工程隔绝一定时间后，空气中 CO_2 浓度上升到规定标准，并且人员感到再继续隔绝将难以维持时。

滤毒通风在操作时应注意以下事项：

①当工程所在地域遭到敌人原子（或化学或细菌）武器袭击，使外界空气受到放射性沾染（或化学或细菌毒剂的污染）时，由于情况不明，工程应首先转入隔绝式防护和隔绝式通风。当查明了毒剂的性质，证明该工程所配备的过滤吸收器可以滤除当前的毒剂，待初生云团过后，毒剂浓度降低后，且工程必须从外界进风或有人员出入工程时，才转入滤毒通风，使受沾染的空气经滤毒通风系统，滤除放射性尘埃、毒剂或生物战剂后送入工程内；

②转入滤毒通风时，应先用小风量通风，以检查过滤后的空气中毒剂浓度是否超过了容许浓度，以此判别滤毒设备是否失效；

③当地面处于大面积城市火灾时，不能转入滤毒通风。因为这时的地面空气中，CO和 CO_2 的浓度过高，一般过滤吸收器对CO和 CO_2 没有防护能力，如果让这种空气进入工程，将迅速恶化工程内的空气环境。

1.5 防护进风系统的设计

人防工程的防护进风系统是战时为工程内人员供给新鲜空气的系统，对工程内掩蔽人员的生命安全至关重要。

1.5.1 设有清洁、滤毒、隔绝三种通风方式的进风系统

战时为医疗救护工程、防空专业队队员掩蔽部、人员掩蔽工程以及食品站、生产车间和电站控制室、区域供水站的防空地下室，应设置清洁通风、滤毒通风和隔绝通风三种通风方式。

(1) 清洁通风与滤毒通风合用通风机的进风系统

1）清洁通风与滤毒通风合用通风机的进风系统原理图见图1-2，平面布置见图1-3，三种通风方式操作控制见表1-4。

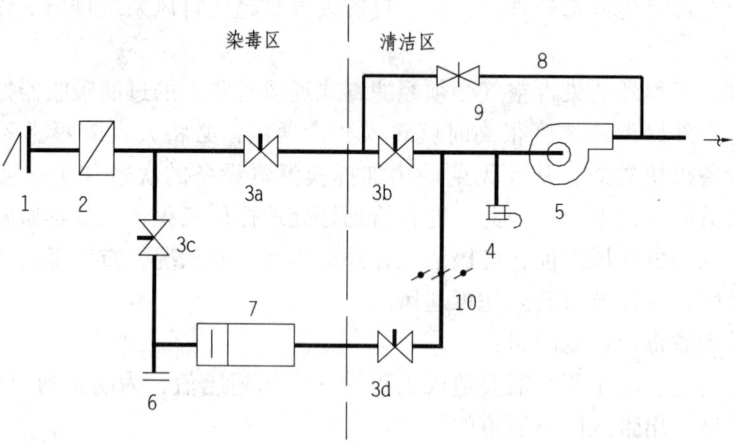

图1-2 清洁通风与滤毒通风合用通风机的进风系统原理图

1—消波设施；2—粗过滤器；3—密闭阀门；4—插板阀；5—通风机；6—换气堵头；7—过滤吸收器；8—增压管（DN25热镀锌钢管）；9—球阀；10—风量调节阀

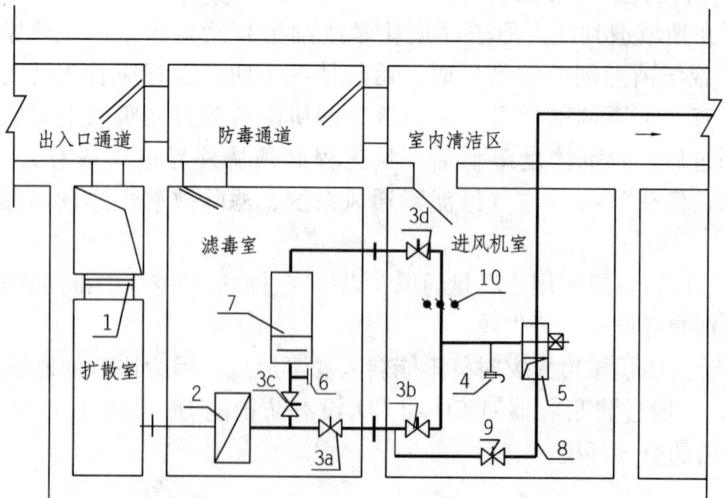

图1-3 清洁通风与滤毒通风合用通风机的进风系统平面图

1—消波设施；2—粗过滤器；3—密闭阀门；4—插板阀；5—通风机；6—换气堵头；7—过滤吸收器；8—增压管（DN25热镀锌钢管）；9—球阀；10—风量调节阀

表 1-4 三种通风方式阀门风机操作控制表

通风方式	阀门		风机	
	开	关	开	关
清洁通风	3a、3b	3c、3d、9	5	
隔绝通风	4	3a、3b、3c、3d、9	5	
滤毒通风	3c、3d、9 调节 4、10	3a、3b	5	

2）三种通风方式时的空气流程。

①清洁通风。工程外→1→2→3a→3b→5→工程内。

②隔绝通风。工程内→4→5→工程内。

实现工程内空气的内循环，送风机房应有回风通道。

③滤毒通风。工程外→1→2→3c→7→3d→10→5→工程内。

调节 10、4，控制通过过滤吸收器 7 的风量小于其额定风量。此时打开阀门 9，是为了在 3a、3b 之间的管道形成高压气塞，防止有毒气体沿清洁通风管道渗入工程内。

（2）清洁通风与滤毒通风分设通风机的进风系统

1）清洁通风与滤毒通风分设通风机的进风系统原理图见图 1-4，平面布置见图 1-5，三种通风方式操作控制见表 1-5。

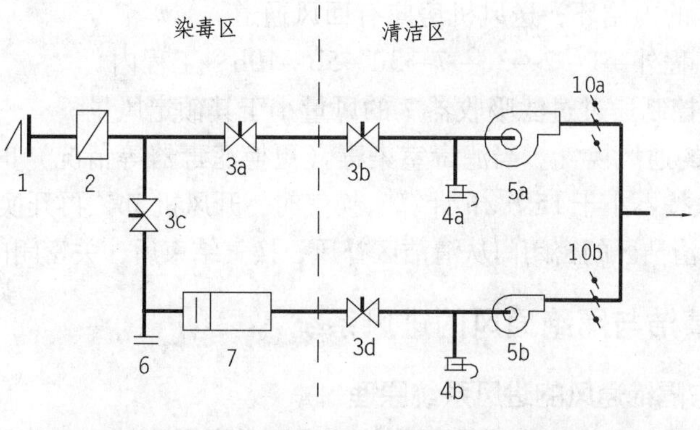

图 1-4 清洁通风与滤毒通风分设通风机的进风系统原理图

1—消波设施；2—粗过滤器；3—密闭阀门；4—插板阀；5—通风机；6—换气堵头；7—过滤吸收器；10—风量调节阀

表 1-5 三种通风方式阀门风机操作控制表

通风方式	阀门		风机	
	开	关	开	关
清洁通风	3a、3b、10a	3c、3d、4a、4b、10b	5a	5b
隔绝通风	4a、10a	3a、3b、3c、3d、4b、10b	5a	5b
滤毒通风	3c、3d 调节 4b、10b	3a、3b、4a、10a	5b	5a

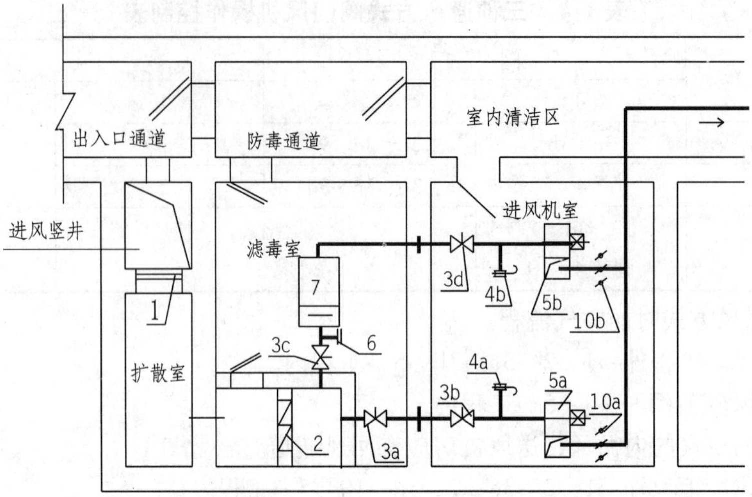

图 1-5　清洁通风与滤毒通风分设通风机的进风系统平面图

1—消波设施；2—粗过滤器；3—密闭阀门；4—插板阀；

5—通风机；6—换气堵头；7—过滤吸收器；10—风量调节阀

2）三种通风方式时的空气流程。

①清洁通风。工程外→1→2→3a→3b→5a→10a→工程内。

②隔绝通风。工程内→4a→5a→10a→工程内。

实现工程内空气的内循环，送风机房应有回风通道。

③滤毒通风。工程外→1→2→3c→7→3d→5b→10b→工程内。

调节 10b、4b，控制通过过滤吸收器 7 的风量小于其额定风量。

3）除尘滤毒室的通风换气。当滤毒室染毒（更换滤毒器等情况）时，要对滤毒室进行通风换气，换气次数按不小于 15 次/h 计算。换气时，开风机 5b，再开换气堵头 6，开滤毒室密闭门和防毒通道靠清洁区的密闭门从清洁区补风，换气结束后，关密闭门和换气堵头 6。

1.5.2　只设清洁与隔绝通风的进风系统

（1）只设清洁与隔绝通风的进风系统原理

人防物资库工程一般只设清洁通风与隔绝通风两种通风方式，只有要求战时染毒情况下有人员出入时才设滤毒通风系统。进风系统原理图见图 1-6，平面图布置见图 1-7、图 1-8 和图 1-9，两种通风方式操作控制见表 1-6。图 1-7 中把粗滤器 2 调至密闭阀门 3b 后面，是因为粗滤器 2 不是密闭设备，易使进风机室染毒，破坏了工程的隔绝防护，调至 3b 阀后，关闭密闭阀 3a、3b 后，可以实现工程隔绝防护。图 1-8、图 1-9 适用于物资库类工程，在敌人空袭时，可以暂停通风，其战时进、排风口或平战两用进、排风口可采用“防护密闭门 + 密闭通道 + 密闭门”的防护做法。

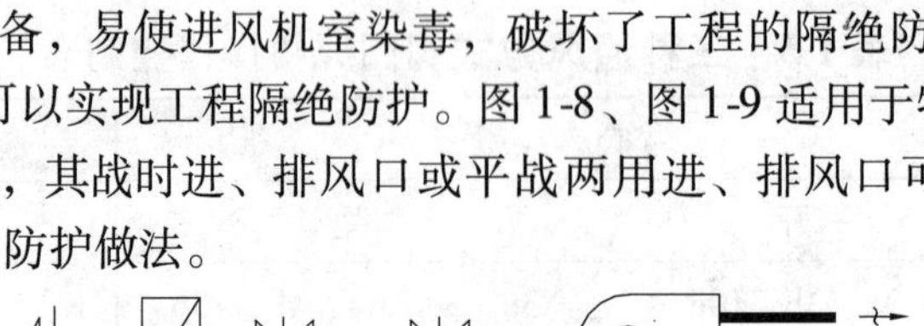

图 1-6　只设清洁通风与隔绝式通风的进风系统原理图

1—消波设施；2—粗过滤器；3a、3b—密闭阀门；4—插板阀；5—通风机

表 1-6　二种通风方式阀门风机操作控制表

通风方式	阀门		风机	
	开	关	开	关
清洁通风	3a、3b	4	5	
隔绝通风	4	3a、3b	5	

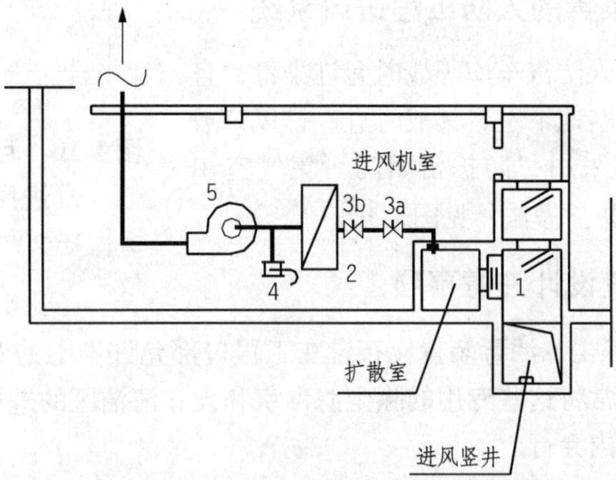

图 1-7　只设清洁通风与隔绝式通风的进风系统平面图（一）

1—消波设施；2—粗过滤器；
3a、3b—密闭阀门；4—插板阀；5—通风机

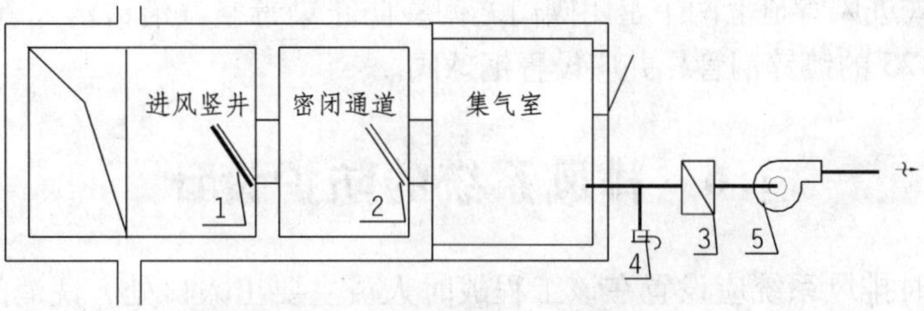

图 1-8　只设清洁通风与隔绝式通风的进风系统平面图（二）

1—防护密闭门；2—密闭门；3—粗过滤器；
4—插板阀；5—通风机

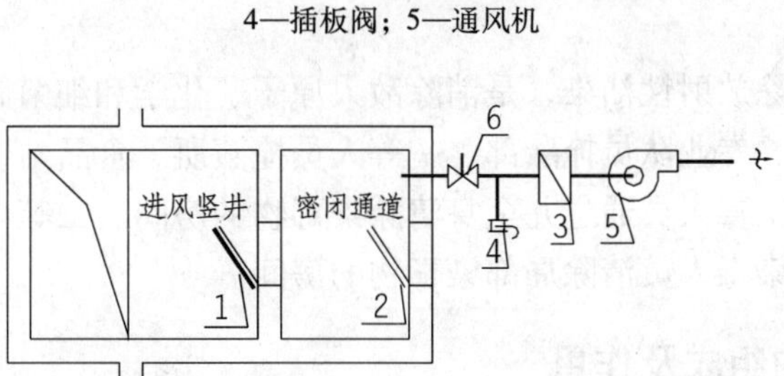

图 1-9　只设清洁通风与隔绝式通风的进风系统平面图（三）

1—防护密闭门；2—密闭门；3—粗过滤器；4—插板阀；5—通风机；6—密闭阀门

（2）两种通风方式时的空气流程

1）清洁通风。工程外→1→2→3a→3b→5→工程内。

2）隔绝通风。工程内→4→5→工程内。实现工程内空气的内循环。

1.5.3 战时可染毒的人防工程进风系统

专业装备掩蔽部、人防汽车库等战时允许染毒，且空袭时可暂停通风的防空地下室，其战时进、排风口或平战两用进、排风口可采用“防护密闭门＋集气室＋普通门（防火门）”的防护做法，见图1-10。

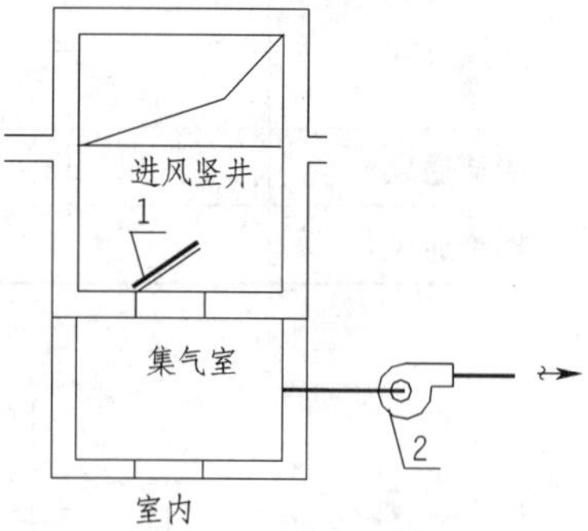

图1-10 可染毒的防空地下室进风系统布置图

1—防护密闭门；2—通风机

1.5.4 进风系统设计注意事项

1）供战时使用的除尘、滤毒装置应布置在工程口部允许染毒的专用房间内，而进风机室必须设在清洁区。通常将这些专用的除尘滤毒室和设在清洁区的进风机室设置在通道的同一侧，以防管道在通道内穿行。

2）滤毒式通风和清洁式通风的进风管上应设置两道密闭阀门，最后一道密闭阀门应设置在进风机室；医疗救护工程、专业队员掩蔽部、一等人员掩蔽所、食品站、生产车间、区域供水站工程进风管道上应采用手动、电动两用密闭阀门。

3）滤毒式与清洁式通风合用一台风机时，在进风机室应设置增压管，增压管由送风机压出管接至清洁式进风管道上两个密闭阀门之间，防止染毒空气沿清洁式管路进入工程内，增压管应采用 *DN*25 的镀锌钢管，并应设置铜球阀。

1.6 排风系统的防护设计

人防工程战时排风系统应设置在该工程战时人员主要出入口处，洗消间或简易洗消间也设在该出入口。这是因为战时有人员出入工程时，通过超压排风，能造成（简易）洗消间和防毒通道的通风换气，阻止工程外的染毒空气由此侵入工程。排风机室应设在清洁区内。

洗消是指消毒和消除放射性沾染，是消除敌人原子、化学和细菌武器袭击后果的重要措施之一。医疗救护工程、专业队员掩蔽部、一等人员掩蔽所、食品站、生产车间、区域供水站工程设洗消间，是供染毒人员通过并全身清除染毒物的房间。二等人员掩蔽所、电站控制室设简易洗消间，是供染毒人员清除局部染毒物的房间。

1.6.1 洗消间的组成及作用

洗消间一般由脱衣间、淋浴间和检查穿衣间组成，如图1-11所示。洗消间是对人员进行洗消，并进行染毒程度检查的房间。当设一个防毒通道时，洗消间由防毒通道进，从清洁区出；当设两个防毒通道时，洗消间宜设在第Ⅰ、Ⅱ防毒通道之间，由第Ⅰ防毒通道进，从第Ⅱ防毒通道出。

（1）脱衣间

脱衣间是需要洗消的人员进入淋浴间进行洗消之前，脱去个人防护器材和各种染毒、沾染衣物的房间。为了防止毒剂和放射性沾染继续扩散，应将脱下的衣物等置于密封的塑料袋内。该房间比淋浴间和检查穿衣间遭受污染的程度重，战时，每次用过后均应进行认真地洗消。

（2）淋浴间

淋浴间是人员进行淋浴洗消的房间。

（3）检查穿衣间

洗消人员经过淋浴洗消后，进入检查穿衣间进行检查，合格后方可穿上清洁的衣服进入工程内，否则要重新回到淋浴间再次洗消。

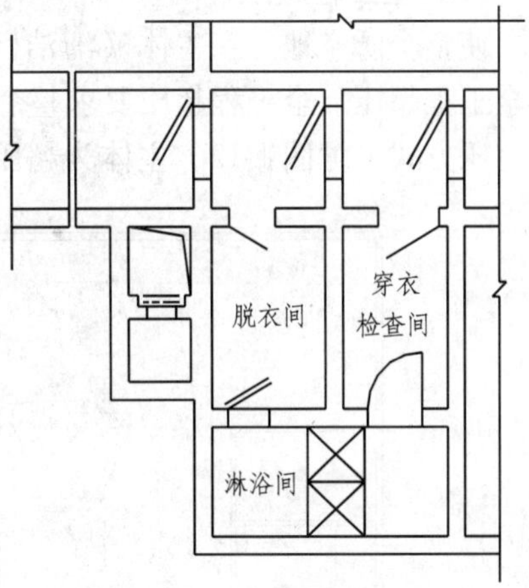

图 1-11　洗消间的组成

（4）简易洗消间

二等人员掩蔽所、电站控制室工程，只在战时主要人员出入口设有简易洗消间，进口开在防毒通道内，出口开在工程清洁区内，并设密闭门，也可以将简易洗消间设在防毒通道内。

1.6.2　工程超压方式

人防工程在遭到敌人原子、化学或细菌武器袭击后，工程已转入滤毒通风，即滤毒进风系统不断地由室外向工程内进风，依靠调节超压排风系统的排风量来控制主体工程内产生超压，防空地下室工程的超压要求见表 1-7。注意只有设滤毒式通风时才有工程超压问题。只设清洁通风与隔绝通风的工程，没有洗消间和超压的问题。

表 1-7　滤毒通风时的主体超压要求

防空地下室类别	主体超压（Pa）
医疗救护工程、防空专业队队员掩蔽部、一等人员掩蔽所、生产车间、食品站、区域供水站	≥50
二等人员掩蔽所、电站控制室	≥30

防空地下室超压是指防空地下室内的空气压力大于室外空气的压力。超压的目的是为了防止人员进出防空地下室时将染毒空气带入防空地下室内部，同时可以阻止毒剂在自然压差的作用下沿各种缝隙进入防空地下室，危害工程内的人员。要实现防空地下室的超压，就必须控制防空地下室的进风量大于排风量。防空地下室转入滤毒式通风后，其滤毒进风系统不断地将外界染毒空气处理至安全浓度送入室内，依靠调节超压排风系统的排风量来控制工程内的超压值。

超压方式有以下两种：

（1）全工程超压

使整个防空地下室主体（清洁区）的空气压力均大于室外空气压力一定值的超压方式称全工程超压。全工程超压要求整个防空地下室具有良好的气密性，设计时应优先采用全工程超压方式，见图 1-12，主体为超压区 $P_{内} > P_{外}$。

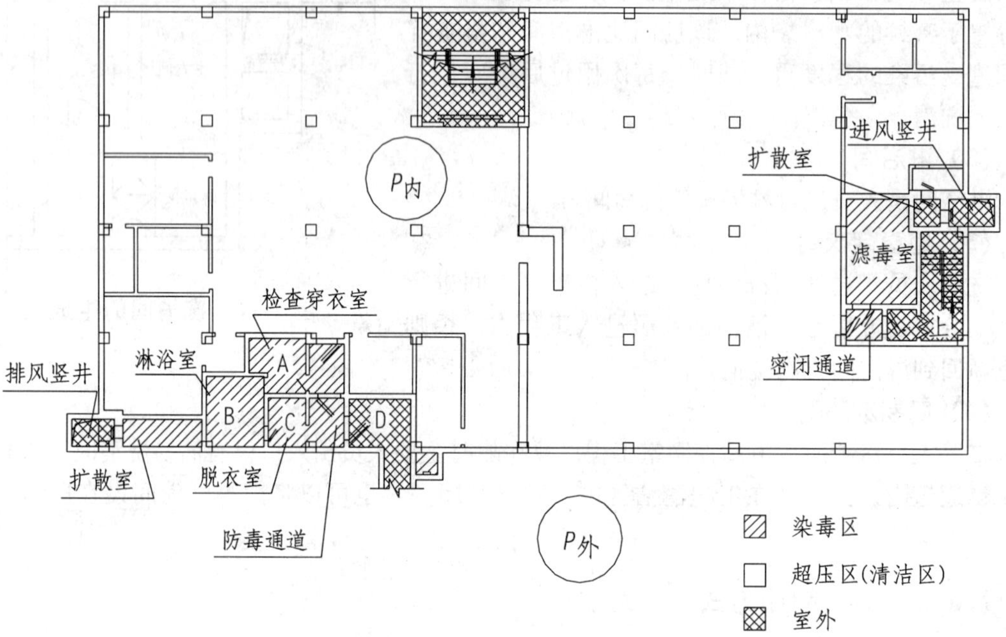

图 1-12　全工程超压

主要出入口的毒剂浓度情况如下：$D > C > B > A$。工程外 D 区毒剂浓度最高，C、B、A 三区经排风稀释，A、B、C 三区空气中毒剂浓度处于安全浓度，即不对人员有杀伤作用，但此时人员身上可能带毒。

人员进入的路线：工程外→D→C→B→A→工程内。

超压排风的路线：工程内→A→B→C→D→工程外。

即二者方向相反，人是迎着清洁空气进入，排风把人员带入的毒剂排出工程外。

（2）口部局部超压

靠排风机的排风压力在防毒通道、检查穿衣室、淋浴室和脱衣室形成超压的方法，称为口部局部超压，见图 1-13，口部 A、B、C 区 $P_{内} > P_{外}$。

局部超压排风时，应注意：必须控制机械排风量小于滤毒式进风量，确保全工程内部不出现负压，以防毒剂通过缝隙渗入工程内。开机时先开进风机，再开排风机。关机时相反。另外只有一个防毒通道的人防工程不允许采用局部超压方式，必须采用全工程超压方式。

1.6.3　口部排风系统设计

设置口部排风系统的目的是在滤毒通风方式时，保持工程超压，保证在人员的出入时，毒剂不侵入工程内。

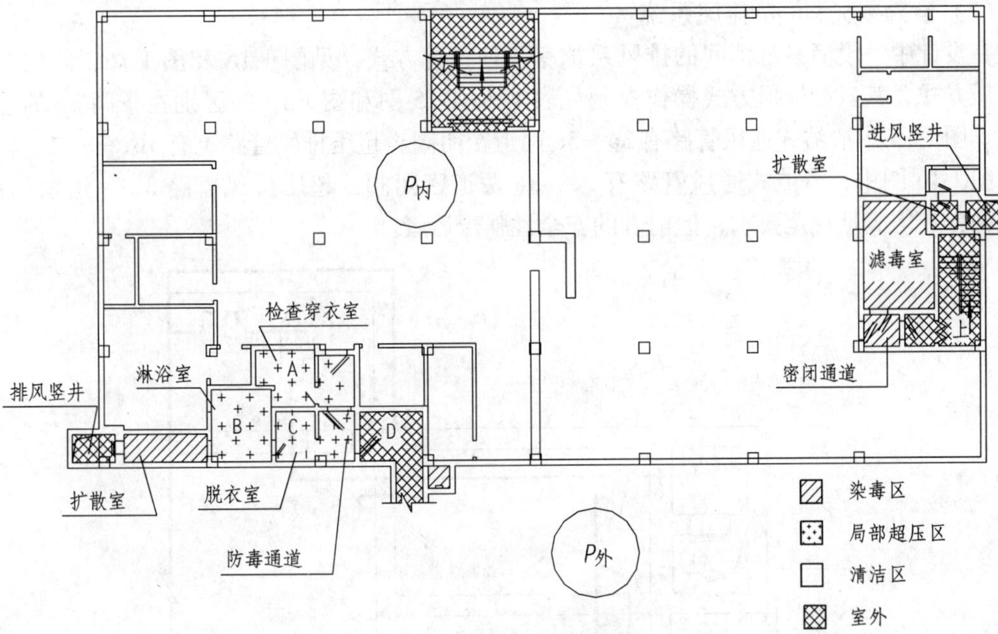

图 1-13　口部局部超压

（1）简易洗消设施置于防毒通道内的排风系统

口部排风系统布置见图 1-14，三种通风方式操作控制见表 1-8。

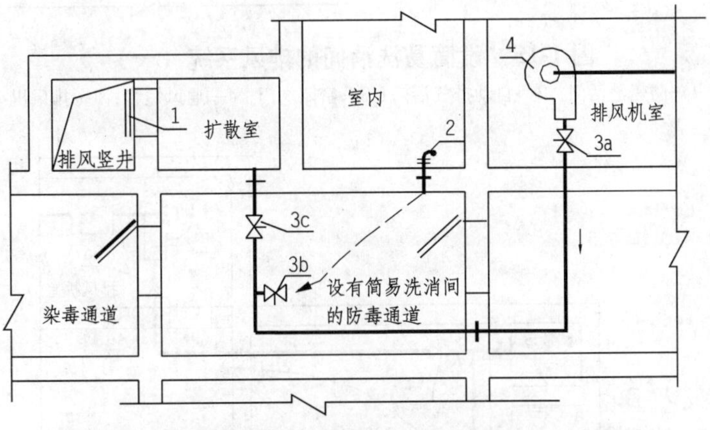

图 1-14　简易洗消设施置于防毒通道内的排风系统

1—防爆波活门；2—自动排气活门；3—密闭阀门；4—排风机

表 1-8　简易洗消设施置于防毒通道内的排风系统三种通风方式操作控制表

通风方式	阀门		风机	
	开	关	开	关
清洁通风	3a、3c	3b、2	4	
隔绝通风		3a、3b、3c、2		4
滤毒通风	2、3b、3c	3a		4

（2）设简易洗消间的排风系统

在设计中，设简易洗消间的排风系统有两种布置方式，见图 1-15 和图 1-16，采用全工程超压方式，其三种通风方式操作控制见表 1-9。1-15 图和图 1-16 的区别在于阀 3c 的位置不同。图 1-15 中清洁式通风管路有 3a、3c 两道密闭阀，超压排风管路上有 3b、3c 二道密闭阀。图 1-16 图中，清洁式通风管路有 3a、3c 两道密闭阀，超压排风管路 3b 一道密闭阀。这两种方式均满足规范要求，但前者的安全性强于后者。

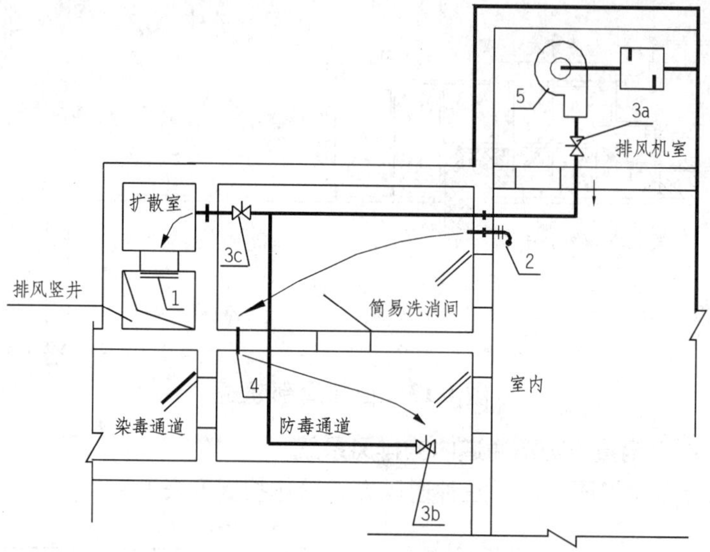

图 1-15 设简易洗消间的排风系统（一）

1—防爆波活门；2—自动排气活门；3—密闭阀门；4—通风短管；5—排风机

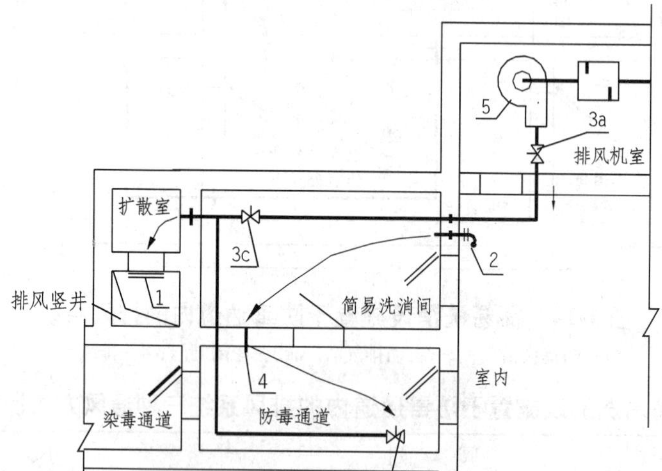

图 1-16 设简易洗消间的排风系统（二）

1—防爆波活门；2—自动排气活门；3—密闭阀门；4—通风短管；5—排风机

表 1-9 设简易洗消间的排风系统三种通风方式阀门风机操作控制表

通风方式		阀门		风机	
		开	关	开	关
清洁通风		3a、3c	3b、2	5	
隔绝通风			3a、3b、3c、2		5
滤毒通风	(一)	2、3b、3c	3a		5
	(二)	2、3b	3a、3c		5

(3) 设洗消间的排风系统

洗消间排风系统平面布置见图 1-17，此种布置方式可实现全工程超压和口部局部超压两种超压方式。三种通风方式控制见表 1-10。一般情况下尽量采用全工程超压方式，其布置见图 1-18，三种通风方式控制见表 1-11。

注意：为保证洗消间的充分通风换气，在布置排风系统时要避免通风死角，每一房间的进出风管要尽量上下左右错开布置。

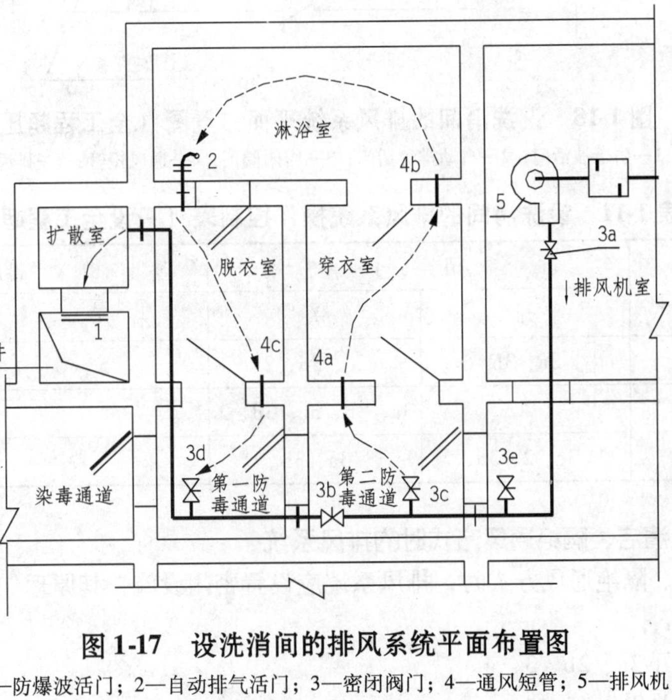

图 1-17 设洗消间的排风系统平面布置图

1—防爆波活门；2—自动排气活门；3—密闭阀门；4—通风短管；5—排风机

表 1-10 设洗消间的排风系统操作控制表

通风方式		阀门		排风机	
		开	关	开	关
清洁通风		3a、3b	3c、3d、3e、2	5	
隔绝通风			3a、3b、3c、3d、3e、2		5
滤毒通风	全工程超压	3e、3c、2、3d	3a、3b		5
	口部局部超压	3a、3c、2、3d	3e、3b		5

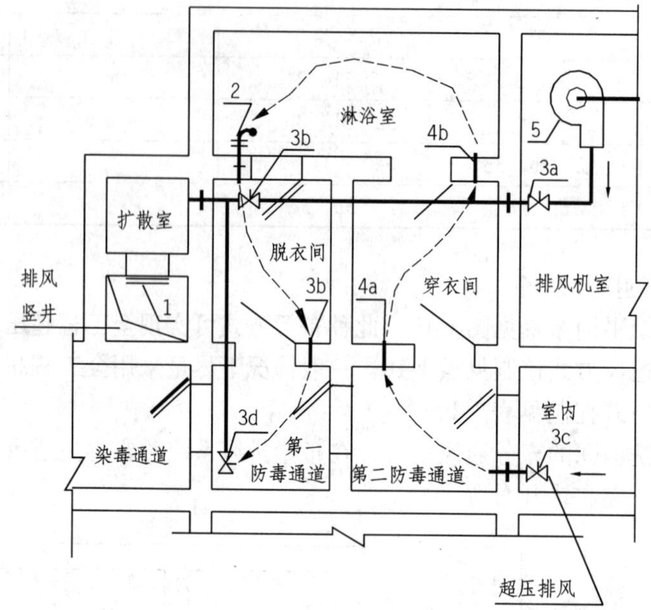

图 1-18　设洗消间的排风系统平面布置图（全工程超压）

1—防爆波活门；2—自动排气活门；3—密闭阀门；4—通风短管；5—排风机

表 1-11　设洗消间的排风系统操作控制表（只设全工程超压）

通风方式	阀　门		排风机	
	开	关	开	关
清洁通风	3a、3b	3c、3d、2	5	
隔绝通风		3a、3b、3c、3d、2		5
滤毒通风	3c、2、3d	3a、3b		5

（4）战时设清洁、隔绝通风方式时的排风系统

战时设清洁、隔绝通风方式时，排风系统应设置密闭设施，其原理如图 1-19。平面布置见图 1-20。

清洁通风：开 2a、2b、3、4。

隔绝通风：关 2a、2b、4。

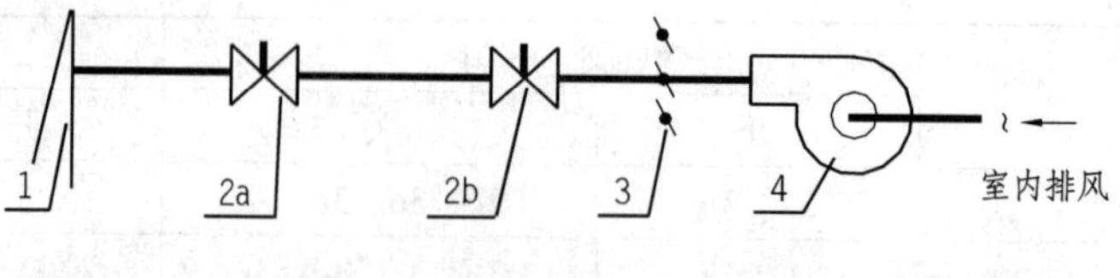

图 1-19　设清洁、隔绝通风方式时的排风系统原理图

1—消波设施；2a—密闭阀；2b—密闭阀；3—通风调节阀；4—排风机

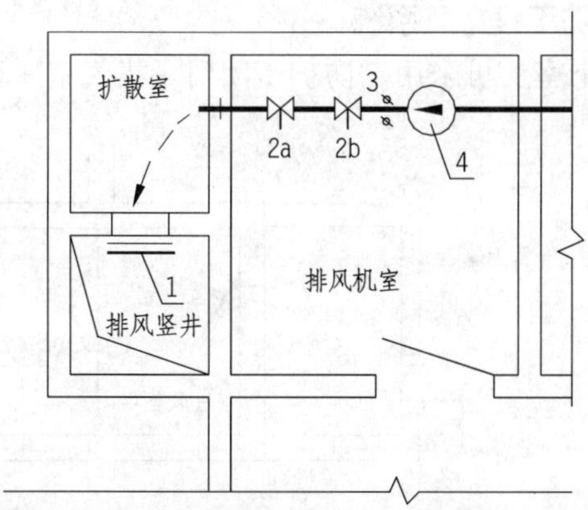

图 1-20　设清洁、隔绝通风方式时的排风系统平面布置图（一）

1—防爆波活门；2a、2b—密闭阀门；3—通风调节阀；4—排风机

对战时可暂停通风的物资库类工程，可采用“防护密闭门 + 密闭通道 + 密闭门”的防护做法，用（防护）密闭门代替密闭阀门，省去防爆波活门和扩散室，其布置方式见图 1-21、图 1-22。

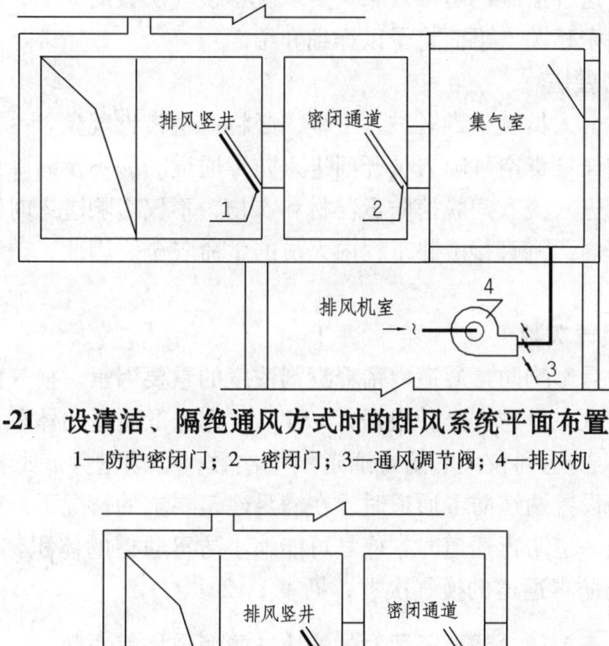

图 1-21　设清洁、隔绝通风方式时的排风系统平面布置图（二）

1—防护密闭门；2—密闭门；3—通风调节阀；4—排风机

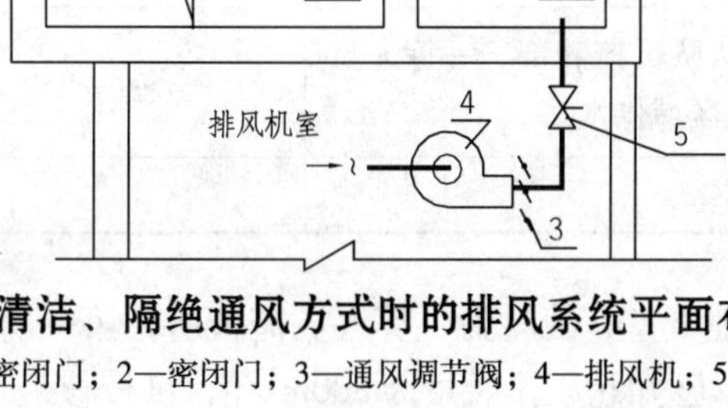

图 1-22　设清洁、隔绝通风方式时的排风系统平面布置图（三）

1—防护密闭门；2—密闭门；3—通风调节阀；4—排风机；5—密闭阀

(5) 战时可染毒的人防工程排风系统

战时可染毒的防空地下室，可采用“防护密闭门+集气室+普通门（防火门）”的防护做法，其布置见图1-23。

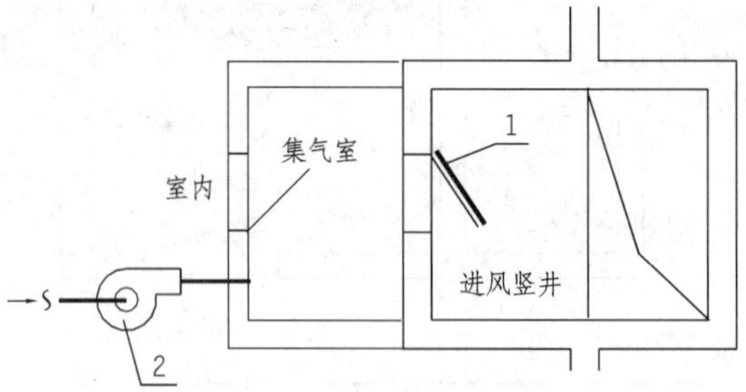

图1-23 战时可染毒的人防工程排风系统平面布置图

1—防护密闭门；2—排风机

1.6.4 防毒通道的通风换气

滤毒通风时，为防止外界染毒空气随人员出入侵入或带入工程内，应对人员出入口的防毒通道进行通风换气。这种措施的防毒效果主要取决于换气次数的大小，而防毒通道的换气次数又与滤毒通风量紧密相关，下面将予以详细介绍。

(1) 通风换气的必要性

当外界空气染毒时，人员从染毒区进入工程，必将产生带毒现象。一方面是毒剂附着在衣服、装具上，另一方面染毒空气随人员开门进入防毒通道。如不及时降低空气中的毒剂浓度，人员就不能尽快地进入脱衣间脱掉防毒器材和衣物，不仅影响进入时间，更严重的是可能把染毒空气带到工程内，将直接威胁工程内人员的生命安全。因此，防毒通道的通风换气是十分必要的。

(2) 防毒通道的换气次数

防毒通道换气次数是影响防毒通道内稀释毒剂浓度的重要因素。换气次数越大，稀释毒剂的速度也越快，对出入人员越安全。根据$L=KV$（V为防毒通道的体积，K为通风换气次数，L为通风换气量），要达到较大的防毒通道换气次数，必须增大滤毒排风量或减少防毒通道的体积。因而，当设置两道防毒通道时，在满足建筑要求的情况下，应设置一个体积较小的防毒通道；当只设一道防毒通道时，应尽可能缩小防毒通道的体积。《人民防空地下室设计规范》规定了最小防毒通道的换气次数，见表1-12。

表1-12 滤毒通风时的最小防毒通道换气次数

防空地下室类别	最小防毒通道换气次数（次/h）
医疗救护工程、防空专业队队员掩蔽部、一等人员掩蔽所、生产车间、食品站、区域供水站	≥50
二等人员掩蔽所、电站控制室	≥40

【例1-2】 有一防空地下室，战时为一等人员掩蔽所，第一防毒通道的体积为15m^3，第二防毒通道的体积为21m^3，已知超压排风量为800m^3/h，试校核最小防毒通道的换气次数。

解：显然最小防毒通道为第一防毒通道。查表 1-12 最小防毒通道的最小换气次数为 50 次/h，则：

最小防毒通道的实际换气次数 K：

$$K = 800 \div 15 = 53 > 50 \quad \text{满足规范要求。}$$

如 $K < 50$ 次/h，则不满足规范要求，必须采取以下措施：

1）加大滤毒进风量，从而增加超压排风量，以满足最小防毒通道换气次数的要求；

2）进一步缩小防毒通道的体积，但这种方法受建筑要求的限制，不能随意缩小，要各专业协调配合。

2 人防工程防护通风设备

人防工程战时通风系统要实现预定的防护功能，通风系统必须设置防冲击波设备、除尘滤毒设备、密闭阀门、超压排气阀门等通风防护设备。本章将对这些设备进行介绍。

2.1 通风系统的防冲击波设备

防冲击波设备也叫消波设施，主要设在进风口、排风口和排烟口，用来削弱冲击波强度。人防工程中使用的防冲击波设备有两类：一是以“挡”冲击波为特征，如各种防爆波活门等；二是以“消”冲击波为特征，如扩散室、扩散箱等。

在设计中，防冲击波设备一般由土建设计人员选择、布置，通风专业人员进行配合，负责提供通风量和消波后的余压要求。通风防护设备的抗余压要求见表 2-1。

表 2-1 防护通风设备抗空气冲击波允许压力值

设备名称		允许压力（MPa）	备注
经过加固的油网滤尘器		0.05	
密闭阀门、离心式通风机、柴油发电机自吸空气管		0.05	
过滤吸收器、纸除尘器		0.03	
非增压柴油发电机排烟管		0.30	
超压自动排气阀门	P_s（P_d）-D250 型及 YF 型	0.05	只可承受冲击波余压
防爆超压自动排气活门	FCH-150（5）、FCH-200（5）、FCH-250（5）、FCH-300（5）型及 FCS-150、200、250 型	0.30	可直接承受不大于 0.30MPa 的冲击波压力

2.1.1 防爆波活门

防爆波活门是设置于通风口的外侧、在冲击波来到时能够迅速关闭的防冲击波设备，常用的有悬板式防爆波活门和胶管式防爆波活门。

（1）悬板式防爆波活门

1）构造及工作原理。这种活门主要由底座板、悬摆板、铰页和挡板等部件组成，如图 2-1 所示。

悬板平时在自重作用下以一定的角度保持张开状态。悬摆板和底座板上开设有若干互相交错的小孔。清洁通风时，空气通过悬摆板和底座板间张开角度的空间和板上的孔眼流出或流入工程；当有冲击波压力作用时，悬板在冲击波压力作用下，与底板重合，将冲击波挡在风管外面。

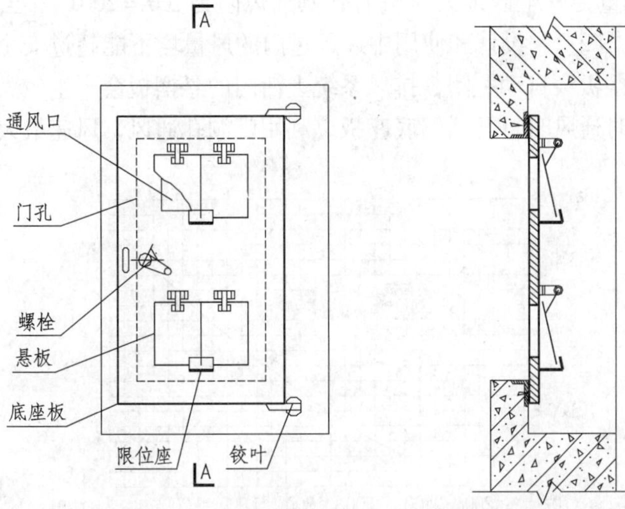

图 2-1 悬板式防爆波活门结构示意图

为防止悬摆板在冲击波负压作用下遭到破坏并限制悬摆的最大张开角，设置了用角钢做成的挡板。为防止悬摆板在冲击波负压作用时和正压作用反弹时再度张开，改进后的悬摆板具有自闭装置，以保证关闭后的悬摆板自行闭锁。

悬板式活门工作可靠，构造较简单，消波率较高。

2）规格性能。目前人防工程中采用最多的是底座板平时可以打开的门式活门，平时用门洞进、排风，战时将底座板（门扇）关闭，靠底座板上的孔洞进、排风。应用最广泛的是如下两个系列：HK 系列和 MH 系列，其性能见表 2-2。

表 2-2 常用悬板式活门性能参数

型号	通风管径（mm）	安全区最大风量（m^3/h）	门洞尺寸（宽×高）（mm）	平时最大通风量（m^3/h）
HK400	ϕ400	3600	620×1400	31200
HK600	ϕ600	8000	620×1400	31200
HK800	ϕ800	16000	650×2000	46800
HK1000	ϕ1000	24000	850×2100	64260
MH900	ϕ200	900	500×800	14400
MH2000	ϕ300	2000	500×800	14400
MH3600	ϕ400	3600	500×800	14400
MH5700	ϕ500	5700	500×800	14400
MH8000	ϕ600	8000	500×1250	22500
MH10000	ϕ700	10000	600×1250	27000
MH14500	ϕ800	14500	600×1700	36720
MH22000	ϕ1000	22000	850×2100	64260

当活门通过的风量为安全区最大风量时，其通风阻力 $\Delta H = 200$Pa；当小于安全区最大风量时，其阻力可以查图 2-2。设计和使用中通风过门的风量均不能超过安全区最大风量，否则进风系统上活门的悬摆板会自动关闭，排风系统上活门的悬摆板会产生较大幅度的摇摆，影响排风系统的稳定。平时通风时打开活门底座板，利用门洞孔通风，风速最大值一般取 10m/s。

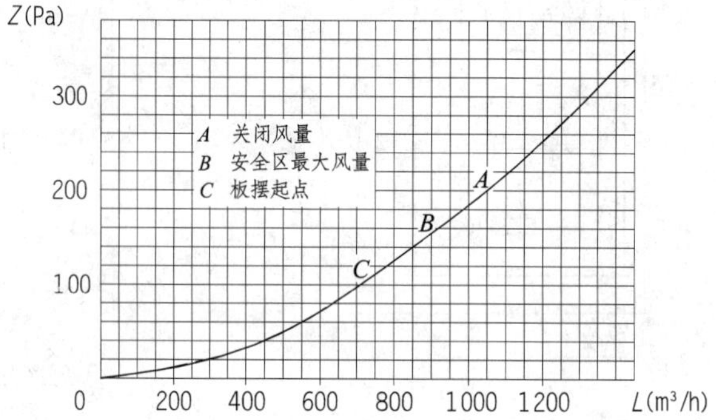

图 2-2　MH900 风量与阻力曲线

3）选择方法。根据工程抗力要求和设计风量可以从表 2-2 中直接选出活门型号，同时从图 2-2、图 2-3 和有关设计手册中查得活门的阻力。

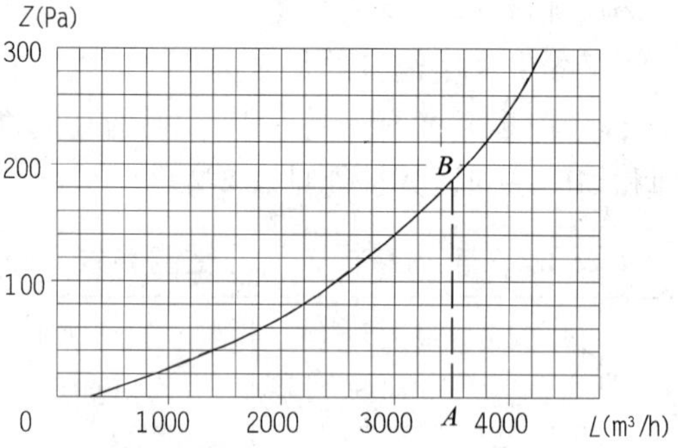

图 2-3　HK400 风量与阻力曲线

（2）胶管活门

胶管防爆波活门（以下简称胶管活门）是人防工程进、排风系统中一种高效的防爆波活门，具有消波率高、启闭灵活而不需任何传动机构等特点。

1）构造原理。胶管活门是采用以柔软而富有弹性的橡胶材料制成的胶管为消波主体，用卡箍固定在钢体门扇上，组成具有通风消波性能的活门，见图 2-4。它和悬摆活门同属于冲击波直接关闭型活门。

胶管活门已定型设计出七套（规格为 ϕ200、ϕ300、ϕ400、ϕ500、ϕ600、ϕ800、ϕ1000）。胶管活门安装使用不需要扩散室，节省土建开支，使用也方便，其风量大小用增减胶管数量来实现。

2）技术性能。

①消波性能：胶管质轻，弹性变形大，在冲击波动载作用下，容易失稳变形，闭合快，密闭性能好，消波率高。

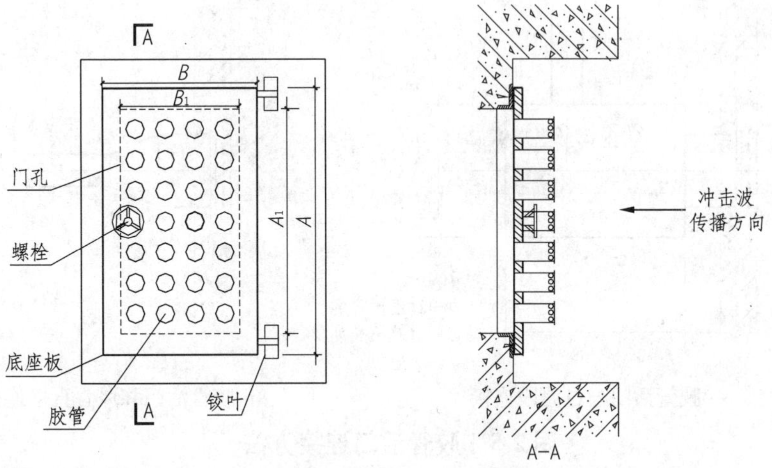

图 2-4 胶管活门示意图

②通风性能：在风速为 8m/s 时，单根胶管的风量为 225m³/h，可根据风量大小组合使用，阻力约为 100Pa，详见表 2-3。

表 2-3 胶管防爆波活门主要技术参数表

活门型号	战时最大通风风量（m³/h）	门孔尺寸（mm）		门扇尺寸（mm）		胶管个数 $D=100$m（个）	门扇重量（kg）	活门重量（kg）	平时最大通风风量（m³/h）
		B_1	A_1	B	A				
KJH00203	900	320	320	440	440	4	14	45	3686
KJH00303	2000	440	440	580	580	9	22	60	6970
KJH00403	3600	440	880	560	1000	16	60	133	13940
KJH00503	5600	560	1040	700	1200	25	85	164	20966
KJH00603	8000	700	1200	840	1360	36	125	225	30240
KJH00803	14500	840	1800	1000	1960	64	266	500	54432
KJH01003	22600	980	2240	1140	2400	100	402	570	79027

注：表中战时最大通风风量是指流经胶管活门的风速为 8m/s 时胶管活门的通风量；平时最大通风风量是指打开活门底座板、利用门孔通风，风速最大值为 10m/s 时的通风量。

③适用条件：胶管活门适用于抗力为 0.6MPa 以下的人防工程，适用温度在 -30 ~ 40℃，在 20℃条件下，使用年限 10 年左右。在密封或低温条件下保存，胶管的寿命会更长。在和平时期胶管活门允许只安装门框和门扇，不装胶管（密封保管），战时可快速安装。

3）胶管活门在进排风口的布置与安装。胶管活门和悬摆活门的用法类同，但胶管活门不需要配置扩散室，可用较小的过渡段或直接与风管相连，见图 2-5。

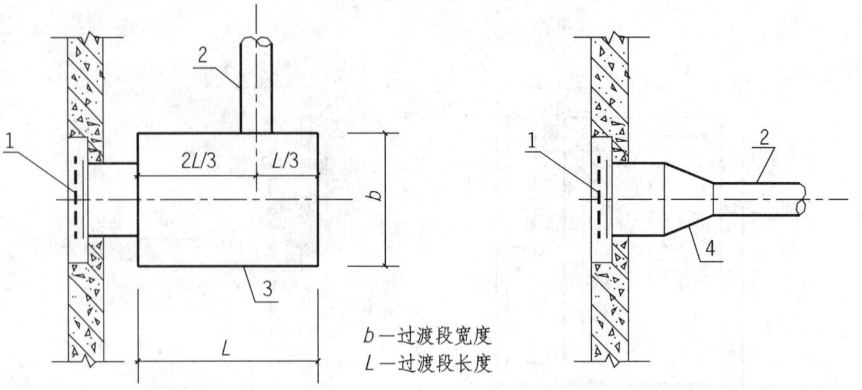

(a)胶管活门与过渡段连接　　(b)胶管活门和风管直接连接

图 2-5　胶管活门连接方法

1—胶管活门；2—进风管；3—过渡段；4—变径管

2.1.2　其他消波设备

（1）扩散室

扩散室是利用一个突然扩大的空间来削弱冲击波压力的防护措施。当冲击波由断面较小的入口进入断面较大并且具有一定容积的扩散室内时，由于气体膨胀、分子扩散，使其密度下降，因而压力降低，达到削弱冲击波压力的目的。

采用“防爆波活门＋扩散室”的通风消波设施时，活门与扩散室出风管的位置参见图 2-6。

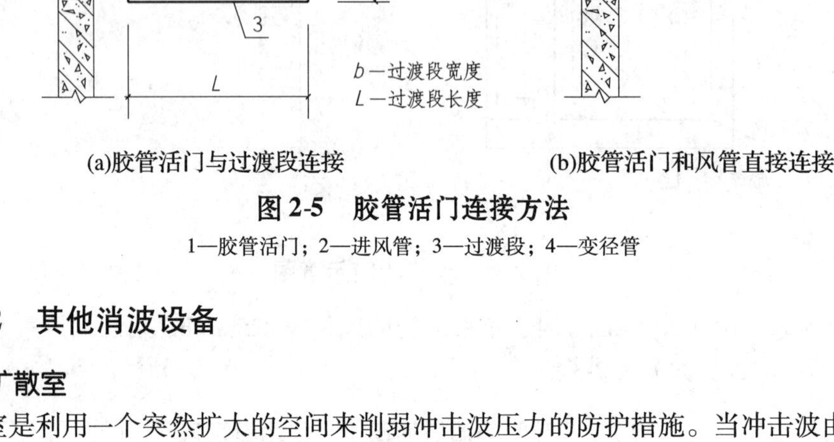

(a) 风管接口设在侧墙　　(b) 风管接口设在后墙

图 2-6　扩散室接风管图

1—防爆波活门；2—风管；3—扩散室前墙；4—扩散室侧墙；5—扩散室后墙

（2）扩散箱

扩散箱的消波原理与扩散室相同。扩散箱是按照《人民防空地下室设计规范》的要求，用厚度不小于 3mm 的钢板制作的，与悬板活门配合组成消波系统，是防空地下室中常用的消波设施（仅适用于 5 级和 6 级防空地下室）。扩散箱与扩散室相比，节约了土建费用，平时可不安装，临战再装，安装速度快，不占用地下室平时的使用面积。扩散箱示意图见图 2-7。

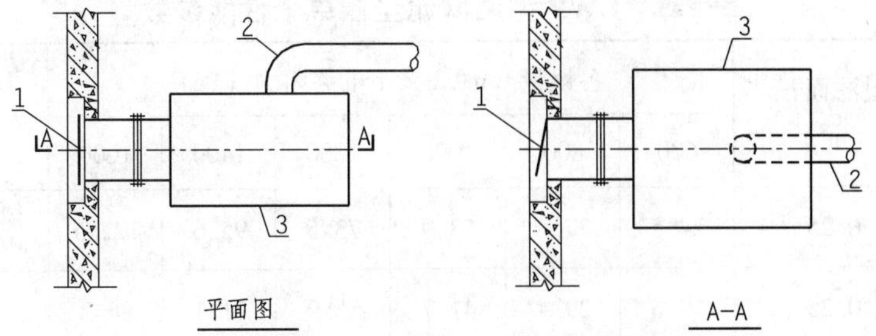

图 2-7 扩散箱接管示意图

1—悬板活门；2—风管；3—扩散箱

2.2 进风除尘设备

消除进风中的放射性沾染是通风系统除尘的主要任务之一，其次是空气进入工程时也要做除尘处理，以免因为空气中含尘浓度过大而影响工程内的空气环境和危害人员的身体健康。

防空地下室工程中的除尘器目前主要是 LWP 型除尘器（也叫油网过滤器），一般是装在清洁式通风与滤毒式通风合用的管路上，作为预滤除尘器。该滤尘器战时能过滤粗颗粒的爆炸残余物，平时能过滤空气中较大颗粒的灰尘。

（1）结构及作用原理

LWP 型除尘器是由多层铁丝网和钢制外壳组成，如图 2-8 所示。铁丝网被轧制成波纹状，两波峰间距为 11mm，相邻两层铁丝网交错配置。根据铁丝网规格和层数的不同，分为 LWP-D（大）型和 LWP-X（小）型两种，其结构特点详见表 2-4。

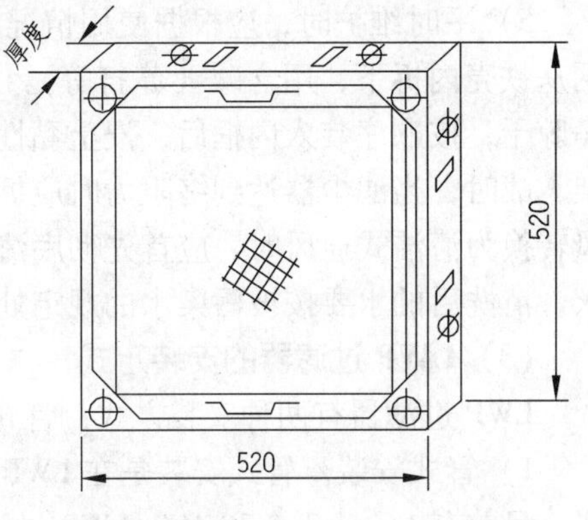

图 2-8 LWP 型粗滤器结构图

表 2-4 LWP 型粗滤器结构参数

型号	网格层数	波纹（mm）		网层规格（mm）		外形尺（mm）		
		高	间距	前一半	后一半	长	宽	厚
LWP-D	18	5.5	11	1.3/0.29	0.64/0.23	520	520	120
LWP-X	12	4	11	1.36/0.23	0.65/0.19	520	520	70

当含尘空气通过前后交错的铁丝网过滤层时，由于气流受到层层铁丝网的阻挡，因此在网格内弯曲地向前流动。当气流改变流动方向时，尘粒由于具有一定的惯性而脱离流线，碰撞到浸有黏性油（20#或 10#机油）的金属网上被粘住，留在除尘器中。铁丝网层交错形成孔道，并顺着气流方向，依照大小网孔的顺序排列，可以使灰尘均匀地分布在各层铁丝网中，提高容尘量。其通风过滤性能如表 2-5 所示。

表 2-5 LWP 型油网滤尘器单个性能参数

型号	过滤面积 (m^2)	各风量 (m^3/h) 下的终阻力 (Pa)						容尘量 (g)	重量 (kg)
		600	800	1000	1200	1400	1600		
LWP-D	0.25	24.5	37.2	53.9	73.5	95.6	122.5	450	15.56
LWP-X	0.25	19.6	29.4	41.7	55.9	71.1	86.2	264	10.73

(2) 设计、安装、使用及维护注意事项

1) 选用 LWP 型油网滤尘器时，应根据工程的最大风量选择多块滤尘器组合使用，每块滤尘器的平均风量不应超过 1600m^3/h。

2) 安装时将孔眼大的网层置于空气进入侧。

3) 在设计和安装时均应注意，在除尘器前后设有测压管并连接在微压计上。使用过程中，当阻力达到终阻力时，应取下滤尘器进行清洗，然后浸油再用。

4) 过滤器在运输和清洗时不得挤压和碰摔网层，以免网片变形影响使用。

5) 平时维护时，应根据使用情况清洗和浸油（每年至少一次），其方法是：先将金属网从铁壳内拆下，用含碱（苏打等）10%、水温 60～70℃的水溶液洗去油污，再用清水冲净晾干，按顺序装入内框后，浸上黏性油（20#或 10#机油），静淋 2.5min 后，安入滤尘器框架；战时，当滤尘器达到终阻力时应拆下清洗，方法同上。设于染毒段的滤尘器在由滤毒通风转换为清洁式通风时，应首先彻底清洗和更换，清洗时人员要戴防毒面具、手套、穿防毒衣，清洗后的水要按被污染水的规定处理。

(3) LWP 过滤器的安装方式

LWP 过滤器有两种安装方式：管式安装（也称匣式安装）和墙式加固安装。

1) 管式安装。管式安装是在 LWP 过滤器外加钢板外壳，两端与通风管道相连的安装方式。目前有 1 个、2 个和 4 个 LWP 过滤器组装方式，见图 2-9，具体尺寸见国标大样图集《防空地下室通风设备安装》04FK02，这种安装方式不便于清洗和浸油。

2) 墙式加固安装。墙式安装是把 LWP 过滤器安装在进风通路的墙洞上的安装方式，见图 2-10。适用于各种风量时的过滤器安装，当 LWP 过滤器个数超过 4 个时，必须用墙式安装。LWP 的个数和组合方式有多种，为方便维修，可在隔墙上设普通密闭门。

图 2-9 LWP 油网过滤器管式安装图

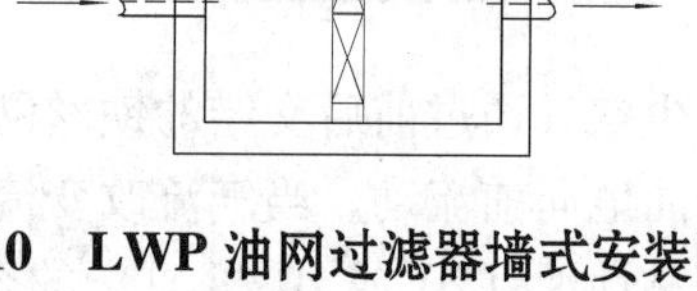

图 2-10 LWP 油网过滤器墙式安装图

2.3 进风滤毒设备

2.3.1 滤毒原理

防护通风系统上使用的滤毒设备主要是过滤吸收器，它是由精滤器和吸收器这两部分组成的。因为空气中的毒剂呈现两种状态：①蒸汽态，即毒剂以气体分子状态分散于空气中，蒸汽态是毒剂化学武器基本战斗状态之一，它通过呼吸器官和眼睛伤害人员，不论何种毒剂，施放后总有毒剂蒸气存在；②气溶胶，即毒剂在空气中形成液体的微滴或固体的微粒悬浮在空气中，微滴或微粒与空气组成的混合体系称之为气溶胶，它能在较长时间内稳定存在于空气中。

在过滤吸收器中，能够过滤有害气溶胶的称为精滤器（也称滤烟层）；能够吸附有毒蒸汽的称为滤毒器（即吸收器），过滤吸收器结构原理见图 2-11。

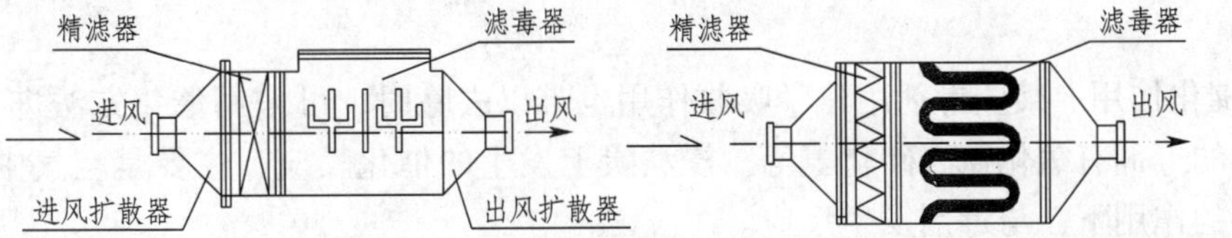

图 2-11　过滤吸收器结构原理图

（1）精滤器的防毒性能

我国目前生产的各种过滤吸收器，其精滤器大多数是采用纤维性滤纸。当有害气溶胶通过精滤器时，气溶胶中的微粒接触到纤维而被阻留，发生这种接触的诸多效应中，主要是截留效应、惯性效应和扩散效应。但是，由于颗粒度的不同以及惯性等因素的影响，也有少数微粒透过精滤器。

精滤器防毒性能通常以透过率 K 表示。透过率 K 是指精滤器后的气溶胶浓度 C 与精滤器前的气溶胶浓度 C_0 之比的百分率，即：

$$K = \frac{C}{C_0} \times 100\% \tag{2-1}$$

由上式可以看出，当有害气溶胶初始浓度 C_0 一定时，气溶胶浓度 C 越小，则透过率 K 越小，防毒性能就越好。精滤器在一定的使用条件下（主要是通风量一定），其透过率 K 为一常数。影响精滤器防护性能的因素主要有气溶胶微粒的状态、气流速度、湿度和温度等。其中气流速度对透过率 K 影响最大，在使用中应严格控制通过精滤器的风量，不要超过其额定风量。

（2）滤毒器的防毒机理

滤毒器中填充的是浸渍活性炭（简称浸渍炭，又称催化活性炭）。

活性炭是一种经活化处理的无定形炭，是多孔吸附剂，其主要成分是炭，约占 80% ~ 98%，另含有少量灰分。活性炭是浸渍炭的基础。活性炭的孔隙按大小可分为微孔、过渡孔和大孔。对吸附毒剂来说，最重要的是微孔，它表面积很大。在活性炭的过渡孔和大孔表面上，载有铜、银、铬、钼、锌等金属氧化物，这就是浸渍活性炭。金属氧化物加入的数量，对防毒性能影响较大。

浸渍炭是通过物理吸附、化学吸收和催化作用来达到滤毒目的。

1）物理吸附。所谓吸附，是指流体分子在固体表面增稠或凝聚的现象。物理吸附是由吸附质与吸附剂分子间的力相互吸引发生的，被吸附分子保持着原来的化学性质，吸附热较低，无选择性，吸附和脱附速度较快。例如，活性炭对沙林、芥子气等毒剂蒸气就是物理吸附作用。

在浸渍炭的微孔中，被吸附的蒸气分子，由于受到微孔周围孔壁碳分子吸附力的同时作用，其吸附力要比平面上大得多，所以其吸附效果就大大增强了。

2）化学吸收。化学吸收是由吸附质与吸附剂分子之间以类似化学键的力相吸发生的，吸附质与吸附剂形成表面化合物，吸附热较高，有选择性，通常不可逆。浸渍炭借助于添加金属氧化物来提高对难吸附毒剂的防毒能力。

由于化学吸收作用是在炭上发生化学变化，所以滤毒罐吸收氢氰酸之类的毒剂失效以后，是不能用普通办法使之再生的。而借助物理吸附作用进行防护时，滤毒罐失效以后是可以再生的。

3）催化作用。某些毒剂用化学吸收作用也难以去除时，可采用催化方法进行防护。属于这一类的毒剂有氯化氰、砷化氢等。浸渍炭上发生的催化反应，主要是空气中的氧和水，在催化剂的作用下，与毒剂发生反应。

应当指出，催化剂在反应中只是提高了化学反应的速度，本身并未发生化学变化，但逐渐被反应生成物所覆盖，而失去催化作用。所以，利用催化作用进行防毒，其防毒能力是有限的。同时，某种催化剂只能对一两种毒剂进行催化作用，某一种化学吸着剂也只限于吸收某一类毒剂，而物理吸附则具有广谱性（可在不同程度上吸附所有毒剂）。浸渍活性炭就是依靠物理吸附、化学吸收和催化作用这三种作用，对毒剂进行可靠的防护。

利用化学吸收作用和催化作用及物理吸附进行防毒时，活性炭的含水量和空气的相对湿度对防毒能力有明显影响。因此，在过滤吸收器的保管和使用中，应特别注意防潮和除湿。平时应密封保管，临战时再接入通风系统。

2.3.2 SR 型过滤吸收器

过滤吸收器有多种型号，在防空地下室工程中，SR 型过滤吸收器得到广泛应用。SR 型过滤吸收器有 SR-300 型、SR-500 型和 SR-1000 型三种，这三种过滤器结构形式相同，只是外形尺寸不同，其结构详见图 2-12 和表 2-6。

表 2-6 SR 型过滤吸收器外形尺寸

型号	L	a	b	d_0	d_1	d_2	备注
SR-300	878	551	480	200	250	270	
SR-500	974	703	567	200	250	270	
SR-1000	1165	832	677	300	360	385	

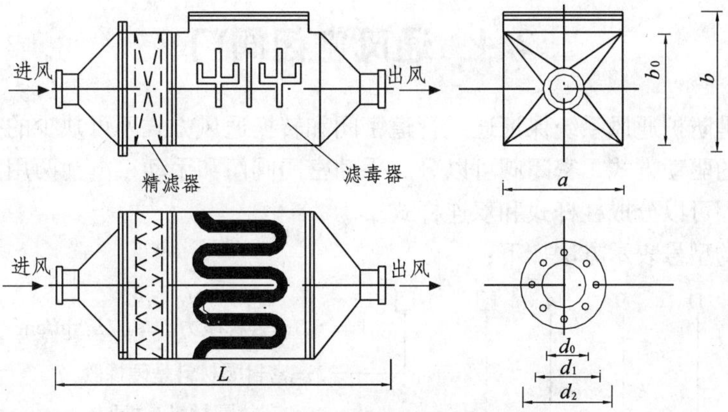

图 2-12 SR 型过滤吸收器结构尺寸

染毒空气经过精滤器滤除有害气溶胶，再通滤毒器滤除毒剂蒸汽，净化后的空气从出口流出。其性能详见表 2-7。

表 2-7 SR 型过滤吸收器性能参数

序号	项目	单位	SR-30 型	SR-50 型	SR-100 型	备注
1	通风量	m^3/h	300	500	1000	
2	油雾透过系数	%	≤0.001	≤0.001	≤0.001	
3	防沙林蒸汽时间	h	*	*	*	浓度 0.05mg/L
4	防 VX 气溶胶时间	h	*	*	*	浓度 0.1mg/L
5	抗冲击波余压	MPa	0.03	0.03	0.03	
6	阻力	Pa	≤510	≤640	≤620	
7	质量	kg	106	142	242	

注：* 代表满足战术技术要求。

2.3.3 过滤吸收器的设计注意事项

1）该设备必须水平安装，安装时气流方向必须与设备要求一致。详见国标大样图集《防空地下室通风设备安装》04FK02。

2）长期不使用时，不应与通风系统相连，只就位，密封保存，以免受潮失效。

3）过滤吸收器的前后应设压差测量管，用压差计测定过滤吸收器的前后压差（即其阻力），当过滤吸收器的阻力达到终阻力时，说明设备已失去滤毒能力，应更换设备。

4）通过过滤吸收器的空气流量不能超过设备的额定风量，否则将影响滤毒性能、降低防毒时间。

5）通过过滤吸收器的空气相对湿度应小于 90%。

6）过滤吸收器不能与酸碱、消毒剂、发烟剂等存放在一起，以免破坏内部材料使之失效。滤毒室内应保持整洁、干燥，注意防潮。

2.4 通风密闭阀门

密闭阀门是防护通风系统保证通风管道密闭和转换通风方式不可缺少的控制设备。

根据阀门的驱动方式，密闭阀可以分成手动密闭阀门和手动、电动两用阀门。根据阀门的结构，密闭阀可以分成杠杆式和双连杆式。

密闭阀门的型号表示方法如下：

D 9 4 □ □-0.5

0.5—公称压力，单位是kgf/cm^2

J—密封圈材料是硬橡胶

X—密封圈材料是橡胶

0—阀门结构是杠杆式

2—阀门结构为双连杆式

4—法兰连接

9—电动机驱动，手动不表示

D—蝶阀类

D942X－0.5 表示双连杆电动法兰连接密闭，密封材料是橡胶，公称压力为 0.5kgf/cm^2。

2.4.1 手动杠杆式密闭阀门

（1）结构及技术性能

手动密闭阀门主要由壳体、阀门板及驱动装置等组成。靠旋转手柄带动转轴转动杠杆，达到阀门板启闭的目的，手动密闭阀门结构见图 2-13。

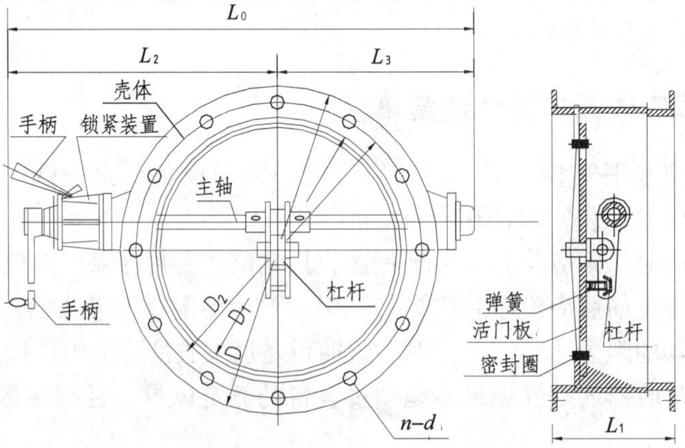

图 2-13 手动密闭阀门结构图

当关闭阀门板后，依靠锁紧装置锁紧阀门板，保证密闭不漏气。

阀门驱动装置可以两面更换，以便于安装使用。阀门各部尺寸见表 2-8，其技术性能详见表 2-9。

表 2-8 手动密闭阀门各部尺寸表（mm）

公称直径 Dg	L_0	L_1	L_2	L_3	D	D_1	D_2	d	法兰孔数（n）	重量（kg）
150	338	92	170	168	210	166	195	7	7	9
200	485	118	300	185	270	215	250	9	8	22
300	585	145	350	235	385	315	360	11	9	35
400	731	175	385	346	515	441	490	13	12	52
500	875	225	451	424	650	560	622	13	12	69
600	1075.5	275	593	4825	750	666	720	13	12	137
800	1382	260	260	535	950	870	920	18	16	130

表 2-9 手动密闭阀门性能参数

<table>
<tr><td colspan="2">公称压力 Pg（MPa）</td><td>0.05</td><td rowspan="4">温度</td><td>-30℃≤t≤40℃</td></tr>
<tr><td rowspan="2">试验压力（MPa）</td><td>密封</td><td>0.05</td><td>常温</td></tr>
<tr><td>强度</td><td>0.1</td><td>常温</td></tr>
<tr><td colspan="2">工作压力（MPa）</td><td>0.05</td><td>-30℃≤t≤40℃</td></tr>
</table>

（2）安装注意事项

1）阀门可安装在水平或垂直的管路上，应保证操作、维修或更换的方便。

2）安装前应放在室内干燥处，使阀门板处于关闭位置，橡胶密封面上不允许沾有任何油脂物质，以防腐蚀。壳体密封面上必须涂防锈剂。

3）安装时，应保证阀门受压方向的箭头与所受冲击波方向一致；应调整开关指针，使指针位置与阀门板的实际开关位置相符合；要清洁内腔和密封面，不允许有污物附着，未清洁前切不可启闭阀门板。

（3）操作使用时的注意事项

1）旋松紧锁装置手柄。

2）将旋转手柄按逆时针方向转动，使阀门开启。

3）旋紧锁紧装置手柄，以防止阀门板受到震动而发生位移或自动关闭。

4）关闭时按与上述相反的顺序进行。

5）阀门在使用过程中，要求阀门板全开或全闭，不允许做调节风量用（即半开闭的状态）。

（4）使用中可能出现的故障及排除方法

1）密封面漏气：杠杆弹簧失效，将随带备用件及时更换；橡胶密封圈发生老化，应随时更换；密封面上有油污附着时，应立即清除干净。

2）填料泄漏：填料过时或压紧弹簧失效，均应及时更换；压紧填料的压盖没压紧，应旋紧螺母。

3）壳体法兰与连接管法兰间漏气：垫片老化，或焊接管法兰不平或有刻痕时均应更换；因螺栓松紧不一时，应对称旋紧。

4）轴旋转不灵活：轴承内润滑油已干，应及时清洗加注润滑油；因填料压得过紧，应稍松动填料压盖上的螺母。

(5) 平时的维护保养

1）擦拭露在外面的阀体、内腔、密封面及各部件之间的油污，经常往油杯中注油，以利润滑和防腐蚀。

2）每月启动一至二次，活动各转动和传动部位，检查其旋转是否灵活。

3）经常或定期检查维修，检查的内容是：密封面橡皮的老化程度，锁紧装置螺丝的螺纹磨损情况，填料是否过时失效，弹簧是否疲劳失效，壳体和阀门表面有否锈蚀等，发现问题及时修理。

2.4.2 手电动两用杠杆式密闭阀门

(1) 构成及技术性能

该型阀门主要由壳体、阀门板、手动装置、减速箱、电动装置（电动开关、行程开关、电动控制器）等零件组成，见图 2-14，其技术性能见表 2-10。

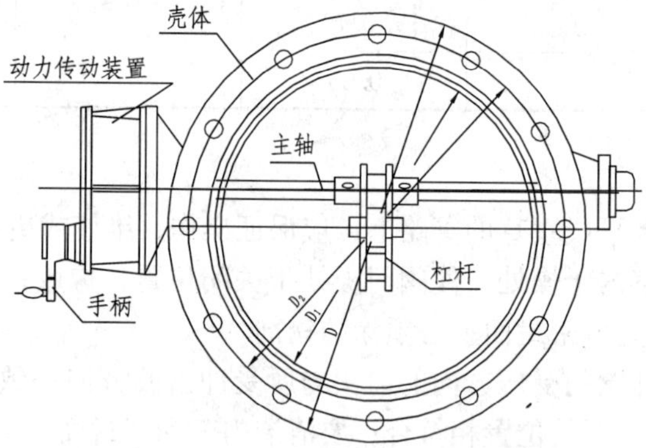

图 2-14 手电动密闭阀门结构图

表 2-10 手电动密闭阀门性能参数

<table>
<tr><td colspan="3">型　　号</td><td colspan="8" rowspan="2">D 904J-0.5 型</td></tr>
<tr><td colspan="2">名称</td><td>单位</td></tr>
<tr><td colspan="2">公称直径 Dg</td><td>mm</td><td>200</td><td>300</td><td>400</td><td>500</td><td>600</td><td>800</td><td>1000</td><td>1200</td></tr>
<tr><td colspan="2">公称压力 Pg</td><td>MPa</td><td colspan="8">0.05</td></tr>
<tr><td rowspan="2">试验压力</td><td>密封</td><td>MPa</td><td colspan="8">0.05</td></tr>
<tr><td>强度</td><td>MPa</td><td colspan="8">0.1</td></tr>
<tr><td colspan="2">工作压力 P</td><td>MPa</td><td colspan="8">0.05</td></tr>
<tr><td colspan="2">电动机开启及关闭时间</td><td>S</td><td>1.6～1.8</td><td>1.6～1.8</td><td>1.6～1.8</td><td>3.6</td><td>3.6</td><td>3.6</td><td colspan="2">3.6</td></tr>
</table>

续表 2-10

型号			D 904J-0.5 型						
名称		单位							
电动机	型号		JWP	JWP	JWP	JWP	JWP	JWP	JWP
	功率	kW	0.25	0.25	0.25	0.5	0.5	0.5	0.5
	电压	V	220	220/380	220/380	220/380	220/380	220/380	220/380
	频率	Hz	50	50	50	50	50	50	50
	转数	转/分	1450	1450	1450	1450	1450	1450	1450
	效率	%	70	70	70	70	70	70	70

传动装置用电动操纵时，手柄和减速器分开，因而轴转动时，手柄并不转动；当手动操纵时，电动机构和轴脱开，因而即使合上电路，电动机也只能空转；当阀门板处在完全开启或关闭位置时，电动机靠行程开关自动断路。

（2）安装时注意事项

该型阀门在安装时除手动密闭阀门所要求的各项应做到外，还应注意：

1）电动机行程开关等电气设备必须存放在通风和清洁的干燥场合，而且不允许与酸、碱、氯等腐蚀性物质共同放置在一起，否则会降低绝缘强度。

2）安装时，应对减速器和齿式联轴节进行检查，用不含水分的煤油将零件上所涂的防腐油洗去，滚动轴承应用汽油洗净吹干。减速器内应加入清洁的润滑油，注油量要达到螺杆齿面。

（3）阀门操作注意事项

若是手动操作，则：

1）旋松锁紧装置手柄；

2）将离合器拉手向外拉出，此时，离合器与蜗轮离合器脱开，而与大齿轮离合器啮合；

3）顺时针方向旋转手柄（依靠手柄带动小齿轮，然后由小齿轮带动大齿轮并带动轴，通过联轴节带动阀门主轴转动杠杆松紧弹簧），使阀门达到开启的目的。其余步骤同手动阀门操作。

若是电动操作，则：

1）将拉手放回，此时离合器与蜗轮离合器啮合；

2）按动启动电钮。此时，电动机旋转并带动蜗杆，再由蜗杆带动蜗轮，转动轴通过联轴节带动阀门主轴转动杠杆松紧弹簧，使阀门开启，直至行程开关动作后才会停止。当阀门板处在全开或全闭位置时，信号灯均发出指示信号；

3）关闭时按动关闭电钮即可。

（4）常见故障及排除方法

除与手动密闭阀门的常见故障及排除方法相同外，还有离合器操作不灵活等，其排除方法是：

1）变速箱内润滑油干燥，添加润滑油；

2）各齿轮及离合器之间的间隙不当，将变速箱内零件拆下清洗后安装，安装时应调整好间隙，并加注润滑油；

3）变速箱内的齿轮、轴、轴套等零件有损或磨损严重时，及时修理或更换。

2.4.3 双连杆型密闭阀门

双连杆型密闭阀门与杠杆式密闭阀门的构造基本相似，由双连杆蝶阀及电动装置组成，详见图2-15。主轴通过两根连杆机构带动阀门板的启闭，结构紧凑，操作轻便灵活；该种阀门既可用于风管的全开或全闭，也可适当调节流量；当阀门主轴旋转76°时，能使阀门板达到全开或全闭，具有快速启闭的特点；当手柄按顺时针方向转动时，该阀门板位于关闭位置；阀门采用的密封橡胶条硬度低、密闭性能好，梯形胶条嵌入式固定，便于拆换；采用DDI-10型及DDI-20型电动装置，由专用电机驱动，行星轮系减速、微动开关限位，其特点为电动和手动分别自销，无需切换。主要外形尺寸见表2-11，其中D_4为阀门内径，安装时连接风管的内径应与D_4相同；主要性能参数见表2-12。

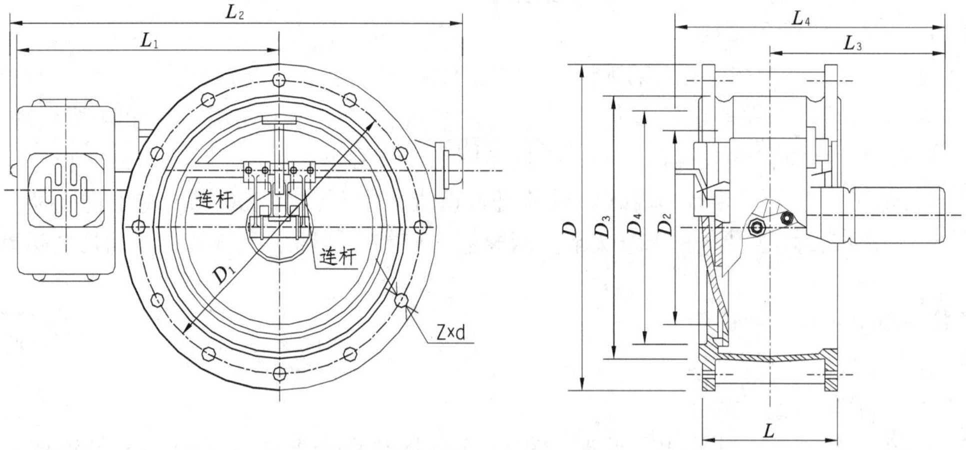

图2-15 双连杆型手电动两用密闭阀门

表2-11 双连杆型密闭阀门各部尺寸表

公称直径	D（mm）	D_1（mm）	D_2（mm）	D_3（mm）	D_4（mm）	L（mm）	L_1（mm）	L_2（mm）	L_3（mm）	L_4（mm）	孔数 Z（个）	孔径 d（mm）
*DN*200	310	280	186	260	200	152	355	498	315	480	8	10
*DN*300	430	398	286	368	300	170	416	645	315	480	12	10
*DN*400	530	490	360	466	400	216	468	738	315	480	16	13
*DN*500	640	600	460	568	500	229	532	847	315	480	16	13
*DN*600	760	726	600	710	664	275	582	955	315	480	16	13
*DN*800	960	930	800	900	860	300	682	1205	343	492	16	13
*DN*1000	1220	1170	1000	1146	1100	380	848	1560	343	492	20	18

表 2-12 双连杆型手电动两用密闭阀门主要技术性能表

介质：空气		阀门口径	阀门口径
公称直径（mm）		DN200～400	DN500～1000
试验压力（MPa）		0.1	0.1
工作压力（MPa）		≤0.05	≤0.05
电动装置	型号	DDI-20	DDI-10
	启闭时间（s）	1.2	1.2
	电机功率（kW）	0.37	0.55
手动启闭时间（s）		5～6	
气密泄漏量（L/min）	正面	≤0.10	≤0.033
	反面	≤0.10	≤0.033

2.4.4 密闭阀门的选择

1）根据通风量，用假定流速法（风速宜取 6～8m/s）计算阀门的内径。

2）根据计算值确定阀门的型号规格。

3）与阀门相连接的管道直径应与阀门内径一致。注意杠杆式密闭阀门的内径与公称直径不同，如 DN500 的 D 40J-0.5 密闭阀门的公称直径为 560mm（表 2.9 的 D_1 值）。双连杆式密闭阀门的内径与公称直径相同。

4）密闭阀门只控制管道的通断，一般不用来进行风量的调节，如要调节风量需另配风量调节阀（设在清洁区）。

2.5 自动排气活门

自动排气活门是保证工程超压的重要通风设备，目前常用的有三种：YF 型、PS 型和 FCH（FCS）型，前两种只能承受余压，FCH（FCS）型可承受 0.3MPa 的冲击波压力。

2.5.1 YF 型自动排气活门

（1）构造与主要技术参数

该活门在公称压力 $Pg=0.01$MPa，空气温度 $0 \leqslant t \leqslant 35$℃，相对湿度小于等于 95% 的条件下，作为人防工程超压排风，控制工程内保持一定的超压值。

YF 型自动排气活门，主要是由活门外套、杠杆、活盘、重锤、偏心轮和绊闩等部分组成，如图 2-16 所示，其各部尺寸见表 2-13。

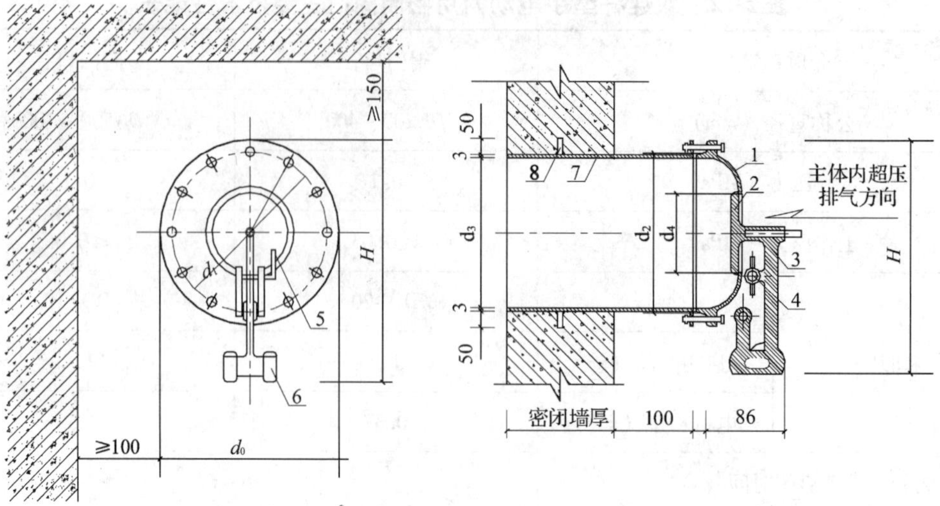

图 2-16 YF 型自动排气活门结构及安装示意图

1—活门外套；2—活盘；3—杠杆；4—偏心轮；5—绊闩；
6—重锤；7—预埋穿墙钢管，板厚 3mm；8—密闭肋，厚度 5mm

表 2-13 YF 型超压排气活门主要外形尺寸（mm）

型号	d_0	d_1	d_2	d_3	d_4	H
YF-d150	260	228	205	192	146	323.5
YF-d200	310	278	254	242	192	391.5

滤毒式通风时，因只有机械进风，排风机不开，室内压力比室外高，室内侧气体压力作用在活盘上，带动杠杆使活门达到自动启闭的目的。重锤在此起调节启动压力的作用。当室内气压达到活门启动压力时，活盘自动开启，反之，小于启动压力时，则自动关闭，从而保证了工程一定的超值。

其性能参数为：

1）公称压力：0.01MPa；

2）抗冲击波正压力：0.05MPa；

3）气体动力性能。

自动排气活门的启动压力可以通过调节重锤的位置来改变，其气体动力性能详见表 2-14，其气体动力特性曲线详见图 2-17 和图 2-18。

表 2-14 YF 型超压排气活门气体动力性能表

型号	活盘开启偏角	重锤启动压力（Pa）		重锤启动压力调节范围（Pa）	排风量（m^3/h）
		最重位置	最轻位置		
YF-d150	20°	80 ~ 100	30 ~ 50	30 ~ 100	80 ~ 200
YF-d200	24°	80 ~ 100	30 ~ 50	30 ~ 100	120 ~ 600

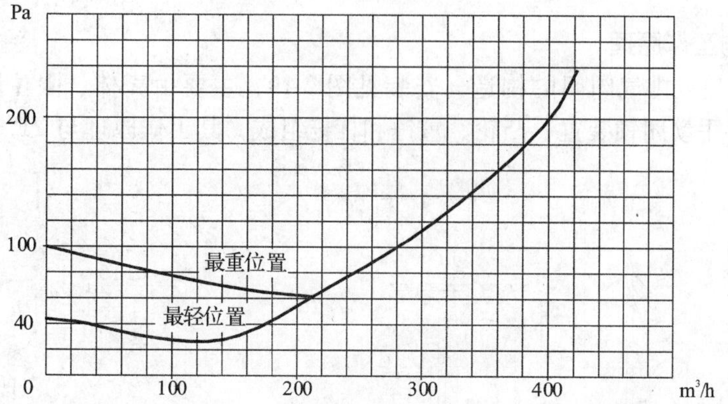

图 2-17　YF 型 d150 自动排气活门气体动力特性

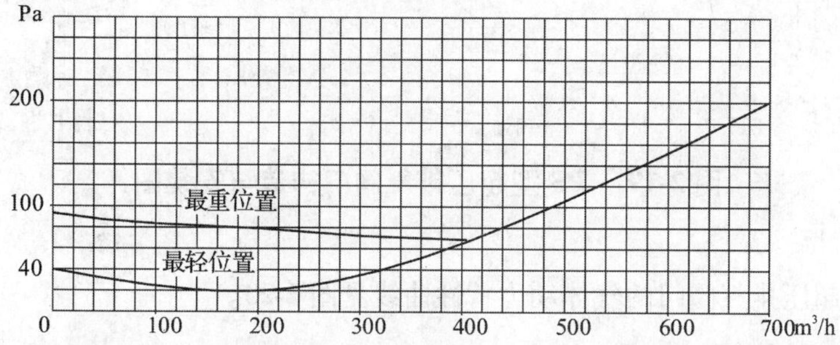

图 2-18　YF 型 d200 自动排气活门气体动力特性

（2）自动排气活门安装注意事项

1）自动排气活门可以安装在墙上或管道上；

2）自动排气活门安装前应存放在室内干燥处，活盘处于关闭的位置，橡皮密封面上不允许染有油脂物质，以防腐蚀，外套密封面上必须涂防锈漆；

3）安装时应考虑工作、拆修方便；活门重锤的位置必须置于超压的一侧，并保证活门外套、杠杆与水平面垂直；

4）自动排气活门外套与墙面或管道连接处，应衬垫 5mm 厚的橡胶板，保证密闭不漏气；

5）自动排气活门安装时，应先清洁活门外套和密封面，不允许有污物附着，否则不得安装；

6）自动排气活门安装时，应旋紧所有螺栓，以防泄漏。

（3）自动排气活门的使用

自动排气活门使用时，应根据所要求的超压值调整重锤的位置，使活门在保证超压值的情况下自动排风。隔绝式通风时，应将绊闩锁紧，使偏心轮与杠杆靠紧，将活门关死。此外，还应定期在螺钉、重锤部分涂上工业凡士林，以防氧化；在旋转部分注入润滑油，确保转动自如。

2.5.2 PS 型超压排气阀门

（1）构造与工作原理

PS-D250 型超压排气阀门的构造、安装见图 2-19，主要由壳体、限位圈、密封圈、阀盖、扭力弹簧、手动闭锁装置、凸轮、重锤和杠杆组成，其工作原理与 YF 型相同。

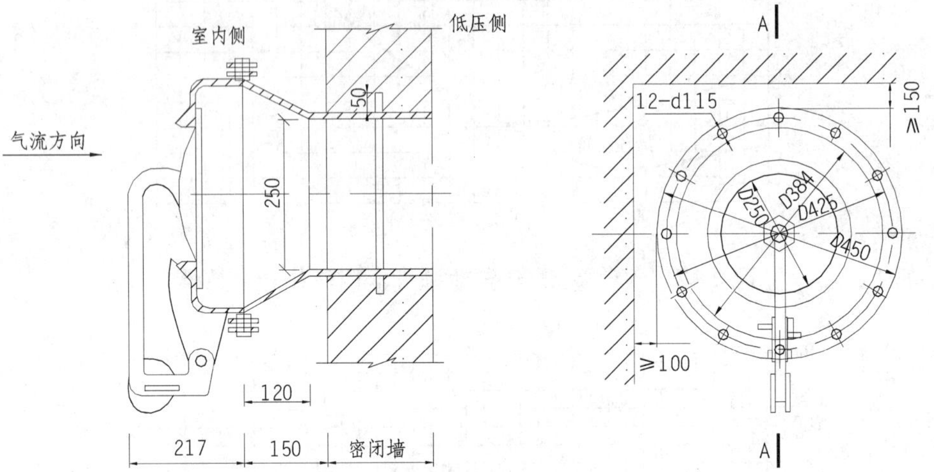

图 2-19 PS 型超压排气阀门构造与安装图

（2）性能

PS-D250 型超压排气阀门的气体动力特性曲线见图 2-20。

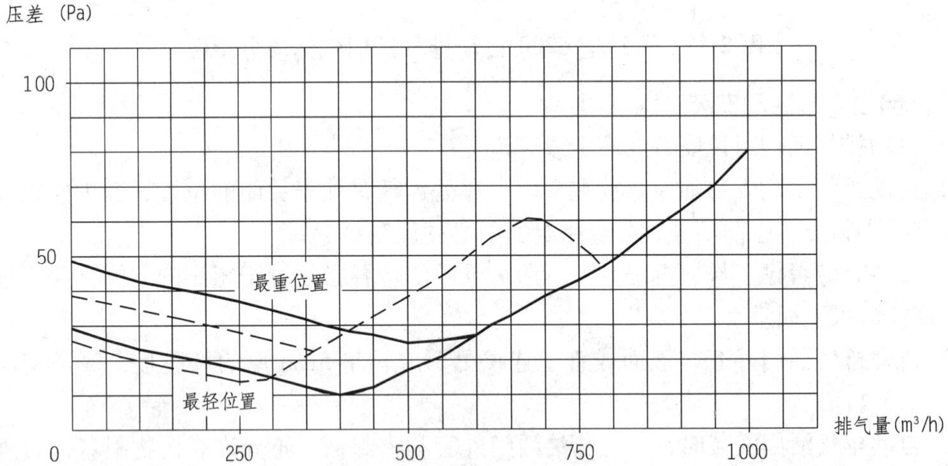

（图中虚线表示阀门不安装扭力弹簧时的曲线）

图 2-20 PS-D250 型超压排气活门气体动力特性曲线

PS-D250 型超压排气活门启动压力：当重锤在最重位置时为 40～50Pa，当重锤在最轻位置时为 20～30Pa，重锤启动压力的调节范围为 20～50Pa。在 50Pa 压差下：通风量为 700～800m^3/h；抗冲击波正压力为 0.05MPa。气密要求：正面超压 100Pa 时最大允许漏气量 1.39L/min。

2.5.3 FCH 和 FCS 型防爆超压排气活门

防爆超压排气活门的作用原理与 PS-D250 超压排气活门相同，构造也基本相同。所不同的是：防爆超压排气活门的活盘能够直接承受冲击波压力的作用，具有防护密闭功能，达到 5 级人防的抗爆要求。因此，该活门可以安装在 5 级或 5 级以下的人防工程的外墙上，替代战时排风系统上的防爆波活门和自动排气活门组成的消波系统，故称之为防爆超压排气活门，也可单独替代超压排气活门使用。其性能曲线见图 2-21。

在《人民防空地下室设计规范》GB 50038—2005 中规定的超压排气活门安装位置都不直接承受冲击波，且防爆超压排气活门的成本较高，设计时应优先选用 YF 或 PS 型。

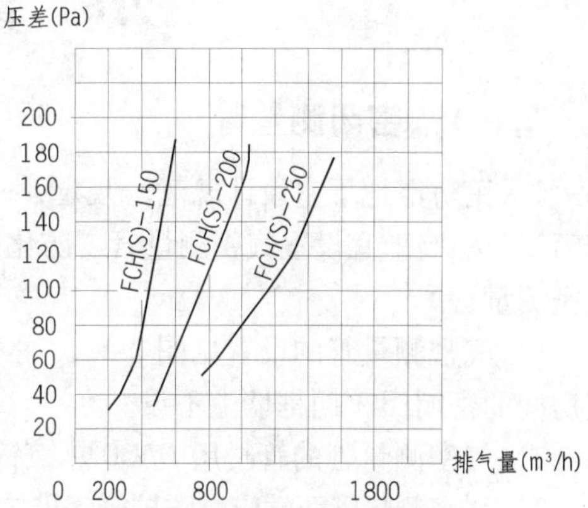

图 2-21 FCH、FCS 型防爆超压排气活门气体动力特性曲线

2.5.4 超压排气活门的选择

活门的个数与滤毒通风时进风量、室内超压值及工程的漏风量等因素有关。通常可由下式近似计算出所需活门的个数：

$$n = \frac{L_g - L_t}{L_n}$$

式中 n——所需活门的个数（个）；

L_g——工程的滤毒进风量（m^3/h）；

L_t——工程的漏风量（m^3/h），其值一般取人防工程清洁区体积的 4%；

L_n——每个活门在一定压差值时的排风量（m^3/h）。

【例 2-1】 某人防工程，滤毒进风量 $1600m^3/h$，清洁区体积为 $5000m^3$，试选择超压排气活门。

解：

（1）漏风量计算：

$5000 \times 4\% = 200$（m^3/h）；

（2）超压排风量：

$1600 - 200 = 1400$（m^3/h）；

（3）计算整个超压排风管路上除超压排气活门以外的流动阻力（包括排风管、阀及防爆波活门等），此处假定为 25Pa；

（4）查超压排气活门动力曲线图：

查 PS-D250 超压排气活门动力曲线图，排风量为 $700m^3/h$ 时的阻力为 39Pa；

（5）计算超压排气活门个数：

$n = 1400/700 = 2$（个）；

故取 2 个 PS-D250 超压排气活门；

（6）工程超压值：

39 + 25 = 64（Pa）。

2.6 其他防护设备

2.6.1 密闭测量管

《人民防空地下室设计规范》规定，防空地下室每个口部的防毒通道、密闭通道的防护密闭门门框墙上宜设置气密测量管。防化部门在测量防毒通道、密闭通道的气密性时要用到气密测量管。

1）气密测量管的设置见图2-22，注意口部每道（防护）密闭门的门框墙上均要设置，到房间的密闭门3′门框墙上不设。

2）气密测量管的管材用*DN*50热镀锌钢管。

3）气密测量管两端应有防护密闭措施，一是要保证密闭性，二是安装在防护密闭门门框墙上气密测量管的还要有防冲击波的抗力要求。防护措施有三种，见图2-23，均用钢质材料。

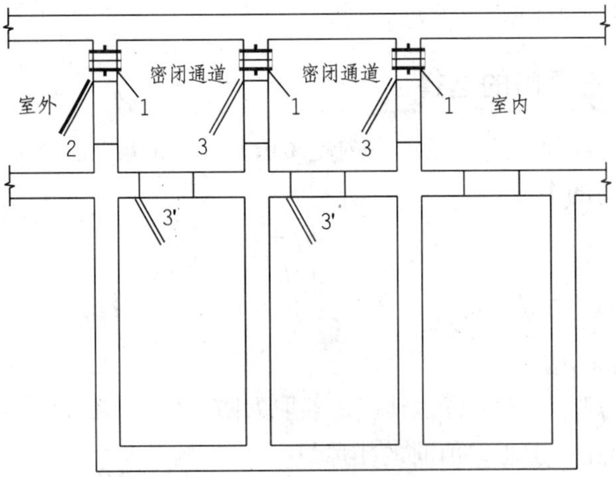

图2-22 气密测量管的设置

1—气密测量管；2—防护密闭门；3—密闭门；3′—密闭门

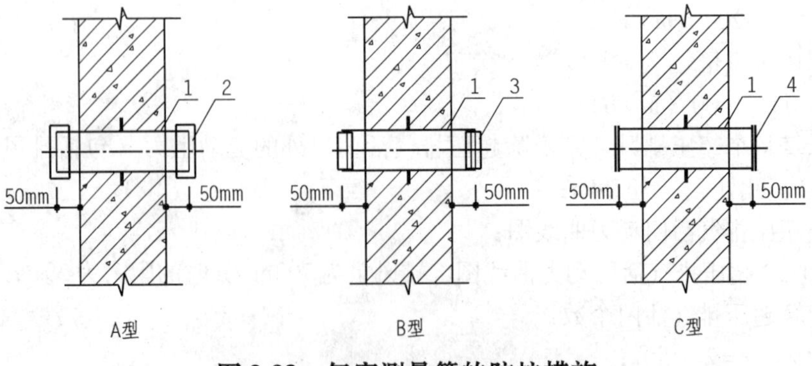

图2-23 气密测量管的防护措施

1—气密测量管；2—管帽；3—丝堵；4—盖板（加橡胶垫密封）

2.6.2 超压测量装置

滤毒通风时随时掌握工程内的超压情况，必须设置超压测量装置，测压计可以是倾斜式微压计（量程0~200Pa）、U形测压管或电子测压计等。

设有滤毒通风的防空地下室，应在防化通信值班室设置测压装置。该装置可由倾斜式微压计、连接软管、铜球阀和通至室外的测压管组成。测压管应采用DN15热镀锌钢管，其一端在防化通信值班室通过球阀、橡胶软管与倾斜式微压计连接，另一端则引至室外空气零点压力处，且管口向下，设置原理见图2-24，平面布置见图2-25、图2-26。

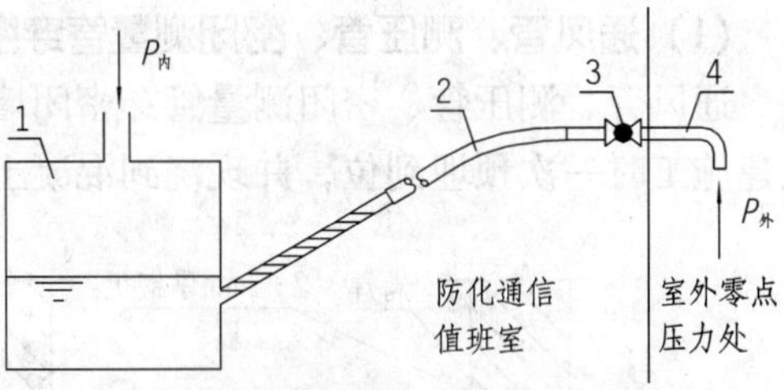

图2-24 测压装置设置原理

1—倾斜式微压计；2—连接软管；3—球阀（或旋塞阀）；4—热镀锌钢管

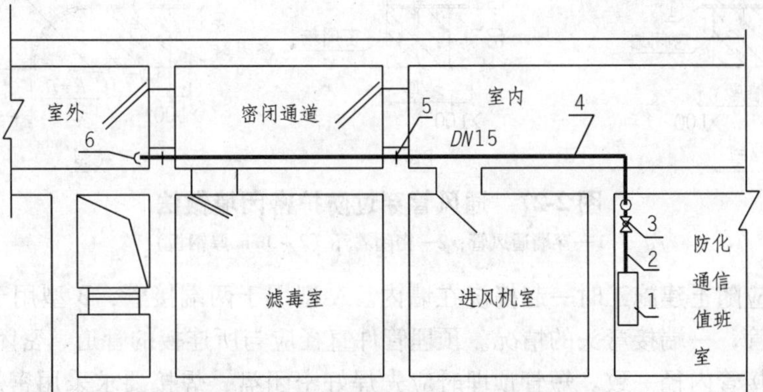

图2-25 测压装置平面布置（一）

1—倾斜式微压计；2—连接软管；3—球阀（或旋塞阀）；4—热镀锌钢管；5—密闭肋；6—向下弯头

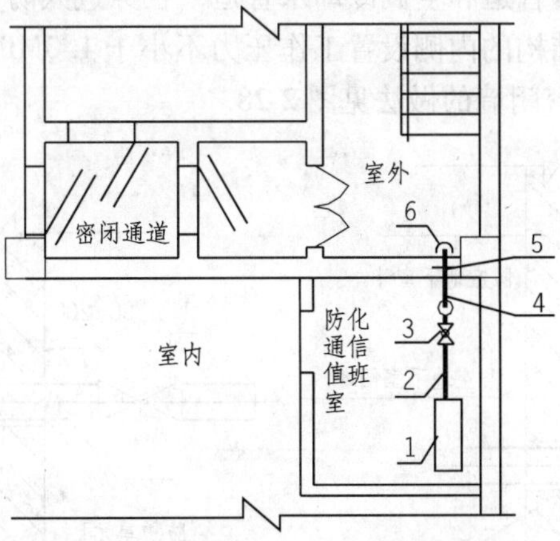

图2-26 测压装置平面布置（二）

1—倾斜式微压计；2—连接软管；3—球阀（或旋塞阀）；4—热镀锌钢管；5—密闭肋；6—向下弯头

2.6.3 管道穿密闭墙处理

为了防止毒剂沿管道穿墙处的缝隙渗入工程内，保证工程的密闭性，在管道（通风管、测压管、密闭测量管和采暖管道、空调冷却水管道）穿过（防护）密闭墙处都要进行密闭处理。

（1）通风管、测压管、密闭测量管穿密闭墙做法

通风管、测压管、密闭测量管穿密闭墙时要在管上加密闭翼环（也称密闭肋），并应在土建施工时一次预埋到位，并现浇到混凝土内。具体做法见图 2-27。

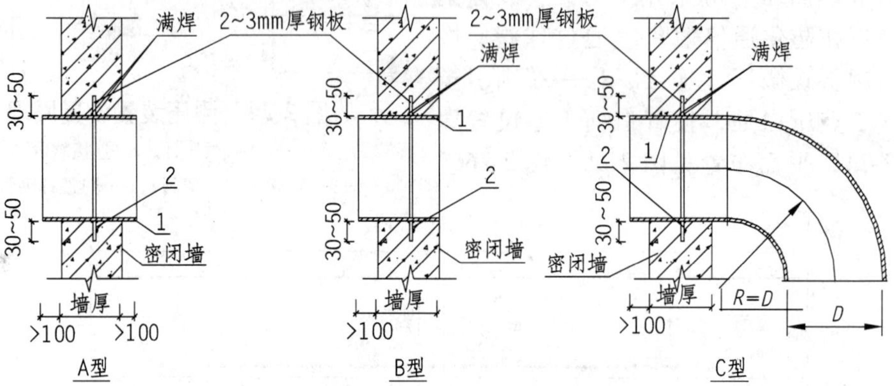

图 2-27 通风管穿过防护密闭墙做法

1—穿墙通风管；2—密闭翼环（2～3mm 厚钢板）

预埋管件应随土建施工时一起捣浇在墙内。A 型用于两端接管，B 型用于一端接管，C 型用于一端接管，一端接弯头的情况。预埋管件直径应与所连接的管道、密闭阀门、自动超压排气活门的接管内径一致。短管预埋时应先焊好密闭盘，焊接要求采用密焊，保证密封。预埋短管应与周围混凝土墙的钢筋点焊定位，避免振捣时错位。管件预埋前应除锈，内外均刷红丹防锈漆两道，注意与混凝土接触的部位不应刷漆。

（2）采暖管道、空调冷却水管道穿过（防护）密闭墙做法

引入防空地下室的采暖管道和空调冷却水管道，在穿过人防围护结构处应采取可靠的防护密闭措施，并应在围护结构的内侧设置工作压力不小于 1.0MPa 的阀门。采暖管道、空调冷却水管道穿过（防护）密闭墙的做法见图 2-28。

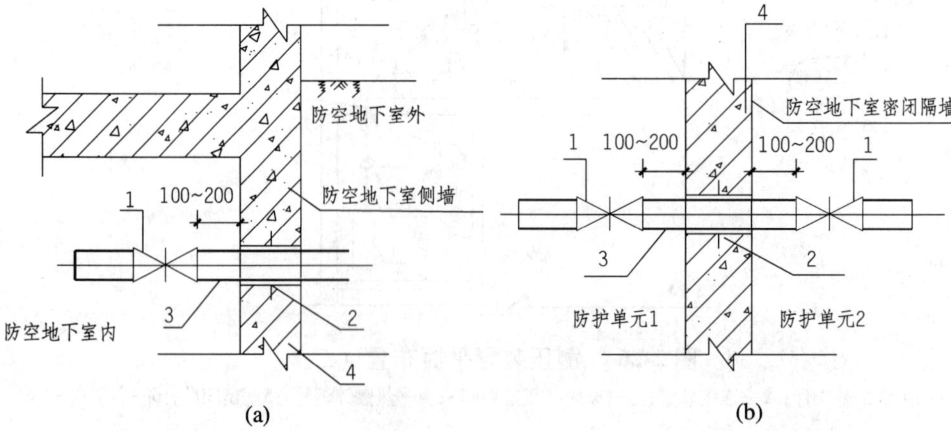

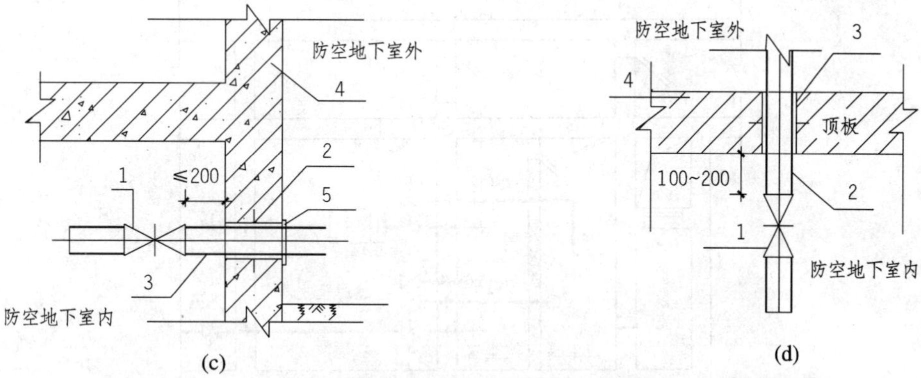

图 2-28　采暖管道、空调冷却水管道穿过（防护）密闭墙做法

1—防护阀门；2—防护套管；3—穿墙管道；4—防空地下室围护结构；5—挡板

2.6.4　空气取样管与阻力测量的设置

设有滤毒通风的防空地下室，应在滤毒通风管路上设置取样管和测压管，见图2-29。具体规定如下：

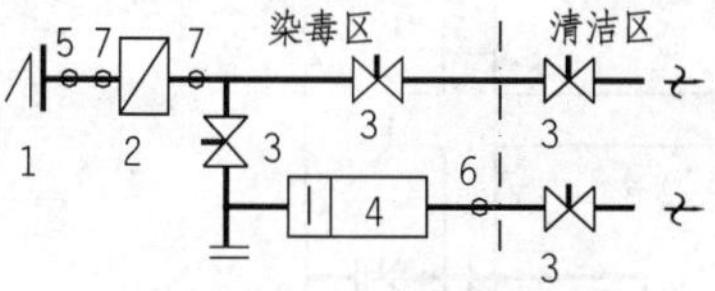

（a）有一台过滤吸收器时

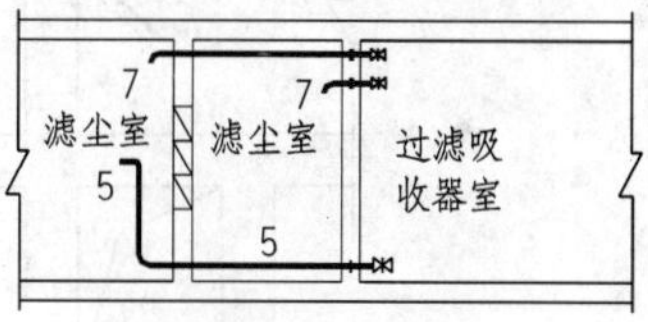

（c）滤尘室取样管、压差测量管布置示意

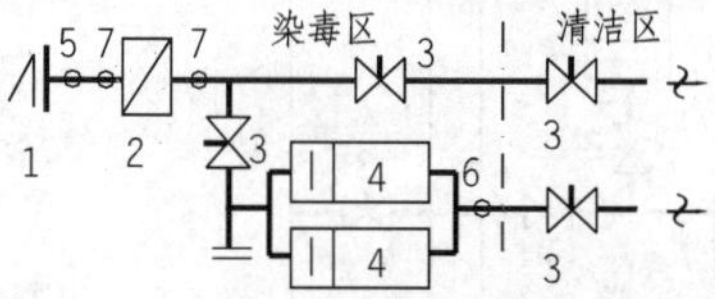

（b）有二台以上过滤吸收器时

图 2-29　取样管、压差测量管设置示意

1—消波设施；2—粗过滤器；3—密闭阀门；4—过滤吸收器；5—放射性监测取样管；6—尾气监测取样管（长 30～50mm）；7—滤尘器压差测量管

1）在滤毒室内进入风机的总进风管上和过滤吸收器的总出风口处设置 *DN*15（热镀锌钢管）的尾气监测取样管，该管末端应设截止阀，取样管的做法见图 2-30。

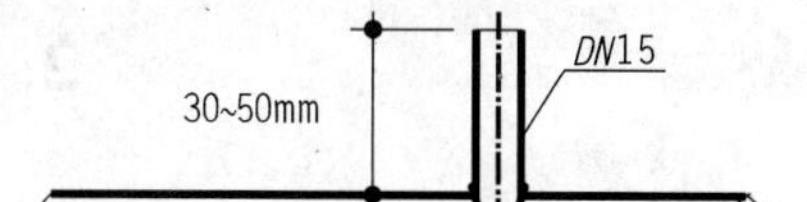

图 2-30　取样管做法示意图

2）在滤尘器进风管道上，设置 *DN*32（热镀锌钢管）的空气放射性监测取样管。该取样管口应位于风管中心，取样管末端应设球阀。注意乙类人防工程不设放射性监测取样管，因其无防核武器要求。

3）在油网滤尘器的前后设置管径 *DN*15（热镀锌钢管）的压差测量管。

取样管、压差测量管的平面布置如图 2-31，图中滤尘器室与过滤吸收器室分设，且粗滤器是立式加固式安装。当滤尘器室与过滤吸收器室合设，且粗滤器是管式安装时，设置方法见图 2-32。

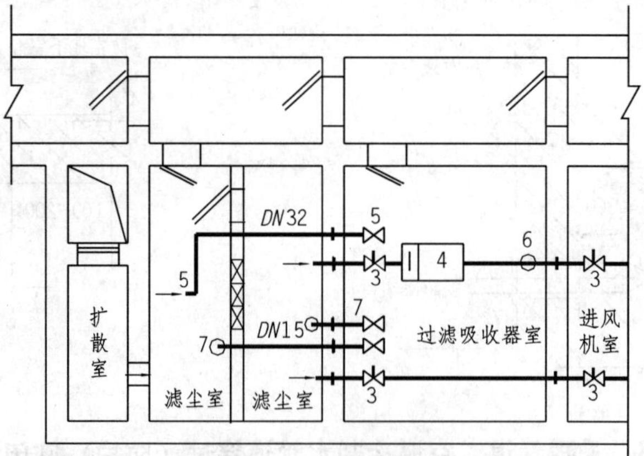

图 2-31　取样管、压差测量管平面布置图

1—消波设施；2—粗过滤器；3—密闭阀门；4—过滤吸收器；5—放射性监测取样管；6—尾气监测取样管（长 30 ~ 50mm）；7—滤尘器压差测量管

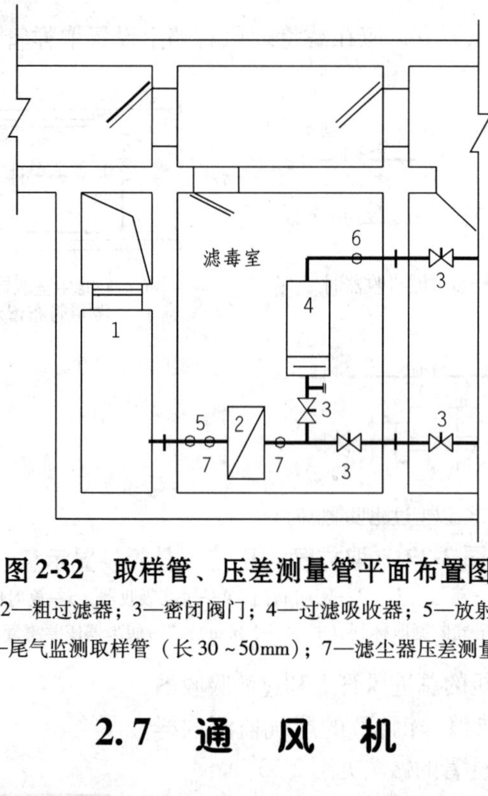

图 2-32　取样管、压差测量管平面布置图

1—消波设施；2—粗过滤器；3—密闭阀门；4—过滤吸收器；5—放射性监测取样管；6—尾气监测取样管（长 30 ~ 50mm）；7—滤尘器压差测量管

2.7　通　风　机

空气流动的动力是通风机，通风机的选择，应符合下列要求：

1）通风机的风量、风压应满足平时和战时清洁、滤毒式通风的要求；当平时与战时或清洁式与滤毒式通风采用一台通风机不合理时，应分别选用通风机，或采用变速通风机；

2）对风量较大，阻力较小的通风系统，可采用多台同型号、同性能的通风机并联；并联通风机的进、出口应设置密闭式风量调节阀；

3）通风机的风压，应按通风系统计算的压力损失附加 10% ~15% 确定；

4）通风机的风量，应计入通风管道和设备的漏风量；通风管道漏风量应按表 2-15 确定；

表 2-15 通风管道漏风量

风道长度（m）	建筑风道（%）	钢板风管（%）
$L \leqslant 20$	5	不计
$20 < L \leqslant 100$	10	5
$100 < L \leqslant 200$	15	10
$L > 200$	20	15

5）工程内战时用电不能确保时，应采用人力、电动两用通风机。即设有柴油电站的人防工程可只设电动风机，否则应设人力、电动两用通风机。目前人力、电动两用通风机有F270手摇电动两用风机、DJF－1型电动脚踏两用风机、SR900型电动脚踏两用风机。

2.7.1 手摇电动两用风机

该型风机有F270－1和F270－2两种规格，其主要技术性能参数见表2-16，其结构示意图见图2-33，其具体尺寸查国标大样图04FK02。

表 2-16 F270 型电动手摇两用风机主要技术性能参数表

风机型号		F270－1		F270－2	
风量（m^3/h）		300～700		500～1000	
全压（Pa）		1117～568		1205～568	
主轴转速（r/min）		2800		2800	
旋转方向（电机端正视）		顺时针方向		顺时针方向	
配套电机	型号	Q8～S2	YSC122	Q8～S2	Q7～S2
	额定功率（kW）	0.37	0.75	0.75	0.75
	额定电压（V）	220	380	220	380
手摇机构		传动比 1/8×1/8，速度 44r/min			

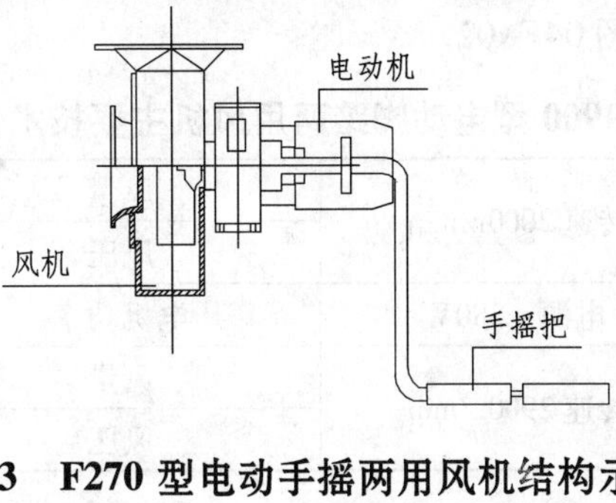

图 2-33 F270 型电动手摇两用风机结构示意图

2.7.2 DJF－1型电动脚踏两用风机

DJF－1型电动脚踏两用风机主要技术性能参数见表2-17，尺寸见表2-18，其结构示意图见图2-34。

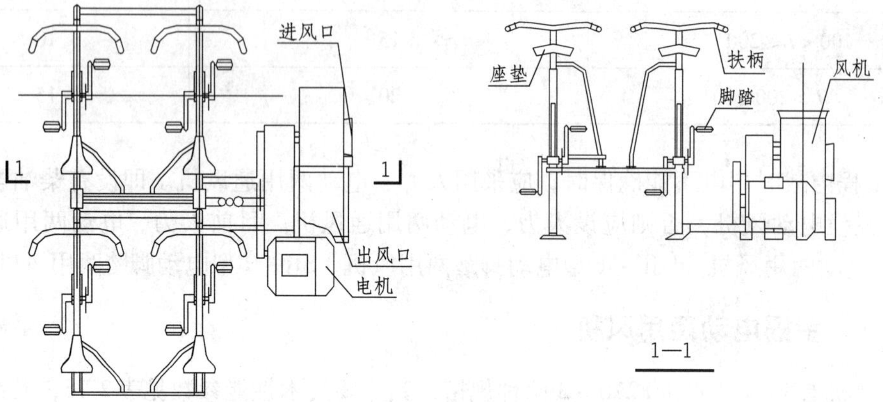

图2-34 DJF－1型电动脚踏两用风机结构示意图

表2-17 DJF－1型电动脚踏两用风机主要技术性能参数表

	电动机型号 Y90S－4，三相380V，1.1kW									转速（r/min）
电动	全压（Pa）	410	548	629	843	964	1204	1370	1430	3000
	风量（m^3/h）	3273	3154	2988	2701	2421	2033	1548	1278	
脚踏	全压（Pa）	353	452	521	702	840	1000	1138	1208	2750
	风量（m^3/h）	2983	2828	2720	2470	2203	1870	1397	1225	

表2-18 DJF－1型电动脚踏两用风机主要尺寸表

长×宽×高（mm）	风机出口尺寸（mm）	风机进口尺寸（mm）
1430×1480×900	302×176	ϕ320

2.7.3 SR900型电动脚踏两用风机

SR900型电动脚踏两用风机主要技术性能参数见表2-19，其结构示意图见图2-35，其具体尺寸安装要求查国标大样图04FK02。

表2-19 SR900型电动脚踏两用风机主要技术性能参数表

脚　踏	转速2000r/min	风量	900m^3/h
		风压	1250Pa
电动	电源　380V	电机功率	1.1kW
	转速2900r/min	风量	900～1650m^3/h
		风压	2280～1450Pa

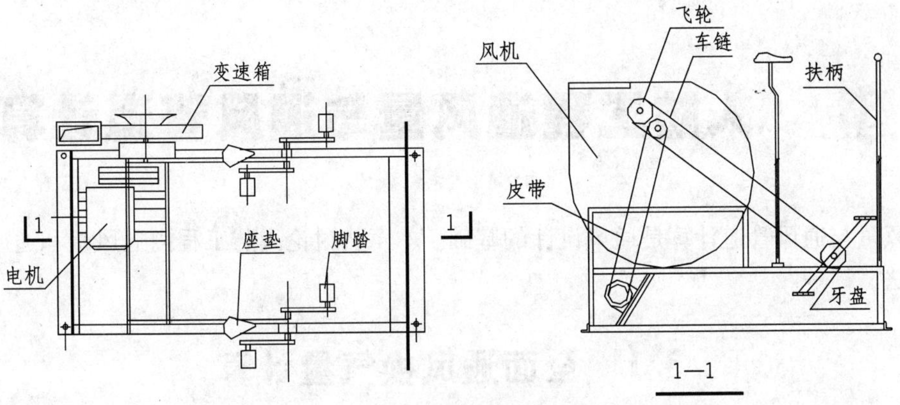

图 2-35 SR900 型电动脚踏两用风机结构示意图

3 人防工程通风量与通风管道计算

通风量与通风管道计算是通风设计的基础。本章将讨论人防工程内通风量和通风管道的计算方法。

3.1 全面通风换气量计算

通风就是把新鲜空气或经过净化后符合卫生要求的空气送入室内，把室内不符合卫生要求的空气排至室外，使室内空气有害物浓度满足卫生要求。

按通风的范围可把通风分为局部通风和全面通风。局部通风是在有害物产生地直接捕集起来、排至室外。局部排风系统需要的风量小，效果好，设计时应优先考虑。全面通风也称稀释通风，它一方面用清洁空气稀释室内空气中的有害物，同时不断地把污染空气排出室外，使室内空气中有害物浓度不超过卫生标准的最高容许浓度。全面通风适用于室内有害物发生源分散而又要求室内全面保持空气卫生条件的场合。人防工程一般采用全面通风。

3.1.1 按消除有害气体确定通风量

(1) 人防工程内的有害气体

人防工程内的有害气体种类很多，常见的主要有 CO_2、CO 和挥发性有机化合物、放射性氡气等，在目前的人防工程通风设计时，主要针对工程内的 CO_2 和 CO 等有害气体，特殊用途的人防工程需另行分析。

1）二氧化碳（CO_2）。空气中含有二氧化碳（CO_2），在干燥空气中的体积浓度为 0.03%。对于人防工程多数通风房间，空气中的主要有害气体是人员产生的 CO_2，为了排除 CO_2，应该向房间内送入新鲜空气。按照生理学的观点，当人员处于静止状态时，每人只需呼吸 0.16～0.20L/s（即 0.576～0.72m^3/h）的新鲜空气，但是实际通风房间为保证人员呼吸而送入的新鲜空气量比这一风量大很多。这是因为有足够的新鲜空气才能冲淡人员产生的 CO_2，并消除人员和设备产生的各种气味，以保持室内空气清新。

人员产生的 CO_2 量与人员的活动程度有关。静止时，每人每小时产生 16～25L；而在激烈体力活动时，CO_2 发生量可达每人每小时 50～100L。CO_2 为无色的气体，空气中 CO_2 对人员的生理影响见表 3-1。

表 3-1　CO_2 浓度对人员的生理影响

CO_2 浓度（体积百分比）	对人员生理影响
0.1%	长时期呼吸无害
0.2%	较长时期呼吸无害
0.4%～1%	短时期呼吸无害
2%	保持正常生理活动的极限值

续表 3-1

CO_2 浓度（体积百分比）	对人员生理影响
3%	呼吸转急促，呼吸深度增加一倍
5%	呼吸急促，可能引起头昏等现象
10%	处于昏迷状态
20% ~25%	窒息死亡

由于不同的 CO_2 浓度对人员生理影响的不同，目前《人民防空地下室设计规范》规定的 CO_2 容许浓度和最小氧气浓度见表 3-2。

表 3-2　人防工程内隔绝通风 CO_2 和 O_2 容许浓度

工 程 类 别	CO_2 容许浓度（%）	O_2 容许浓度（%）
医疗救护工程、专业队员掩蔽部、一等人员掩蔽所、食品站、生产车间、区域供水站	≤2.0	≥18.5
一等人员掩蔽所、电站控制室	≤2.5	≥18.0
物资库等其他配套工程	≤3.0	

根据表 3-1，对平战结合长期使用的人防工程，CO_2 容许浓度可取 0.1%，战时清洁式通风 CO_2 容许浓度可取 0.2%，战时滤毒式通风 CO_2 容许浓度可取 1%。

人防工程中 CO_2 的来源有：①人员呼吸要消耗氧气，同时释放出 CO_2；②柴油发电机组和燃烧照明需要消耗大量氧气助燃，同时释放 CO_2。人员在不同情况下每人每小时消耗氧气、放出 CO_2 的量见表 3-3。空气中不同含氧量对人体的影响见表 3-4。

表 3-3　人员呼吸消耗氧气、放出 CO_2 的量

活 动 状 态	消耗氧气（L/h）	放出 CO_2 的量（L/h）
睡眠（安静）	20	16
脑力劳动	25 ~ 30	20 ~ 25
一般劳动	35	30
体力劳动	60 ~ 120	50 ~ 100

表 3-4　空气中含氧量对人员的生理影响

空气中含氧量（体积百分比）%	对人员生理影响
20.93	常态空气
19	较长时期呼吸无害
18 ~ 18.5	短时期呼吸无害
17	静止状态无影响，但在工作时能引起喘息、呼吸困难和心跳加快

续表 3-4

空气中含氧量（体积百分比）%	对人员生理影响
15	人体缺氧，呼吸及脉搏跳动急促，减弱感觉及判断能力，肌肉功能破坏，失去劳动能力
10～12	失去理智，时间稍长即有生命危险
6～9	失去知觉，呼吸停止，心脏在几分钟之内尚能跳动，不进行急救会导致死亡

2）一氧化碳（CO）。CO 是一种无色、无臭、无味，对血液、神经有害的气体，比空气轻。煤、石油及木炭等在不充分燃烧时可产生大量 CO。如柴油发电站、地下车库等场所。CO 对人的危害主要是损害血液输运氧气的能力，CO 对人体的生理影响见表 3-5。

表 3-5　CO 对人员的生理影响

空气中 CO 含量（体积百分比）%	对人员生理影响
0.01	数小时对人体影响不大
0.05	1 小时对人体影响不大
0.1	1 小时后头痛，不舒服，呕吐
0.5	引起剧烈头晕、经 20～30min 有死亡危险
1.0	失去知觉，经 1～2min 即可能死亡

（2）有害气体浓度

有害物对人体的危害，不但取决于有害物的性质，还取决于有害物在空气中的含量。单位体积空气中的有害物含量称为浓度。一般地说，浓度愈大，危害也愈大。

有害蒸气或气体的浓度有两种表示方法，一种是质量浓度，另一种是体积浓度。质量浓度即每立方米空气中所含有害蒸气或气体的毫克数，以 mg/m^3 表示。体积浓度即每立方米空气中所含有害蒸气或气体的毫升数，以 mL/m^3 表示。因为 $1m^3=10^6mL$，常采用百万分率符号 ppm 表示，即 $1mL/m^3=1ppm$。1ppm 表示空气中某种有害蒸气或气体的体积浓度为百万分之一。例如若 CO 的浓度为 25ppm，就相当于每立方米空气中含有 CO 为 25mL。

在标准状态下，质量浓度和体积浓度可按下式进行换算：

$$Y=\frac{M\times10^3}{22.4\times10^3}C=\frac{M}{22.4}C \quad (mg/m^3) \tag{3-1}$$

式中　Y——有害气体的质量浓度（mg/m^3）；

M——有害气体的摩尔质量（g/mol）；

C——有害气体的体积浓度（ppm 或 mL/m^3）。

【例 3-1】 在标准状态下，$10mg/m^3$ 的 CO 相当于多少 ppm？

解：

因为 CO 的摩尔质量 $M=28g/mol$，

所以 CO 体积浓度为 $C=\frac{22.4Y}{M}=\frac{22.4\times10}{28}=8$（ppm）

（3）根据消除有害气体计算通风量

1）通风量计算公式。在稳定状态下消除有害气体的全面通风量按公式（3-2）计算。

$$L = \frac{X}{y_{-} y_0} \quad (m^3/s) \tag{3-2}$$

式中 X——单位时间内房间产生的有害气体量（mg/s）；

y_0——送入房间的新鲜空气的有害气体浓度（mg/m^3）；

y——房间应保持的有害气体浓度（即有害气体的容许浓度）（mg/m^3）；

L——房间的通风换气量（m^3/s）。

人防工程内有害气体的容许浓度应根据《人防工程平时使用环境卫生标准》和《工业企业设计卫生标准》（TJ 36—79）确定。根据卫生标准的规定，当房间内同时有多种有害气体时，一般情况下，应分别计算通风量然后取最大值作为全面通风量。但当工程内同时散发数种溶剂（如苯及同系物或醇类或醋酸类）蒸气或数种刺激性气体（如 S_2O_3 或氟化氢及其盐类等）时，因上述有害物对人体健康的危害在性质上是相同的，应把它们看成一种有害物，因此对消除这类有害物所需要的全面换气量则是分别消除每一种有害气体所需的全面通风换气量之和。

另外，室内有害物的分布及空气流分布是非均匀的，混合过程也不可能在瞬间完成，即使室内平均有害物浓度符合卫生标准，有害物源附近空气中的有害物浓度仍然会比室内平均有害物浓度高得多。为了保证有害物源附近有害物浓度控制在容许值以下，实际所需的通风换气量要比用式（3-2）计算的值大得多。因此公式（3-2）可修正为：

$$L = \frac{Kx}{y - y_0} \quad (m^3/s) \tag{3-3}$$

式中，K 为安全系数。安全系数 K 受有害物毒性、有害物源的分布及其散发的不均匀性、室内气流组织及通风的有效性等因素影响。一般的通风房间根据实际情况选用。

【例 3-2】某地下柴油电站，已测得散发到室内的一氧化碳气体为 680mg/（kW·h），电站内最高 CO 容许浓度为 $30mg/m^3$，若柴油机的功率为 100kW，求该电站排除有害气体 CO 所需的通风量?

解：K 取 1，$y_0 = 0$，$y = 30mg/m^3$

$$L = \frac{KX}{y - y_0}$$

$$X = 680 \times 100 = 68000(mg/h)$$

则：$$L = \frac{1 \times 68000}{30 - 0} = 2267(m^3/h)$$

2）换气次数法。在人防工程中，部分房间散入室内的有害物一般无法精确计算或为了简化计算，全面通风的换气量可根据对类似房间进行调查或测定，得出所需的换气次数作为经验值，然后确定其排风换气量。

$$L = K \cdot V \tag{3-4}$$

式中 L——该房间的通风量（m^3/h）；

K——房间的换气次数（次/h）；

V——房间的容积（m^3）。

平时使用时人防工程内某些房间的最小换气次数要求见表 3-6。

表 3-6　人防工程某些房间的最小换气次数（次/h）

房间名称	换气次数	房间名称	换气次数
水泵房、封闭式蓄电池室	2	物资库	1
盥洗室、浴室	3	汽车库	4
水冲厕所	10	发电机房贮油间	6
污水池、污水泵间	8	吸烟室	10

3.1.2　按消除余热计算通风换气量

1）在人防工程中也有一些发热房间，例如地下柴油电站机房和变压器室。它们内部设备的发热量很大，用通风的方法消除余热量的计算公式为（3-5）：

$$L = \frac{Q_{余}}{\rho(i_N - i_0)} \tag{3-5}$$

式中　$Q_{余}$——房间产生的余热量（kW），计算方法详见第五章；

i_0——送入房间的空气的焓［kJ/(kg 干空气)］；

i_N——房间内空气应保持的焓［kJ/(kg 干空气)］；

ρ——空气的密度（kg/m^3）；

L——房间为排除余热所需的通风量（m^3/s）。

2）当余热量主要是显热量时，房间通风要解决的主要是降温，即向室内送冷风以降低室内气温。此时房间的通风换气量可按公式（3-6）计算：

$$L = \frac{Q_{显}}{C\rho(t_p - t_i)} \tag{3-6}$$

式中　$Q_{显}$——房间的余热（显热）量（kW）；

t_p——排出房间空气的温度（℃）；

t_i——进入房间空气的温度（℃）；

C——空气的质量比热，$C = 1.01$［kJ/(kg·℃)］；

ρ——进入空气的密度（kg/m^3）；

L——房间为排除余热所需的通风量（m^3/s）。

3）在某些设备发热量较大且房间高度较高的房间里，排出温度 t_p 不等于工作区温度 t_g，有下列关系：

$$t_p = t_g + \beta(h - h_g) \quad (℃)$$

式中　β——温度梯度，即房间每升高 1m 空气温度的增量，根据具体情况取值，一般取 $\beta = 0.3 \sim 2.0$℃/m；

h——由地面到排风口中心的垂直距离（m）；

t_g——工作区温度（℃）。

但是，在大多数人防工程中，房间高度不是很高，可以认为排出温度等于工作区温度。

3.1.3　按消除余湿计算通风换气量

有的人防工程内房间的余热量小，而余湿量大。为了保持房间的温湿度，房间通风换气主要目的是消除余湿，这时通风换气量可按（3-7）计算。

$$L = \frac{W_{余}}{\frac{(d_p - d_j)\rho}{1000}} \quad (m^3/h) \tag{3-7}$$

式中 L——按消除余湿计算的通风换气量（m^3/h）；

d_p——工程内空气容许的含湿量［（g/kg 干空气）］；

d_j——进入空气的含湿量［（g/kg 干空气）］；

ρ——空气的密度（kg/m^3）；

$W_{余}$——工程内的总余湿量（g/h），计算方法详见第五章。

3.1.4 按卫生要求确定新风量

对于以满足人员呼吸为主的人防工程的通风，为了便于计算，《人民防空地下室设计规范》（GB 50038—2005）根据卫生要求对人员新风量制定了标准。因此，工程的平时新风量计算可采用（3-8）式计算：

$$L = n \cdot q \tag{3-8}$$

式中 L——工程新风量（m^3/h）；

n——工程内的人数；

q——新风量标准［m^3/（人·h）］。

防空地下室平时使用时的人员新风量，通风时不应小于 30m^3/（人·h）；平时空气调节新风量宜按表 3-7 取值，过渡季节采用全新风时不应小于 30m^3/（人·h）。

表 3-7 防空地下室平时空气调节人员新风量标准［m^3/（人·h）］

房间功能	空调新风量
旅馆客房、会议室、医院病房、美容美发室、游艺厅、舞厅、办公室	≥30
餐厅、阅览室、图书馆、影剧院、商场（店）	≥20
酒吧、茶座、咖啡厅	≥10

3.1.5 防空地下室战时新风量计算

（1）防空地下室战时新风量标准

防空地下室战时人员新风量标准见表 3-8。

表 3-8 防空地下室战时新风量［m^3/（人·h）］

防空地下室类别	清洁通风	滤毒通风
医疗救护工程	≥12	≥5
防空专业队队员掩蔽部、生产车间	≥10	≥5
一等人员掩蔽所、食品站、区域供水站、电站控制室	≥10	≥3
二等人员掩蔽工程	≥5	≥2
其他配套工程	≥3	

注：物资库的清洁式通风量可按清洁区的换气次数 1～2 次/h 计算。

(2) 战时清洁通风新风量的计算

根据表 3-8 确定清洁通风新风量标准 L_1，用公式（3-9）计算新风量。

$$L = nL_1 \tag{3-9}$$

(3) 滤毒通风新风量的计算

战时滤毒通风新风量不仅要满足工程内人员的呼吸要求，而且还要满足防毒通道的换气要求，因而要分别按（3-10）和（3-11）计算，取大值作为战时人防工程的滤毒通风新风量。

根据表 3-8 确定滤毒通风新风量标准 L_2，用公式（3-10）计算。

$$L_R = nL_2 \tag{3-10}$$

此外还要根据（3-11）计算出风量 L_H。

$$L_H = V_F \cdot K + L_f \tag{3-11}$$

式中 L_H——室内保持超压所需的新风量（m^3/h）；

V_F——战时主要出入口最小防毒通道的有效容积（m^3）；

K——战时主要出入口最小防毒通道的设计换气次数（次/h），查表 1-12；

L_f——室内保持超压的工程漏风量（m^3/h），可按清洁区有效容积的 4%（每小时）计算。

最后取 L_R 和 L_H 的大者为滤毒式新风量。

【例 3-3】 有一防空地下室，平时为游艺厅，设计人数为 150 人，战时为二等人员掩蔽所，掩蔽人数 800 人。主要出入口最小防毒通道的有效容积是 $20m^3$，主体清洁区体积为 $5000m^3$，计算平时、战时的新风量。

解：

（1）平时新风量：

查表 3-7 取平时新风量标准为 $35m^3$/（人·h），则平时新风量为：

$$L_{新} = 35 \times 150 = 5250(m^3/h)$$

（2）战时新风量：

查表 3-8 取战时清洁通风新风量标准为 $6m^3$/（人·h），战时滤毒通风新风量标准为 $2m^3$/（人·h），查表 1-12 最小防毒通道换气次数取 40 次/h。

战时清洁通风新风量为：

$$L_{清} = 5 \times 800 = 4000(m^3/h)$$

战时滤毒通风新风量为：

$$L_R = 800 \times 2 = 1600(m^3/h)$$

$$L_H = 20 \times 40 + 5000 \times 4\% = 1000(m^3/h)$$

则战时滤毒通风新风量取 $1600m^3/h$。

3.2 通风管道设计的基本问题

通风管道把通风系统的进风口、除尘滤毒设备、空气处理设备、送风口和风机联成一体，是通风与空调系统的重要组成部分。通风管道的设计任务，就是要合理组织空气流动，在保证要求风量分配的前提下，合理布置风管，确定风管尺寸，以达到初投资和运行维护费用综合最优。因此通风管道设计的好坏，直接影响到整个通风、空调工程在建设与使用方面的技术经济性能。

3.2.1 风管的断面形状

根据使用与建筑要求，通风管道可做成各种形式。风管的截面一般常见的有圆形和矩形两种。在人防工程中，为了更好地利用地下空间，可以根据情况设计风道截面形式，如图3-1所示。

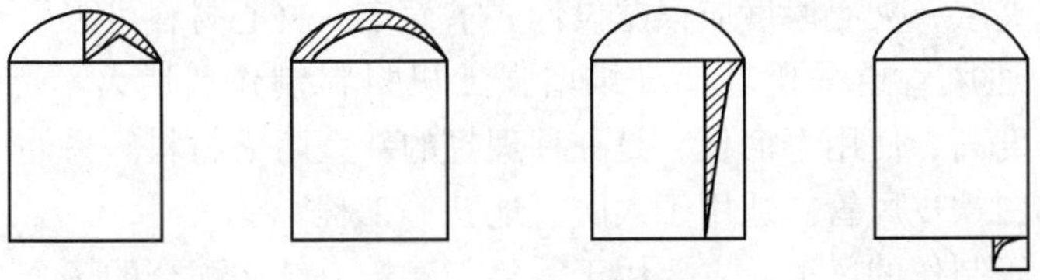

(a)半吊顶风道　(b)全吊顶风道　(c)侧墙风道　(d)地沟风道

图 3-1　风道截面形式

圆形风管强度大，节省材料，沿程阻力也小，但是风管占用空间大，且加工困难，明装时不易布置美观；而矩形截面风管更有利于与建筑配合，占用空间少，工程中应用较多；椭圆形螺旋风管具有圆形和矩形风管的优点，是一种理想的风管，但由于需要专门的设备加工，目前采用的较少。吊顶风道充分利用建筑空间，可作为对风量要求不很严格的送风管道和回风、排风管道使用，但是吊顶应做密闭处理。侧墙风道适用于风量较大的情况，多用于进风或送风。由于一般侧墙风道面积较大，因此送风压力比较均匀，送风口可根据需要开在相应的高度上。但是，因为送风过程中空气状态可能变化，不适用于高精度空调房间。在人防工程中，还经常将人行通道作为回风道，但对于有大量余热或有毒气体产生的工程不宜采用。

柔性风管系采用薄铝带等材料缠绕而成。它质轻、性柔，运输、安装方便，安装时可用手方便地弯曲、伸直，适用于小支风管，国外应用较多，但价格高。

矩形风管的高宽比最高可达1∶8，但自1∶1至1∶8表面积要增加60%。因此设计风管时，除特殊情况外，高宽比宜在1∶1与1∶3之间。

3.2.2 风管的材料

(1) 通风管道材料要求

1) 便于制作、连接及安装，能保证风道的严密性；

2) 风道内表面应光滑、阻力小，外部应美观与建筑协调；

3) 价格低，原材料容易获得；

4) 防火性能好，防腐蚀，尤其对人防工程，防火、防腐性能更为重要。

(2) 风管材料的分类

风管材料分为金属材料和非金属材料。

1) 金属材料管可分为金属薄壁管和金属厚壁管，厚壁管的厚度一般在2mm以上，多用于高炉通风和粉尘输送管道中，人防工程则用于口部染毒区的通风管道和预埋在土壤、混凝土中的管道。薄壁管指管壁厚度在1.5mm以下，用于一般通风系统中，材料大多是普通薄钢板（又称黑铁皮）和镀锌薄钢板（又称白铁皮），后者有较好的防腐性能，适用于空气温湿度较高的系统，它们的优点是易于工业化加工制作、安装方便、能承受较高温度。某些特殊要求的风管可采用铝板和不锈钢板。

2）非金属材料种类较多，常用的有玻璃钢、MPP不燃型无机复合材料、硬聚氯乙烯塑料板、胶合板、纤维板、炉渣石膏板、砖及混凝土等。这些材料特别适用于人防工程，它们具有很好的防腐蚀性能。

玻璃钢风管是用玻璃丝布与合成树脂制成，要求具有耐酸、耐碱和自熄性，保温玻璃钢风管可将管壁制成夹层，夹心厚度应根据设计要求而定。夹心材料可采用聚苯乙烯、聚氨酯泡沫塑料等。MPP通风管道采用玻璃纤维增强无机材料制作，遇火不燃烧、无烟、无味、无毒、耐腐蚀、强度高、使用寿命长，是一种理想的新型防火材料。另外该材料在价格上也低于玻璃钢风管和白铁皮风管。适用于人防、地铁等工程。

以砖、混凝土等制作的风道，主要用于需要与建筑、结构配合的场合，可节省钢材，经久耐用，但阻力较大，在人防工程中也有应用。

以上所述，各种材料各有特点，在选用时应根据工程的具体情况，合理选用。

(3）人防工程口部染毒区风管要求

设置在染毒区的进、排风管，应采用2~3mm厚的钢板焊接成型，其抗力和密闭防毒性能必须满足战时的防护需要，且风管应有0.5%的坡度坡向室外。

1）口部进风系统中进风机室最后一道密闭阀门至进风扩散室的管道应采用2~3mm厚的钢板焊接成型，并保证气密性。

2）口部排风系统中排风机室最后一道密闭阀门至排风扩散室的管道、洗消间和防毒通道内的风管均应采用2~3mm厚的钢板焊接成型，并保证气密性。

钢板风管应除锈，并内外刷两道红丹防锈漆，外面还要刷二道面漆。

3.2.3 风管的设计原则

在设计通风管道时，应遵循以下原则：

1）风管布置尽可能简单，管道尽可能短而直，尽量减少拐弯和交叉。为便于安装和加工，管径和截面变化不宜过多，避免复杂的局部管件。弯头、三通等管件要安排得当，与风管的连接要合理，以减少阻力和噪声。

2）通风管道应与其他专业管道统一考虑，防止管道打架。与建筑结构配合，尽量少占用空间，不影响生产操作。

3）风管保温。风管在输送空气的过程中冷、热量损耗大，又要求空气保持恒定的温度，或防止风管穿过房间时对室内空气参数产生影响及低温风管表面结露，所以要对风管进行保温。保温材料主要有软木、聚苯乙烯泡沫塑料、超细玻璃棉、玻璃纤维板、聚氨酯泡沫塑料等。

保温层的厚度要根据保温目的计算出经济厚度，再按其他要求校核。通常保温结构有四层：①防腐层：涂防腐油漆；②保温层：填贴保温材料；③防潮层：包铝箔、油毛毡、塑料布或刷沥青，用以防止水分侵入保温层内，从而破坏保温层或在内部结露；④保护层：室内管道可用玻璃布、塑料布或木板等做成，室外管道应用铁丝网水泥或铁皮作为保护层。

4）风管的尺寸应尽量按《通风管道统一规格》规定的尺寸选用，以便于机械加工和配制标准阀门与配件。

5）风管上应设置必要的调节和测量装置（如阀门、压力表、温度计、风量测定孔等），调节和测量装置应设在便于操作和观察的地点。

6）输送含有蒸汽、雾滴的气体时，应有不小于0.005的坡度，以排除积液，并应在风管的最低点和风机底部装设水封泄液管。

3.3 通风管道阻力计算

通风管道内空气流动的阻力有沿程阻力和局部阻力。沿程阻力是由于空气本身的粘滞性及其与管壁间的摩擦而产生的沿程能量损失；局部阻力是空气流经风管中的某些部件时，由于流速的大小和方向变化以及产生涡流造成比较集中的能量损失。

3.3.1 沿程阻力

由流体力学原理，空气在风管断面不变的管道内流动时的沿程阻力可按下式计算：

$$P_f = \lambda \frac{l}{d_e}\frac{\rho v^2}{2} \quad (\mathrm{Pa}) \tag{3-12}$$

式中 λ——摩擦阻力系数；

v——风管内空气的平均流速（m/s）；

ρ——空气的密度（kg/m^3）；

l——风管的长度（m）；

d_e——风管的流速当量直径（m），$d_e=4R_s$；

R_s——风管的水力半径（m），$R_s=\frac{S}{P}$；

S——风管的横断面积，（m^2）；

P——湿周，在通风空调系统中为通风管道的周长（m）；

对圆形风管：$d_e=D$（D为圆形风管直径）；

对矩形风管：$d_e=\frac{2ab}{a+b}$（a、b为风管断面净高和净宽）。

风管单位长度的摩擦阻力，简称比摩阻：

$$R_m = \frac{\lambda}{d_e}\frac{\rho v^2}{2} \quad (\mathrm{Pa/m}) \tag{3-13}$$

摩擦阻力系数λ与空气在风管内的流动状态和风管管壁的粗糙度有关。在通风空调系统中，空气的流动状态大多处于紊流过渡区。通常，高速风管的空气流动状态也属于过渡区。只有管径很小、表面粗糙的砖、混凝土风道的空气流动状态才处于水力粗糙区。计算过渡区沿程阻力系数的公式较多，下面列出的柯氏公式适用范围较大，目前得到较广泛的应用，此公式适用于整个紊流区。

$$\frac{1}{\sqrt{\lambda}} = -2\lg\left(\frac{k}{3.7d}+\frac{2.51}{Re\sqrt{\lambda}}\right) \tag{3-14}$$

式中 k——风管内壁的当量粗糙度（mm）；

d——风管直径（mm）；

Re——雷诺数。

进行通风管道的设计时，为了避免烦琐的计算，可根据公式制成各种形式的计算表或线解图，可查有关设计手册。

3.3.2 局部阻力

当空气流过风管的管件（如弯头、变径等）和设备时，由于流向和流速的变化，以及涡流的产生，都会产生局部阻力。

局部阻力按下式计算：

$$P_{\mathrm{j}}=\zeta\frac{\rho v^2}{2}\quad(\mathrm{Pa})\tag{3-15}$$

式中 ζ——局部阻力系数，查有关设计手册。

局部阻力系数一般是用实验方法确定的，有的还整理成经验公式。由于通风、空调系统中空气的流动都处于自模区，局部阻力系数 ζ 只取决于管件的形状，一般不考虑相对粗糙度和雷诺数的影响。

局部阻力在通风系统阻力中占有较大的比例，在设计中应采取减少局部阻力的措施。

3.4 通风管道计算

通风管道水力计算的主要目的，是确定风管的断面尺寸和系统阻力，确定风机的型号，保证系统内达到设计要求的风量分配。在进行水力计算之前，首先要布置通风空调管道系统和设备、确定风管材料、各送、排风点的位置和风量等。

通风管道的计算方法有假定流速法、静压复得法和压损平均法，假定流速法是目前人防工程中采用的主要方法。

3.4.1 假定流速法

假定流速法的特点是，先按技术经济要求和噪声要求选定风管的流速，再根据风管的风量确定风管的断面尺寸和阻力。

假定流速法的计算步骤和方法如下：

（1）绘制通风系统轴测图

对各管段进行编号，标注长度和风量。管道长度一般按两管件中心线长度计算，不扣除管件（如三通、弯头）本身的长度。

（2）确定合理的空气流速

合理确定风管内的空气流速对通风系统的经济性有较大影响。流速高，风管断面小，材料耗用少，建造费用少；但系统的阻力大，动力消耗增大，运行费用增加，对空调系统会增加噪声，对除尘系统会增加设备和管道的磨损。流速低，阻力小，动力消耗少；但风管断面大，材料和建造费用大，风管占用的空间也大；对除尘系统，风速太低会使粉尘沉积堵塞管道。因此，必须通过全面的经济技术比较选定合理的流速。根据经验总结，风管内空气流速可按表 3-9 确定。

表 3-9 通风管道和风口的风速（m/s）

风道名称		干管		支管		风口
		钢板或无机玻璃钢风管	建筑风道	钢板或无机玻璃钢风管	建筑风道	
口部通风管道		6~10	4~8*			3~5
室内有噪声控制要求的通风管道和风口	25~35dB（A）	3~4	2~3	2	2	2~4
	35~50dB（A）	4~6	3~4	3	3	3~5
	50~65dB（A）	6~8	4~6	4	4	5~7
排烟管道		≤20	≤15	≤20	≤15	≤10
加压送风		≤20	≤15	≤20	≤15	≤7

注：*号为建筑风道口部的风速，在设计计算时，宜取下限值。

（3）计算摩擦阻力和局部阻力

根据各风管的风量和选择的流速确定各管段的断面尺寸，并选择最不利环路（即从风机到某送风口之间阻力最大的管路），计算摩擦阻力和局部阻力。

（4）按实际流速计算阻力

确定风管尺寸时，应根据吊顶高度、建筑层高和通风管道统一规格等确定。风管断面尺寸确定后，应按管内实际流速计算阻力。阻力计算应从最不利环路开始。

（5）并联管路的阻力平衡

为保证各送、排风点达到设计风量，两并联支管的阻力必须平衡。对一般的通风系统，两支管的阻力差不超过 15%；除尘系统不应超过 10%。若超过规定，应调整管径或用阀门调节。调整后的管径按下式计算：

$$D' = D\left(\frac{\Delta P}{\Delta P'}\right)^{0.225} \quad (\text{mm}) \tag{3-16}$$

式中 D'——调整后管径（mm）；

D——原设计管径（mm）；

ΔP——原设计支管的阻力（Pa）；

$\Delta P'$——要求达到的支管阻力（Pa）。

改变阀门的开度，调节管道阻力，是一种简单易行的方法。必须指出，对一个多支管的通风系统进行调试，是一项较复杂的技术工作。必须进行反复的调整、测试才能达到设计的流量分配。

（6）计算系统总阻力

（7）选择风机

根据输送气体的性质、系统的风量和阻力确定风机的类型和具体型号。考虑到风管、设备的漏风及阻力计算的不精确性，应对风量和风压增加 10% ~15% 附加值。人防工程的滤毒进风机还要考虑工程内超压值，一般取 50~100Pa。

当风机在非标准状态下工作时，应对风机性能进行换算再以此参数从样本上选择风机。注意空气状态变化时，实际所需的电机功率会有所变化，应进行验算，检查样本上配用的电机功率是否满足要求。

3.4.2 静压复得法

静压复得法的特点是利用风管分支处复得的静压来克服该管段的阻力，根据这一原则确定风管断面的尺寸。此法适用于高速通风空调系统的水力计算。采用高速风道（15 ~ 30m/s）系统，可以减小风管尺寸，节省建筑空间，但是风道阻力大、噪声大，系统运行不经济，因而应用较少。

其原理是：在有分支的管道里，由于从支管中流走一部分空气，所以在每个分流的三通后，风量都有所减少。这时如果三通前后断面变化不大，风速就要降低，即当流体的全压一定时，风速降低即动压减少，而静压就要增加，即断面 2 的静压大于断面 1 的静压。利用这部分“复得”的静压，克服下一段风道阻力的原则来决定风管尺寸的方法就叫做“静压复得法”，静压复得法原理见图 3-2。

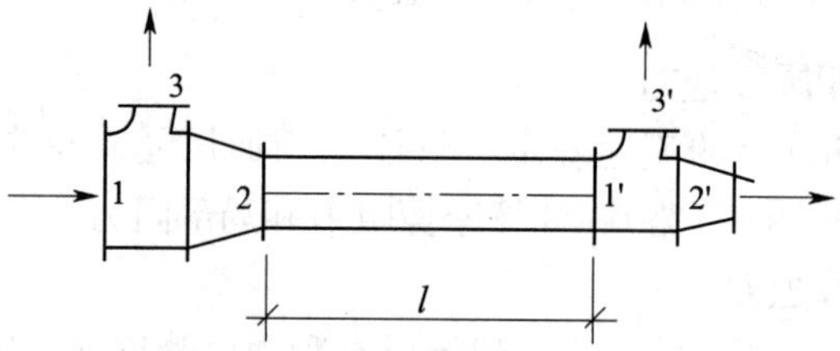

图 3-2 静压复得法原理图

在 2 点处复得的静压，理论上应为：

$$\Delta P = P_2 - P_1 = \frac{\rho v_1^2}{2} - \frac{\rho v_2^2}{2} \tag{3-17}$$

实际上由于三通本身阻力要消耗部分静压，因此静压复得值为：

$$\Delta P = \frac{\rho v_1^2}{2} - \frac{\rho v_2^2}{2} - \xi_t \frac{\rho v_2^2}{2} \tag{3-18}$$

式中，ξ_t 为对应三通直通流速的局部阻力系数。

上式可改写为：

$$\Delta P = K\left(\frac{\rho v_1^2}{2} - \frac{\rho v_2^2}{2}\right) \tag{3-19}$$

式中，K 称为静压复得系数，其值小于 1。

对比（3-18）与（3-19）式可得：

$$K = \frac{v_1^2 - (1 + \xi_t)v_2^2}{v_1^2 - v_2^2} \tag{3-20}$$

从上式可以看出，K 与 v_1、v_2 和 ξ_t 有关，由于 ξ_t 与 v_1、v_2 有关，所以可以近似的认为 K 是 v_1、v_2 的函数。K 还与三通的制作工艺有关。为了实际计算方便，可以认为 K 值是常数，设计时一般取 $K = 0.75$。

从式 3-19 可以看出，复得静压值与风速平方的变化成正比。在高速管道里，风速大则静压复得多；在低速风道里，风速小则复得静压少。因而此法仅适用于高速系统。用此法进行设计时，由于复得静压用于克服下一段管道的阻力，使得各分支处的静压都相等。所以，各分支处出风口风量能够保证均匀，使平衡风量的调节工作大为简化。由此可见，用静压复得法计算均匀送风管道最为适宜。

管段阻力为沿程阻力与局部阻力之和，即：

$$h = \left[\lambda \frac{1}{d} + \sum\xi\right]\frac{\rho v^2}{2}$$

根据静压复得原理有：

$$K\left[\frac{\rho v_1^2}{2} - \frac{\rho v_2^2}{2}\right] = \left[\lambda \frac{1}{d} + \sum\xi\right]\frac{\rho v^2}{2} \tag{3-21}$$

得到：

$$v_2 = v_1\sqrt{\frac{K}{\lambda \frac{L}{d} + \sum\xi + K}} \tag{3-22}$$

当已知三通上游流速为 v_1 时，可用上式算出下游三通前的流速 v_2。再根据管段中的流量 L_2，即可确定该管段的直径 d_2。

4 人防工程防火排烟

4.1 人防工程火灾的原因与特点

4.1.1 起火原因

人防工程起火的原因是多种多样的，有因为使用明火引起的，有因为化学或生物化学的作用造成的，有因用电引起的，也有因敌人纵火破坏引起的，等等。因使用明火不慎而引起火灾的次数在生产和生活中比较常见。例如：在地下车间内，不顾周围环境随意动火焊接、烘烤物品过热、熬油溢锅等；在地下公共场所（如影剧场、会议室、阅览室、游艺场等）内乱扔烟头、火柴梗，使火种混进废纸堆等，都会引发火灾。

除明火外，暗火引起火灾的情况也不少。其中有的是有火源的，如厨房炉灶或采暖锅炉的烟囱表面过热烤着靠近的木结构；也有没有火源的，如大量堆积在库房里的油布雨衣，因为通风不好，雨衣内部发热，以至积热不散发生自燃；把化学性质相互抵触的物品混在一起，发生化学反应起火或爆炸；地下油库中，出现可燃气体及易燃、可燃液体跑、冒、滴、漏现象，遇高温便燃烧或爆炸；地下车间或电站中的机械设备摩擦发热，使接触到的可燃物引燃起火等等，都属暗火引起的火灾。

用电引起火灾的原因，主要是用电设备超负荷、线路老化、导线接头接触不良，电阻过大发热，使导线的绝缘物或沉积在电气设备上的粉尘自燃；短路的电弧能使充油的设备爆炸；保险丝和开关的火花能使易燃、可燃液体蒸气与空气的混合物爆炸；易燃液体、可燃气体在管道内流动较快，产生静电，由于管线接地不良，在管道出口处出现放电火花，使被输送的液体或气体烧着，发生爆炸。

此外，突然发生地震或战时空袭，都会因人们急于疏散而来不及断电、熄灭炉火、处理易燃、易爆生产装置和危险品等，待受震后极易起火，便出现了地震火灾或战时火灾的不幸。

因此，在人防工程设计中，除了要充分估计到工程内部起火的可能，还要有平战结合的观念，考虑地震和战时火灾的特点，采取防范措施，避免大的火灾损失。

4.1.2 起火条件

（1）起火条件

1）存在能燃烧的物质；

2）有助燃的氧气或氧化剂；

3）有能使可燃物质燃烧着的火源。

只要上述三个条件同时出现，并相互接触就能起火。

（2）起火特性

一般固体燃烧是在受热的条件下，由内部分解出可燃气体，该气体遇到明火便开始与空气中的氧激烈化合发出光和热，即所谓物质的发焰燃烧或着火。固体用明火点燃能发火燃烧时的最低温度，就是该物质的燃点。

有些固体在常温下能自行分解，或在空气中氧化导致迅速自燃或爆炸，如硝化棉、赛璐珞、黄磷等；有的在常温下受到水或空气中水蒸气的作用，能产生可燃气体，并引起燃烧或爆炸，如金属钾、钠、电石、氢化钠等；有的受到撞击或与氧化剂、有机物接触能引起燃烧或爆炸，如赤磷、五硫化磷等；还有的遇酸、受热、受撞击以及遇有机物或硫磺等易燃的无机物，极易引起燃烧或爆炸的强氧化剂，如氯酸钾、氯酸钠、过氧化钾、过氧化钠等。上述这些固体都属易燃、易爆的化学危险物品。

液体在常温下有的快速挥发，有的则比较缓慢。因液体靠蒸气燃烧，所以挥发快的比挥发慢的要危险。在低温条件下，易燃、可燃液体蒸气与空气混合达到一定的浓度，遇到明火点燃发生蓝色一闪即灭，不再继续燃烧的现象称之为闪燃。出现闪燃的最低温度叫闪点。闪燃出现的时间不长，因为此时液体蒸发的速度还供不上燃烧的需要，所以很快便把仅有的蒸气烧光。但是，如果温度继续升高，挥发的速度加快，这时再遇明火便有爆炸的危险了。所以，闪点是易燃、可燃液体即将起火的前兆，这对防火具有重要意义。

可燃气体、易燃、可燃液体蒸气、粉尘与空气混合，达到一定浓度，遇到明火便会发生爆炸。遇明火发生爆炸的最低浓度，叫爆炸下限；遇火源能发生爆炸的最高浓度，称为爆炸上限。浓度在下限以下时，可燃气体、易燃、可燃液体蒸气、粉尘的数量很少，不足以发生燃烧；浓度在上限和下限之间即浓度比较合适时遇明火就要爆炸；超过上限则因氧气不足，不会燃烧爆炸。

4.1.3 火势蔓延途径

火势是通过热的传播蔓延的。

在起火房间内，火主要是靠直接延烧和热量的辐射进行扩大蔓延的。

在起火的工程中，火从起火房间转移到其他房间的过程，主要是靠可燃构件的直接延烧、热传导、热辐射和热对流传播的。

热传导，即物体一端受热，通过物体热分子的运动，把热传到另一端。例如，水暖工在吊顶下面用喷灯烘烤由吊顶内穿出来的暖气管道，在没有采取安全措施的条件下，经常会使吊顶上的保温材料自燃起火，这就是钢管热传导的结果。

热辐射，即热由热源以电磁波的形式直接发射到周围物体上。在烧得很旺的火炉旁边能把湿衣服烤干，如果靠得太近，还可能把衣服烧着。在火场上，它能把距离较近的可燃物质烤着燃烧，这就是热辐射的作用。

热对流，是炽热的燃烧产物（烟气）与冷空气之间相互流动的现象。因为烟带有大量的热，并以火舌的形式向外伸展出去。热烟流动是因为热烟的比重小，像油浮在水面上一样，向上升腾，与四周的冷空气形成对流。起火时，烟从起火房间经内门流向走廊，窜到其他房间。火场上火势发展的规律表明，浓烟流窜的方向，往往就是火势蔓延的途径。特别是混有未完全燃烧的可燃气体或可燃液体蒸气的浓烟，窜到离起火点很远的地方，重新遇到火源，便瞬时爆燃，使人防工程全面起火燃烧。由此可见，热对流对火势蔓延至关重要。

研究火势蔓延途径，是在人防工程中采取防火隔断、设置防火分隔物和正确划分防火分区的根据，也是扑灭火灾的需要。

通过以上分析可以看出，在人防工程中，从起火房间向外蔓延的途径主要有以下几个方面：

（1）内墙门

在起火房间内，当门离起火点较远时，燃烧以热辐射的形式使木板的受热表面温度升高，直到发火自燃，最后把门烧穿，烟从门窜到通道（或走廊），再通过相邻房间开敞的门进入邻间，把室内物品烧着。但如果相邻房间的门关得很严，在通道内没有可燃物的条件下，光靠火舌是不会轻易烧穿相邻房间的门而进入室内的。因此，木板门是房间阻火的薄弱环节，是火窜到其他房间的重要途径之一。

（2）间隔墙

当隔墙为木板时，火很容易穿过木板缝隙窜到墙的另一面，同时木板极易燃烧。另外，当墙为厚度很小的非燃烧体时，靠隔墙旁堆放的易燃物体，可能因墙的导热和辐射而自燃起火。

（3）通道、通风管道

工程内的走廊、通道和通风管道在起火条件下能加速火势蔓延，扩大燃烧面积。

4.1.4 人防工程火灾的特点

1）由于人防工程空间封闭、结构厚，所以着火后，烟气大，温度高。

2）人防工程火灾后人员疏散困难。人防工程不像地面建筑有窗户，人无法从窗户疏散出去，只有从安全疏散出口出去。工程内全部采用人工照明，光线不如地面工程；另外烟气遮挡光线，使人看不清道路，烟气中的 CO 等有毒气体，直接威胁到人身安全。

3）人防工程火灾扑救困难。由于人防工程在地下，发生火灾时存在指挥决策困难、通讯指挥困难、进入火场困难，另外还有烟雾和高温影响灭火，灭火设备和灭火场地受限等困难。因此人防工程火灾比地面建筑火灾在扑救上要困难得多。

4.2 人防工程烟气的危害

4.2.1 工程内燃烧过程

可燃物着火最初限于着火物周围的环境，然后蔓延到工程内家具、内装修以至整个房间，根据火源不同，其时间长短有很大差别，如烟头掉在床上形成的火灾，就长达几小时；明火烧着被褥所需时间几乎等于零。然后是成长阶段（蔓延阶段），火灾蔓延到家具、内装修，温度急剧上升，这种现象叫爆燃（Flash - over，简称 F·O）。这是因为热分解从材料中产生可燃性气体（CO 等），气体达到一定的临界浓度就燃烧。由于热量的积蓄，燃烧传播速度加快，室温在短时间内急剧上升。温度可高达 800 ~ 900℃，空气体积膨胀到 3 ~ 4 倍，约为房间容积 2 ~ 3 倍的烟气，会从开口部位很快喷射出来，烟气可通过房间进入走廊，火势有向建筑内部扩大蔓延的危险。这时的烟气是未完全燃烧的气体，会妨碍视力，并使人呼吸困难。如内装修材料是可燃的，这段时间约 3 ~ 4min，这时在工程内的人员，生命将受到严重的威胁。之后，工程内火焰成漩涡状，温度缓慢上升，在此时间内，房间上下几乎无温差。一般约 20 ~ 30min 到 1h。当大部分可燃物已燃完，温度较快下降。

4.2.2 烟气的产生

物质燃烧所生成的气体、水蒸气及固体微粒等称为燃烧产物，其中能被人所看到的部分叫烟。但实际上不可见气体也与之混在一起，所以通常把燃烧产物中可见和不可见部分的混合物统称为烟气，其粒径为0.01～10mm。

在低温阴燃阶段，某些材料受热析出水蒸气，此时烟气呈灰白色，随着材料水分的减少和碳粒析出的增多，烟则逐渐变为黑色。此时的燃烧对全室而言是局部的，空气得到充分供给，烟气较少。

在火势成长阶段，燃烧面逐渐扩大，而室温也不断上升，如果氧气供应受到限制，不完全燃烧可见产物和一氧化碳就会增加，形成较多的浓黑毒烟。例如，人防工程中的贮藏室、库房和地下建筑等房间，由于可燃物多且通风差，起火后就会产生大量的烟气。现代人防工程中，塑料大量使用在工程内家具、用品、建筑装修、管道保温等方面，一旦发生火灾时，会产生大量的烟气，随着温度的升高，发烟速度比普通的木质材料要大得多，木质材料在加热到350℃以上，发烟速度就迅速减小；而塑料类物质却相反，发烟量迅速增加。

在火灾成长期的后期，房间内由于可燃物质的热分解、可燃性混合气体越加增多，当达到一定浓度后被火焰点燃而爆炸，引起工程内可燃物质的全面燃烧。这时，工程内含氧量急剧下降到5%以下，一氧化碳高达3%以上，室温到达800～900℃，大量不完全燃烧产物形成浓黑的烟雾，冲破门窗向工程外蔓延，即出现爆燃。随即跃上最盛期，此时烟气的危害性最大。

对人防工程，火灾旺盛阶段中的发烟最主要受空气供给条件的影响，到旺盛后期和衰减期，可燃物已大都烧掉，烟气逐渐减少。

4.2.3 烟气的流动

火灾时，由于可燃物质的不断燃烧，产生大量的烟和热形成炽热烟气流。由于高温的烟气和周围常温的空气容重不同，产生浮力使烟气在工程内处于流动状态。在相同温度下烟气的容重比空气重约30%，烟气中含有凝结的液滴沉降或吸附在墙壁或顶棚上，从烟气中分离出来，故烟气容重接近于空气的容重。

烟气受热后的体积膨胀公式（4-1）：

$$V_s = V_0[1 + \alpha(t_s - t_0)] \tag{4-1}$$

式中 V_s、V_0——温度为t_s、t_0时烟气的体积（m^3）；

α——烟气体积膨胀系数，$\alpha = 1/273$。

当燃烧达到爆燃点时，气温达800℃，烟气体积增大近4倍。可见支配烟气流动的能量，主要是燃烧产生的热量。发热量大，烟气温度高，容重小，在空气中产生的浮力也大，上升速度快。烟气流动还与周围温度、流动的阻碍、通风和空调系统气流的干扰、建筑物自身的烟囱效应等有关。

烟气流动速度：

一般水平流速为：

火灾初期：阴燃阶段　　0.1m/s　　（自然扩散）

　　　　　起火阶段　　0.3m/s　　（对流扩散）

火灾中期：旺盛阶段　　0.5～0.8m/s（对流扩散）

沿楼梯等垂直部分流速：3～4m/s

防烟设计的目的是防止火灾房间的烟气向非火灾房间扩散，因此，需在建筑物的适当地点设置防火门及防排烟装置。为了取得更好的效果，必须掌握烟气的流动特性。

烟气流动是因烟气受热而引起的，烟气流动的有关部位是：上下和左右房间、楼梯和走廊等。

烟气在走廊或细长通道中流动时，顶棚附近流动的烟气有逐步下降的现象。这是由于烟气接触顶棚和墙面被冷却后逐渐失去浮力所致。失去浮力的烟气首先沿周壁开始下降，最后在走廊断面的中部留下一个圆形的空间，见图 4-1。

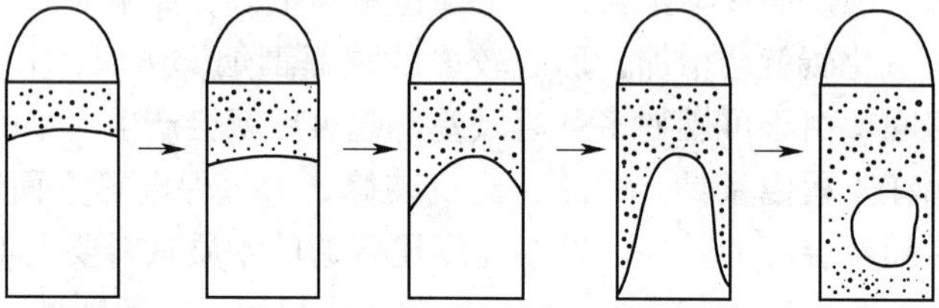

图 4-1 烟气在走廊流动中的下降

4.2.4 烟气的危害

(1) 燃烧产物

燃烧产物的成分取决于可燃物的化学组成和燃烧条件。大部分可燃物质属于有机化合物，在不完全燃烧时，不仅会生成 CO_2、水蒸气、SO_2 等完全燃烧产物，还会生成 CO、醇类、酮类、醛类、醚类及烟灰、烟渣等不完全燃烧产物，有继续燃烧或与空气形成爆炸性混合物的危险。

此外，还可能产生少量剧毒气体，例如氯化氢、碳酰氯即光气、氰化氢（HCN）、氨（NH_3）、硫化氢和氮氧化物等，其量极微，尚不易产生致命的危害。各种材料在燃烧时所产生的毒气种类见表 4-1。

表 4-1 各种材料燃烧产生的毒气种类

材料名称	产生的主要毒气
木材	二氧化碳、一氧化碳
羊	二氧化碳、一氧化碳、硫化氢、氨、氢化氰
棉花、人造纤维	二氧化碳、一氧化碳
聚四氟乙烯	二氧化碳、一氧化碳
聚苯乙烯	苯、甲苯
聚氯乙烯	氢氯化物、二氧化碳、一氧化碳
耐纶（尼龙）	乙醛、氨、二氧化碳、一氧化碳
酚树脂	氨、氢化物、一氧化碳
三聚氰胺_ 醛树脂	氨、氢化物、一氧化碳
环氧树脂	丙酮、二氧化碳、一氧化碳

（2）烟气的危害性

国外无数次建筑火灾的统计表明，死亡人数中有50%左右是由于烟气中毒或窒息死亡的。由于各种塑料制品大量用于人防工程，以及空调设备的广泛使用，烟气致死的比例更有明显的增加。火灾中对人身危害最大的是烟气。

1）对人体的危害。

①一氧化碳：人体吸入一氧化碳后就会和血液中的血红蛋白结合成为一氧化碳血红蛋白，它能阻碍血液把氧输送到人体各部中去。当一氧化碳和血液中50%以上的血红蛋白结合时，便能造成脑和中枢神经严重缺氧而发生头痛无力及呕吐等症状。

②烟：建筑中木材制品燃烧产生的醛类、聚乙烯燃烧产生的氢氯化合物都是刺激性很强的气体，有时是致命的。例如烟气中含有5.5mL/m^3的丙烯醛时，便会对上呼吸道产生刺激症状；如在10mL/m^3以上时，能引起肺部变化，数分钟内即可死亡。其容许浓度为0.1mL/m^3。烟气中有甲醛、乙醛、氢氯化氰等毒气时，对人体也是极为有害的。

③缺氧：在着火区域的空气中充满了一氧化碳、二氧化碳及其他有毒气体，加之燃烧需要大量的氧气，这就造成空气中的含氧量大大降低。发生爆炸时甚至可降到5%以下，人体在严重缺氧情况下将会死亡。人防工程中大多数房间的气密性均较好，在可燃物燃烧时，更易引起工程内大量缺氧，从而危及人的生命。

④窒息：火灾时人员可能因吸入高温烟气而使口腔及喉头肿胀，以致引起呼吸道阻塞而窒息，或者因吸入刺激性气体过多时而引起喉头痉挛也可能发生窒息。

2）对疏散的危害。

着火区域的房间或疏散通道内，如果充满了含有一氧化碳及各种有毒气体的烟气，这对人员的疏散产生了极大的困难。烟气对眼睛、鼻和喉部产生强烈刺激，使人们视力下降且呼吸困难；烟气还使能见度大大降低，从而严重地影响人员的及时疏散。事实证明，人的视野降至3m以内，逃离火灾现场就很困难。

由上可见，烟气对安全疏散有非常不利的影响，这也说明疏散通路的排烟设计具有何等重要的意义！烟气的危害性证明，在现代人防工程中必须进行周密可靠的防火及防排烟设计。

4.3 人防工程防火分区与防烟分区

4.3.1 人防工程的防火分区

人防工程内存在着许多可燃物和着火源，考虑因各种原因引起火灾的可能性，为阻止一旦失火后火势的蔓延和扩散，有利于扑救和人员的疏散，建筑设计时应进行防火分区，把建筑物平面和空间划分为若干防火单元，以使火势控制在起火单元并加以扑灭，从而减少火灾的损失。

每个防火分区间用防火墙、耐火楼板和防火门隔断。防火墙上不宜开设门、窗、洞口，如需要开设门、窗时，应设置能自行关闭的甲级防火门、窗，耐火极限不低于1.2h。建筑属一级耐火等级时，耐火楼板的耐火极限应在1.5h以上，二级耐火等级应在1h以上。

人防工程防火分区划分的规定：

1）每个防火分区的面积不大于500m^2。如果防火分区内设有自动灭火设备，则防火分区面积可增加一倍；局部设置时，增加的面积可按该局部面积的一倍计算。

2）商业营业厅、展览厅等，应设置火灾自动报警系统和自动灭火系统，且采用 A 级装修材料装修时，防火分区允许最大建筑面积不应大于 2000m²。

3）电影院、礼堂的观众厅，防火分区允许最大建筑面积不应大于 1000m²。

4.3.2 防火分隔物

根据人防工程的不同部位和火势蔓延的途径，防火分隔物的类型有：防火墙、防火门、防火悬墙、防火吊顶、人孔的盖板、舞台防火幕及水幕等。

（1）防火墙

防火墙是阻止火势蔓延的重要设施。根据防火要求，防火墙应与基础整体浇注或建在耐火极限不低于 3h 的承重构件上；防火墙上不宜开设门、窗、洞口，当需要开设时，应设置能自行关闭的甲级防火门、窗。

（2）防火门、窗和防火卷帘

防火门、窗和防火卷帘按耐火极限划分为甲、乙、丙三级，耐火极限分别为：甲级 1.2h；乙级 0.9h；丙级 0.6h。然而，对此门、窗的要求不能像防火墙那样有 4h 的耐火极限，这是因为材料和构造条件限制所致。如果要满足 4h 耐火极限的要求，这样的门必然过于笨重，不便使用；另一方面，一般具有 1h 以上耐火极限的防火门，对争取时间等待消防队到达火场已经足够。所以在防火墙上开门，安装具有 1.2h 以上耐火极限的防火门便能基本保证安全。

4.3.3 人防工程的建筑材料和防火

建筑材料受到火烧以后，有的要随着起火燃烧，如纸板、木材；有的只觉火热，是不起火焰的微燃，如含砂石较多的沥青混凝土；有的只见碳化成灰不见起火，如毛毡和防火处理过的针织品；也有不起火、不微燃、不碳化的砖、石、钢筋混凝土等。按照燃烧性能可将建筑材料分为三类：

（1）非燃烧材料

是指在空气中受到火烧或高温作用时，不起火、不微燃、不碳化的材料，如金属材料和无机矿物材料。

（2）难燃烧材料

是指在空气中受到火烧或高温作用时，难起火、难微燃、难碳化，当火源移走后，燃烧或微燃立即停止的材料，如刨花板和经过防火处理的有机材料。

（3）燃烧材料

是指在空气中受到火烧或高温作用下，立即起火或燃烧，且火源移走后仍能继续燃烧或微燃的材料，如木材等。

建筑材料在火灾条件下，除了燃烧以外，有的还要随着火灾温度的升高而降低本身的强度。金属材料虽不燃烧，但在温度升高到某一范围，或者说到达了某一极限温度值时，强度便大幅度下降。为提高金属结构的耐火性，就必须设法推迟构件到达极限温度的时间，主要方法是在构件表面粘贴隔热的保护层。

4.3.4 防烟分区

为了达到防烟的目的，在建筑平面上进行区域划分，对有发生火灾危险的房间和用作疏散通路的走廊等加以防烟隔断，以控制烟气的流动和蔓延。需设置排烟设施的部位应划分防烟分区。

人防工程防烟分区的划分规定：

1）每个防烟分区的建筑面积不宜大于500m^2。但当从室内地坪至顶棚或顶板的高度在6m以上的，可不受此限。

2）防烟分区的划分不能跨越防火分区。

需要排烟设施的走道、净高不大于6m的房间，防烟分区之间一般用防烟隔墙、防烟垂壁或从顶棚突出不小于0.5m的梁分隔。

防烟墙是利用非燃材料构成的分隔墙，防烟垂壁是指防烟盖帘、固定或活动的挡板，一般从顶棚向下突出不小于0.5m，用非燃材料制作。防烟垂壁是用来隔挡因浮力积聚在顶棚下面的烟气，在其尚未扩散时，即予以排除，是提高排烟效果的辅助性措施。如图4-2所示，如果烟气厚度超过垂壁高度时，就会越过垂壁扩散；如果烟气厚度较垂壁高度小、但烟气的流动能克服浮力时，也会越过垂壁而扩散。

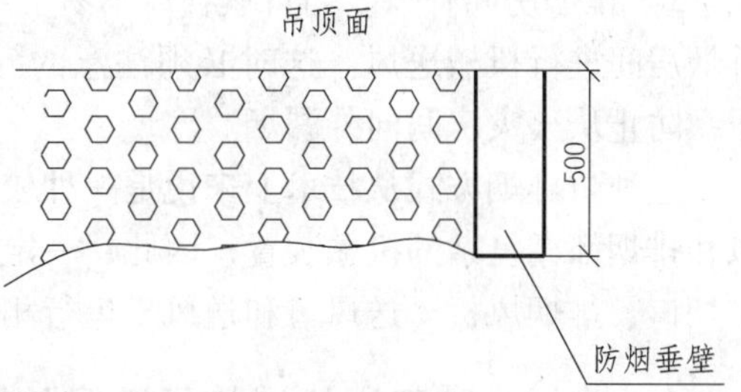

图4-2 防烟垂壁的有效性

4.4 人防工程防排烟设计

4.4.1 防排烟方式的选择及比较

在防排烟设计时，通风空调专业设计人员应根据人防工程的建筑布局、规模、性质、等级和用途等因素，合理地选择防排烟的设计方式。通常有如下几种方式可供选择：

(1) 密闭防烟方式

该方式用密闭性很高的墙和门将火灾房间封闭起来，它能控制烟气的流出和新鲜空气的流入。对火灾发生房间实行密闭是防烟的基本方式。规范规定丙、丁、戊类物品库宜采用密闭防烟措施。

(2) 自然排烟方式

该方式是利用火灾产生的热气流的浮力或室外风的吸力，从房间顶部或侧墙上部的窗或排烟口，将烟气排至工程外，如图4-3所示。它的优点是不需要电源和复杂装置，并可兼做日常通风用，又能避免防火设备的闲置等。该方式适用于有采光窗的防空地下室。但是当开口部位在上风向时，不仅降低了排烟效果，有时还会适得其反，招致烟气流向其他房间。

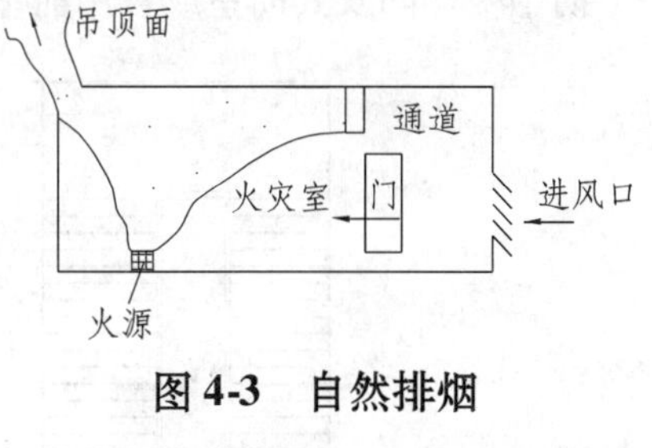

图4-3 自然排烟

自然排烟口的总面积大于该防烟分区面积的2%时，宜采用自然排烟；自然排烟口底部距室内地坪不应小于2m，并应常开或发生火灾时能自动开启。

(3) 自然进风、机械排烟方式

该方式是利用设置在系统中的排烟风机，通过设在火灾房间上部的排烟口将火灾房间内产生的烟气排至工程外。排烟口平时关闭，火灾时则根据系统设置的手动或自动开启装置开启排烟口进行排烟，并与排烟风机联锁。排烟房间自然补风。该方式是人防工程采用最多的防排烟方式。

（4）机械送风、机械排烟方式

设置机械排烟系统时，采用机械方式向工程内送风有两种作用：

1）加压送风排烟。这种防排烟方式是向防烟楼梯间及其前室或合用前室、避难走道的前室加压送风，以造成一个压力差，防止烟气侵入这些疏散通道，以保证工程内人员疏散逃生。

2）排烟房间补风。当自然补风不易实现时，在对火灾房间进行机械排烟的同时，要对排烟房间进行机械送风。这时必须注意的问题是送风量要少于排烟量，使火灾房间保持负压，防止从火灾房间向外漏烟。

这种防排烟方式从技术上来说是一种较好的方式，可以很好地控制烟气流动，但由于通风和排烟都靠复杂的机械装置，因此，一定要注意系统的控制和风量的控制。设计时，应使排烟口、排烟风机、送风口和送风机运行相协调，最好相互进行联锁。

4.4.2 人防工程机械加压送风防烟及送风量

（1）机械加压防烟

由于人防工程火灾时人员疏散困难，为保证人员的疏散和逃生，在人员疏散的关键部位设加压送风，保持这些部位的空气压力值为相对正压，阻止烟气的侵入，对提高人员生存率有重大意义，实践证明机械加压送风是最有效的防烟方法之一。

机械加压送风防烟方式具有以下几方面突出的特点：

1）防烟楼梯间及其前室或合用前室、避难走道的前室保持一定正压，避免了烟气侵入这些区间，为火灾时的人员疏散和消防队员的扑救提供了安全地带；

2）由于在采用这种防烟方式时，走道等地点布置有排烟设施，就会产生一种有利的气流分布形式，气流由正压前室流向非正压间，一方面减缓了火灾的蔓延扩大（无正压时，烟气一般从着火间流入楼梯间、电梯间等竖井），另一方面由于人流的疏散方向与烟气流动方向相反，减少了烟气对人的危害。

（2）设置机械送风的部位

防烟楼梯间及其前室或合用前室见图 4-4，避难走道的前室见图 4-5。

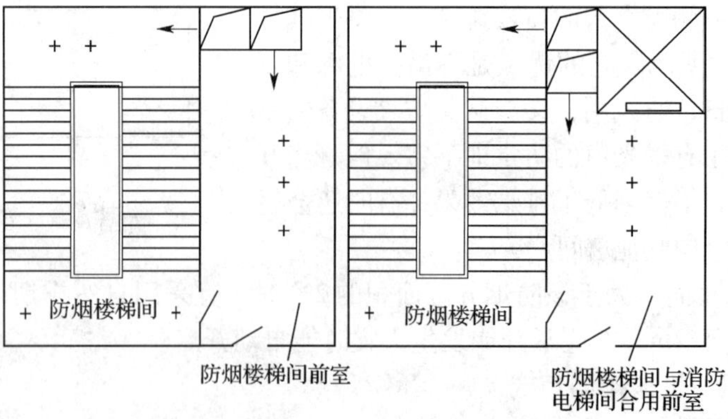

图 4-4 防烟楼梯间及其前室合用前室机械送风

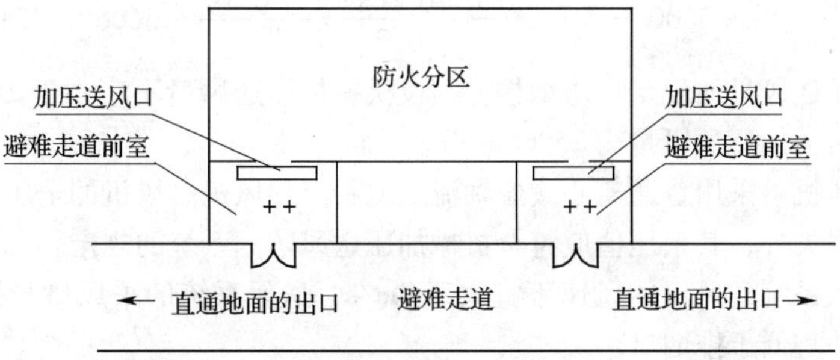

图 4-5 避难走道的前室机械送风

避难走道的前室、防烟楼梯间及其前室或合用前室的机械加压送风系统宜分别独立设置。当需要共用系统时，应在支风管上设置压差自动调节装置。避难走道的前室、防烟楼梯间及其前室或合用前室的排风应设置余压阀。

（3）机械加压送风的余压要求

对于设置机械加压送风防烟的系统，防烟楼梯间送风余压值不应小于 50Pa，前室或合用前室送风余压值不应小于 25Pa，避难走道前室的送风余压值不应小于 25Pa。

（4）机械加压送风量

1）机械加压送风量的规定：防烟楼梯间的机械加压送风量不应小于 25000m^3/h。当防烟楼梯间与前室或合用前室分别送风时，防烟楼梯间的送风量不应小于 16000m^3/h，前室或合用前室的送风量不应小于 12000m^3/h。当门的尺寸不是 1.5m×2.1m 时，应按比例进行修正。

避难走道前室机械加压送风量应按前室入口门洞风速不小于 1.2m/s 计算确定。避难走道的前室送风口应正对前室入口门，且宽度大于门洞宽度。

2）机械加压送风量的计算

机械加压送风量的确定通常用“压差法”或风速法进行计算，并取大者。由于人防工程的建筑层数不多，门、窗缝隙的计算漏风总面积不大，按风压法计算出的送风量较小，故实际工程设计时，应按风速法进行。

风速法计算送量的公式（4-2）：

$$L_V = \frac{nFV(1+b)}{a} \times 3600 \quad (m^3/h) \tag{4-2}$$

式中 F——每个门的开启面积（m^2）；

V——开启门洞处平均风速，在 0.6～1.0m/s 间选择，通常取 0.7～0.8m/s；

a——背压系数，按密封程度在 0.6～1.0 间选择，人防工程取 0.9～1.0；

b——漏风附加率，取 0.1；

n——同时开启的门数，人防工程按最少门数（即一进一出）$n=2$ 计算。

【例 4－1】 某人防工程防烟楼梯间设机械加压送风系统，防烟楼梯间有两个 1.5m×2.1m 的双扇防火门，试计算确定防烟楼梯间加压送风量。

解：用风速法按（4-2）式计算：

$$n=2, F=1.5\times2.1=3.15m^2, V=0.8m/s, b=0.1, a=0.9$$

$$L_V = \frac{nFV(1+b)}{a} \times 3600 = \frac{2 \times 3.15 \times 0.8 \times (1+0.1)}{0.9} \times 3600 = 22176(m^3/h)$$

根据机械加压送风量的规定，防烟楼梯间设机械加压送风量不应小于 25000m³/h，所以取防烟楼梯间设机械加压送风量为 25000m³/h。

机械加压送风机可采用普通离心式、轴流式或斜流式风机。风机的全压值除应计算最不利环管路的压头损失外，其余压值应符合机械加压送风防烟系统的规定。

机械加压送风系统送风口的风速不宜大于 7m/s，送风系统的采风口与排烟口的水平距离宜大于 15m，并宜低于排烟口。

4.4.3 机械排烟

（1）设置机械排烟的部位

1）建筑面积大于 50m²，且经常有人住的房间、可燃物较多的房间、大厅和丙、丁类生产车间；

2）总长度大于 20m 的疏散走道；

3）电影放映间、舞台等。

（2）排烟量的规定

1）担负一个或两个防烟分区的排烟时，应按该部分总面积每平方米不小于 60m³/h 计算，但排烟风机的最小排风量不应小于 7200m³/h；

2）担负三个或三个以上防烟分区的排烟时，应按其中最大防烟分区面积每平方米不小于 120m³/h 计算。

排烟量计算原理见图 4-6。

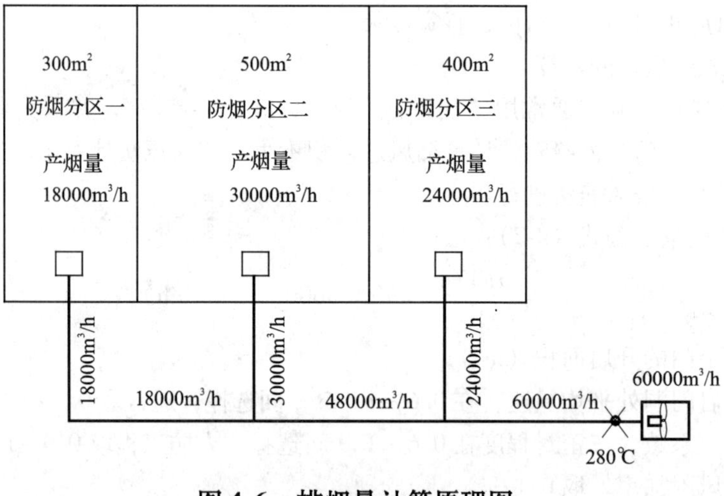

图 4-6 排烟量计算原理图

（3）排烟补风

排烟区应有补风措施，并应符合下列要求：

1）当补风通路的空气阻力不大于 50Pa 时，可自然补风；

2）当补风通路的空气阻力大于 50Pa 时，应设置火灾时可转换成补风的机械送风系统或单独的机械补风系统，补风量不应小于排烟风量的50%。

（4）排烟口

每个防烟分区内必须设置排烟口，排烟口应设置在顶棚或墙面的上部。排烟口宜设置于该防烟分区的居中位置，并应与疏散出口的水平距离在2m以上，且与该分区内最远点的水平距离不应大于30m。排烟口可单独设置，也可与排风口合并设置；排烟口的总排烟量应按该防烟分区面积每平方米不小于60m^3/h计算。排烟口的开闭状态和控制应符合下列要求：

1）单独设置的排烟口，平时应处于关闭状态，其控制方式可采用自动或手动开启方式；手动开启装置的位置应便于操作；

2）排风口和排烟口合并设置时，应在排风口或排风口所在支管上设置自动阀门，该阀门必须具有防火功能，并应与火灾自动报警系统联动；火灾时，着火防烟分区内的阀门仍应处于开启状态，其他防烟分区的阀门应全部关闭。

排烟口的风速不宜大于10m/s。

（5）排烟管道

机械加压送风防烟、排烟管道内的风速，当采用金属风道或内表面光滑的其他材料风道时，不宜大于20m/s；当采用内表面抹光滑的混凝土或砖风道时，不宜大于15m/s。机械加压送风防烟管道、排烟管道、排烟口和排烟阀等必须采用不燃材料制作。排烟管道与可燃物的距离不应小于0.15m。当金属风道为钢制风道时，钢板厚度不应小于1.0mm。

机械加压送风防烟、排烟管道不宜穿过防火墙。当需要穿过时，过墙处应设置烟气温度大于280℃时能自动关闭的防火阀。

（6）排烟风机

排烟风机可采用普通离心式风机或排烟轴流风机。排烟风机应在烟气温度280℃时能连续工作30min，排烟风机必须用不燃材料制作。排烟风机可单独设置或与排风机合并设置；当排烟风机与排风机合并设置时，宜采用变速风机，排烟风机的余压应按排烟系统最不利环路进行计算，排烟量应增加10%。

排烟风机的安装位置，宜处于排烟区的同层或上层。排烟管道宜顺气流方向向上或水平敷设。

排烟风机应与排烟口联动，当任何一个排烟口、排烟阀开启或排风口转为排烟口时，系统应转为排烟工作状态，排烟风机应自动转换为排烟工况；当烟气温度大于280℃时，排烟风机应随设置于风机入口处防火阀的关闭而自动关闭。

机械排烟系统宜单独设置或与工程排风系统合并设置。当合并设置时，必须采取在火灾发生时能将排风系统自动转换为排烟系统的措施。

4.4.4 通风空调系统的防火要求

由于一个通风系统内的通风管道是相互连通的，在发火灾时，通风系统成为火灾从一个房间转到另一房间的主要途径之一，具有很大的火灾危险性。因而通风、空调系统的风管，当出现以下情况时，应设置防火阀：

1）穿过防火墙、防火楼板处；

2）穿过设有防火门的房间隔墙或楼板处；

3）每层水平干管同垂直总管的交接处；

4）穿越变形缝的两侧。

通风管道内的防火阀，应在起火时能自动关闭。一般用易熔环或其他感温设备自动控制，在起火时防火阀应立即顺气流方向关闭。在设计时，要考虑防火阀不受管道变形的影响，要把防火阀的易熔合金环装在容易感温的部位，其作用温度应比通风系统正常工作时的最高温度高出25℃左右，规范中要求的通风空调系统防火阀温度熔断器的动作温度为70℃。

当通风系统中设置电加热器时，通风机应与电加热器联锁；电加热器前后0.8m范围内，不应设置消声器、过滤器等设备。

5 空气调节与防潮除湿

5.1 概 述

5.1.1 基本概念

使人防工程内空气温度、相对湿度、速度、噪声、压力、洁净度等参数保持在一定范围内的技术称空气调节（简称空调）。

根据服务对象的不同，空调可以分为工艺性空调和舒适性空调。工艺性空调就是根据生产工艺的不同要求而确定空气诸参数的空调；而舒适性空调则是根据不同用途而确定能满足人们舒适要求的空气诸参数的空调。

根据服务区域的不同，空调可分为全室性空调及局部性空调。全室性空调就是对整个车间（房间）采取空调技术措施的空调，而局部性空调则只是在非空调人防工程内的局部区域采取的空调技术措施的空调。

空调区域：空调房间内部离墙、离地面、离顶棚一定距离以内的空调有效区称空调区域。空调区域的范围由送风方式、气流组织、人防工程内热源、设备的高低及工艺要求等因素确定。通常说的空调区域是指离外墙 0.5m、离地面 0.3m 至高于精密设备 0.3 ~ 0.5m 范围内的空间。

空调房间的工程内温湿度基数：人防工程内空气温度（℃）和相对湿度（%）。

工艺性空调往往提出工程内温湿度允许波动范围（空调精度）的要求。空调精度是工程内空气温度（或相对湿度）偏离工程内温（湿）度基数的最大差值（$\Delta t = \pm$℃、$\Delta\varphi = \pm$%）。对于室温波动范围要求较严的空调系统（$\Delta t = \pm 0.1 \sim 0.2$℃的系统），可采用以下空调温度精度的分项指标：

（1）静态温度偏差（$\pm\Delta t_{jt}$℃）

空调区域内控制点较长时间内实际温度的平均值和空调室温基数的最大偏差（双位控制），或控制点较长时间内实际温度的稳定值和空调室温基数的偏差（等速和比例积分控制）称为静态温度偏差。

（2）动态温度偏差（$\pm\Delta t_{dt}$℃）和持续时间（$\tau_{动}$）

空调区域内控制点的最大波幅（双位控制）或控制点的实际温度偏离稳定温度的最大偏差（等速和比例积分控制）称为动态温度偏差；动态温度偏差所在半周时间（min）为动态偏差的持续时间。

（3）区域温差（$\pm\Delta t_{qy}$℃）

空调区域内工件旁温度最高（或最低）测点和控制点之间的温差称为区域温差（对双位控制，以较长时间内该两测点实际温度的平均值之差计算；对等速和比例积分控制，以较长时间内该两测点的实际温度的稳定值之差计算）。

除室温允许波动范围有时有较严格的要求外，有些工艺对于人防工程内空气的相对湿度允许波动范围也提出较严格的要求。对于人防工程内相对湿度波动范围要求较严的空调系统，同样有影响空调相对湿度（$\Delta\varphi_j$）的分项指标，即静态相对湿度偏差（$\pm\Delta\varphi_{jt}$）、动态相对湿度偏差（$\pm\Delta\varphi_{dt}$）和区域相对湿度偏差（$\pm\Delta\varphi_{qy}$）。

应根据精密设备或工件等温度的允许波动幅度来确定空调房间内空调基数及其允许波动范围。在提出工艺对空调的温度要求时，注意不要把设备或工件温度的波动值作为室温的允许波动值。对于需要严格控制空气温度波动值的设备或工件，应设法采取局部性措施，以减少空气温度波动。

舒适性空调，一般不提人防工程内温湿度允许波动范围，而只是提出人防工程内温湿度基数，设计时应根据工程的使用性质、当地气候条件等来确定采取基数的上下限。

5.1.2 工程内外空气计算参数

人防工程与地面建筑所处的环境不同，空气计算参数的选取是有差别，设计者应重视环境变化带来的影响。

（1）室外空气计算参数

1）人防工程空调室外空气计算参数。人民防空工程夏季空调室外空气计算温湿度可按《人民防空地下室设计规范》GB 50038—2005 确定，即：

夏季：t_{wg}（夏季空调室外计算干球温度）；

t_{ws}（夏季空调室外计算湿球温度）；

冬季：t_{wk}（冬季空调室外计算温度）；

$\varphi_{w(d)}$（冬季空调室外计算相对湿度）。

各城市具体气象参数见表 5-1。

2）人防工程升温通风降湿和吸湿剂除湿夏季室外空气计算温湿度。这两种降湿方法的室外空气计算参数，一般夏季采用通风温度（即历年最热月 14 时的平均温度的平均值）为干球温度；室外空气计算含湿量，采用历年平均不超过 200h 含湿量值。

3）排除余热夏季通风室外空气计算温湿度。夏季通风排除余热室外空气计算温度，采用历年最热月 14 时的月平均温度的平均值；室外空气计算相对湿度，采用历年最热月 14 时的月平均相对湿度的平均值。

4）室外冬、夏季大气压力、风速。冬、夏季室外大气压、主导风向及频率，分别采用历年最冷、最热三个月的平均值。

（2）工程内空气计算参数

1）确定原则。人防工程内空气计算参数的确定是一个设计标准问题，也是一个技术和经济统一的问题。在确定人防工程内空气计算参数时，除工艺有特殊要求外，对于一般冷加工车间应综合考虑以下三条原则：

①保证人防工程内的工作人员身体健康，并有一定的舒适感，以达到长期在人防工程内进行正常生产的要求，提高劳动生产率；

②满足人防工程内的防潮要求，确保产品质量和生产设备、仪表的正常运行，并延长其使用寿命；

③既要考虑人防工程内的特殊性，又要贯彻勤俭节约的原则，人防工程内空气计算参数的标准（主要是指温度、湿度），可比同类型地面建筑略高些。

表 5-1 室外气象参数

地名	海拔高度(m)	大气压(hPa)		地表面均温(℃)			室外计算干球温度(℃)						夏季空调湿球温度(℃)	室外计算相对湿度(%)			不保证200h的含湿量(g/kg)	不保证400h的含湿量(g/kg)
		冬季	夏季	年均	最冷月	最热月	采暖	冬季空调	冬季通风	夏季通风	夏季空调	最热月均		最冷月均	最热月均	最热月14时均		
1	2	3	4	5	6	7	8	9	10	11	12	13	14	15	16	17	18	19
北京	54.7	1021.1	999.1	13.7	-5.4	29.4	-9	-12	-5	30	33.2	25.8	26.4	45	78	64	18.5	17.0
天津	5.2	1027.5	1005.2	14.1	-4.2	29.3	-9	-11	-4	29	33.4	26.4	26.9	53	78	65	19.2	17.9
石家庄	81.2	1017.7	995.7	15.1	-3.2	30.4	-8	-11	-3	31	35.1	26.6	26.6	52	75	54	19.4	18.0
承德	374.4	981.1	963.3	10.4	-11.0	28.2	-14	-17	-9	28	32.3	24.4	24.2	46	72	57	16.5	15.3
张家口	723.9	938.9	924.4	9.6	-10.6	27.3	-15	-18	-10	27	31.6	23.2	22.3	43	67	51	(15.2)	(14.0)
邢台	76.8	1017.4	995.8	15.1	-3.4	30.4	-8	-11	-3	31	35.0	26.7	27.3	59	77	54	(19.9)	(18.5)
保定	17.2	1024.7	1002.6	14.4	-4.9	30.8	-9	-11	-4	31	34.8	26.6	26.8	55	76	62	(19.5)	(18.1)
沧州	11.4	1026.6	1004.1	14.7	-3.4	29.8	-9	-11	-4	30	34.4	26.6	27.4	55	77	63	19.2	18.0
阳泉	741.9	936.2	922.7	12.6	-4.9	27.7	-11	-13	-4	28	32.5	24.0	23.5	42	71	46	(17.3)	(15.9)
大同	1069.0	900.2	889.0	8.7	-11.4	25.7	-17	-20	-11	26	30.3	21.8	20.8	50	66	48	13.9	13.0
太原	779.5	933.7	919.7	11.6	-6.2	26.9	-12	-15	-7	28	31.2	23.5	23.4	51	72	54	16.8	15.6
介休	745.8	937.5	923.0	12.7	-4.7	27.9	-10	-13	-5	28	32.2	23.9	23.9	50	72	54	16.7	15.5
运城	375.9	982.2	962.7	15.5	-1.3	30.6	-7	-9	-2	32	35.5	27.3	25.9	57	69	46	17.9	16.7
海拉尔	612.5	948.2	935.2	0.7	-26.7	23.5	-34	-37	-27	25	28.1	19.6	19.7	78	71	47	12.8	11.9

续表 5-1

地名	海拔高度(m)	大气压(hPa)		地表面均温(℃)			室外计算干球温度(℃)						夏季空调湿球温度(℃)	室外计算相对湿度(%)			不保证200h的含湿量(g/kg)	不保证400h的含湿量(g/kg)
		冬季	夏季	年均	最冷月	最热月	采暖	冬季空调	冬季通风	夏季通风	夏季空调	最热月均		最冷月均	最热月均	最热月14时均		
1	2	3	4	5	6	7	8	9	10	11	12	13	14	15	16	17	18	19
二连浩特	965.9	910.9	898.1	6.2	−18.5	28.1	−26	−30	−19	28	32.6	19.2	19.2	66	49	34	11.6	10.4
呼和浩特	1065.0	910.5	889.5	7.6	−13.3	26.0	−19	−22	−13	26	29.9	20.8	20.8	56	64	49	14.0	12.8
锡林浩特	990.8	906.9	895.7	5.2	−19.5	25.8	−27	−30	−20	26	30.4	20.8	19.7	71	62	44	12.6	11.5
通辽	180.1	1002.8	983.9	8.6	−15.2	28.1	−22	−22	−14	28	32.5	23.9	24.7	56	73	55	16.5	15.0
赤峰	572.5	955.4	940.8	9.1	−13.2	27.5	−20	−20	−12	28	32.6	23.5	22.3	44	65	48	14.5	13.4
集宁	1416.5	859.9	853.3	5.4	−14.5	23.1	−23	−23	−14	24	27.8	19.2	19.2	50	65	49	(13.3)	(12.0)
抚顺	118.1	1010.5	992.4	8.1	−13.9	26.4	−21	−24	−14	28	31.6	23.7	25.0	69	80	64	(17.1)	(16.0)
鞍山	77.3	1017.5	997.1	10.1	−11.7	28.0	−18	−21	−10	28	31.2	24.8	25.4	61	76	64	(18.0)	(16.8)
阜新	144.0	1008.2	989.0	9.3	−12.0	27.8	−17	−20	−12	28	31.9	24.2	24.9	53	76	59	(17.1)	(15.8)
辽阳	10.5	1024.0	1002.7	10.5	−12.9	29.0	−19	−22	−12	28	31.6	24.8	25.6	64	76	66	(18.0)	(16.8)
朝阳	140.7	1004.5	984.9	10.9	−11.2	28.4	−16	−19	−11	29	33.1	24.6	24.8	44	73	56	17.2	15.7
锦州	70.2	1018.2	997.5	11.0	−9.6	27.8	−15	−17	−9	28	31.0	24.3	25.3	50	80	65	18.0	16.6
沈阳	45.2	1021.3	1000.9	9.5	−12.4	27.1	−19	−22	−12	28	31.4	24.6	25.4	64	78	64	17.6	15.6
营口	4.3	1026.6	1005.6	10.7	−9.4	28.0	−16	−18	−10	28	30.0	24.8	25.5	63	78	67	18.1	17.2
本溪	234.9	996.8	980.2	8.2	−12.1	25.2	−19	−23	−12	28	31.1	24.3	24.4	65	75	62	17.2	16.0
丹东	13.9	1024.1	1005.4	10.3	−8.2	25.8	−14	−17	−8	27	29.0	23.2	25.1	68	86	74	18.1	17.1
大连	97.3	1014.5	995.2	12.9	−4.7	26.7	−11	−14	−5	26	28.4	23.9	25.0	58	83	76	18.2	16.9
四平	165.4	1004.7	986.6	7.8	−15.4	26.7	−22	−25	−15	27	30.6	23.6	24.5	68	78	64	17.2	15.8

续表 5-1

地名	海拔高度(m)	大气压(hPa)		地表面均温(℃)			室外计算干球温度(℃)						夏季空调湿球温度(℃)	室外计算相对湿度(%)			不保证200h的含湿量(g/kg)	不保证400h的含湿量(g/kg)
		冬季	夏季	年均	最冷月	最热月	采暖	冬季空调	冬季通风	夏季通风	夏季空调	最热月均		最冷月均	最热月均	最热月14时均		
1	2	3	4	5	6	7	8	9	10	11	12	13	14	15	16	17	18	19
长春	238.7	994.8	978.3	7.1	-16.9	26.2	-23	-26	-16	27	30.5	23.0	24.2	68	78	64	16.9	15.4
延吉	178.2	1001.0	986.8	7.4	-14.7	25.6	-20	-22	-14	26	30.8	21.3	23.9	60	80	64	16.0	14.5
通化	402.9	974.5	960.7	6.0	-17.3	24.7	-24	-27	-16	26	29.4	22.2	23.3	72	80	63	(16.1)	(15.1)
齐齐哈尔	147.3	1005.1	987.5	5.5	-20.5	26.3	-25	-28	-20	27	30.6	22.8	22.9	71	73	53	15.4	14.1
安达	150.1	1004.5	987.2	5.5	-20.0	26.2	-26	-29	-20	27	31.1	22.9	23.9	71	74	57	15.7	14.3
哈尔滨	143.0	1005.7	988.7	5.8	-19.8	26.4	-26	-29	-20	27	30.3	22.8	23.4	74	77	61	16.3	14.7
鸡西	238.1	992.2	979.9	5.3	-18.0	24.9	-23	-26	-17	26	30.1	21.7	23.3	67	77	58	15.5	14.0
牡丹江	242.5	992.1	978.6	5.8	-19.7	26.1	-24	-27	-19	27	30.3	22.0	23.5	71	76	57	15.6	14.1
绥芬河	497.7	958.7	950.8	4.5	-17.6	23.7	-23	-26	-17	23	27.3	19.2	22.2	65	82	61	15.0	13.6
鹤岗	227.9	990.9	979.2	3.6	-20.2	24.1	-24	-26	-18	25	29.0	21.2	22.4	62	77	62	(14.8)	(13.6)
上海	7.0	1025.8	1005.3	17.0	4.1	30.4	-2	-4	3	32	34.0	27.8	28.2	75	83	67	21.3	20.5
徐州	41.9	1022.6	1000.8	15.9	0.3	29.9	-5	-8	0	31	34.8	27.0	27.4	64	81	65	20.5	19.4
南京	12.5	1025.9	1004.2	17.0	3.1	30.9	-3	-6	2	32	35.0	28.0	28.3	73	81	64	31.7	20.5
连云港	3.0	1026.3	1005.0	16.4	0.6	30.2	-5	-8	0	31	33.5	26.8	27.9	66	81	67	21.2	20.1
常州	9.2	1022.7	1005.3	17.7	3.2	33.0	-3	-5	2	32	34.8	28.4	28.2	75	82	66	(22.3)	(21.3)

续表 5-1

地名	海拔高度(m)	大气压(hPa)		地表面均温(℃)			室外计算干球温度(℃)						夏季空调湿球温度(℃)	室外计算相对湿度(%)			不保证200h的含湿量(g/kg)	不保证400h的含湿量(g/kg)
		冬季	夏季	年均	最冷月	最热月	采暖	冬季空调	冬季通风	夏季通风	夏季空调	最热月均		最冷月均	最热月均	最热月14时均		
1	2	3	4	5	6	7	8	9	10	11	12	13	14	15	16	17	18	19
南通	5.3	1025.4	1005.1	17.0	3.0	30.9	−2	−5	3	31	33.0	27.3	28.6	76	86	72	(22.3)	(21.2)
宁波	4.2	1025.4	1005.8	18.5	4.8	34.2	0	−3	4	32	34.5	28.1	28.5	78	83	68	(22.2)	(21.2)
金华	64.1	1017.9	998.6	20.5	6.5	36.0	0	−3	5	34	36.4	29.4	27.7	76	74	56	(21.1)	(20.1)
杭州	43.2	1021.4	1000.8	17.7	4.5	31.6	−1	−4	4	33	35.7	28.6	28.5	77	80	62	21.1	20.3
衢州	67.1	1017.4	997.5	18.8	5.9	32.6	0	−2	5	33	35.8	29.1	27.9	78	76	58	21.1	20.3
温州	7.1	1024.5	1005.6	20.0	8.7	32.2	3	1	8	31	32.8	27.9	28.7	75	84	73	22.0	21.3
芜湖	14.8	1023.9	1002.8	18.4	3.7	34.2	−2	−5	3	32	35.0	28.7	28.2	77	80	63	(22.4)	(21.4)
阜阳	31.2	1023.9	1002.7	17.4	1.6	32.3	−6	−9	0	32	36.0	27.9	27.3	68	80	62	(21.5)	(20.4)
亳县	41.8	1022.4	1000.4	16.2	0.6	30.8	−5	−8	0	31	35.3	27.5	27.8	67	80	61	21.0	19.9
蚌埠	26.0	1024.3	1002.5	17.2	2.1	31.3	−4	−7	1	32	35.6	28.1	28.1	71	80	60	21.2	20.2
合肥	36.5	1022.6	1000.9	17.7	3.1	32.3	−3	−7	2	32	35.0	28.3	28.2	75	81	63	21.5	20.5
安庆	19.6	1024.3	1002.9	18.6	4.3	33.3	−2	−5	4	32	35.0	28.8	28.1	74	79	62	21.6	20.6
南平	127.8	1008.2	991.2	21.9	10.9	33.8	4	2	9		36.0	28.5	27.3	78	76	54	20.3	19.7
福州	85.4	1013.2	996.4	22.5	12.5	34.6	6	4	10	34	35.2	28.8	28.0	74	78	61	21.0	20.4

续表 5-1

地名	海拔高度(m)	大气压(hPa)		地表面均温(℃)			室外计算干球温度(℃)						夏季空调湿球温度(℃)	室外计算相对湿度(%)			不保证200h的含湿量(g/kg)	不保证400h的含湿量(g/kg)
		冬季	夏季	年均	最冷月	最热月	采暖	冬季空调	冬季通风	夏季通风	夏季空调	最热月均		最冷月均	最热月均	最热月14时均		
1	2	3	4	5	6	7	8	9	10	11	12	13	14	15	16	17	18	19
永安	205.9	998.3	982.3	22.1	11.7	33.5	3	1	9	33	35.7	28.0	26.7	80	75	54	19.7	19.9
厦门	138.3	1005.4	990.4	23.2	14.4	32.9	8	6	13	33	33.4	28.4	27.6	73	81	70	21.2	20.7
漳州	30.0	1017.8	1002.7	24.4	14.3	32.5	8	6	13	31	34.9	28.7	28.0	76	80	63	(21.6)	(20.8)
九江	32.2	1021.9	1000.9	19.4	5.1	34.1	0	-3	4	33	36.4	29.4	28.3	75	76	60	(21.7)	(20.7)
吉安	78.0	1015.6	996.0	20.7	7.4	35.1	1	-1	6	34	36.1	29.5	27.6	78	73	57	20.9	20.2
赣州	124.7	1008.9	990.9	22.0	9.2	34.7	3	0	8	33	35.4	29.5	26.9	75	70	54	20.2	19.6
景德镇	62.9	1018.3	998.4	19.1	5.9	33.1	0	-3	5	34	36.0	28.7	28.2	76	79	56	21.1	20.4
南昌	45.7	1019.7	999.3	19.7	6.0	34.2	0	-3	5	33	35.6	29.6	27.9	74	75	58	21.8	21.0
德州	21.2	1024.6	1002.4	14.7	-3.7	30.2	-8	-11	-4	31	34.7	26.9	26.5	60	76	55	(20.0)	(18.5)
青岛	76.0	1016.9	997.2	14.2	-1.8	28.1	-6	-9	-1	27	29.0	25.1	26.0	64	85	72	(20.1)	(19.0)
兖州	51.6	1019.9	998.7	15.5	-1.7	29.6	-7	-10	-2	31	34.8	27.0	27.4	65	79	64	(20.5)	(19.3)
淄博	34.0	1022.6	1001.0	14.9	-3.0	30.3	-9	-12	-3	31	34.7	26.9	26.6	60	76	57	(19.7)	(18.4)
济南	57.8	1020.4	998.6	16.5	-1.5	30.6	-7	-10	-2	31	34.8	27.4	26.7	54	73	54	19.2	18.1
潍坊	51.4	1021.4	999.8	15.3	-2.6	29.2	-8	-11	-3	30	34.0	25.9	26.8	61	81	61	19.6	18.4
荷泽	50.8	1021.6	999.4	15.8	-0.8	30.0	-6	-9	-2	31	34.8	27.0	27.8	67	79	62	20.6	19.4
开封	72.5	1017.9	996.0	16.1	-0.3	31.2	-5	-7	-1	32	35.2	27.1	27.8	64	79	50	(20.8)	(19.4)

续表 5-1

地名	海拔高度(m)	大气压(hPa)		地表面均温(℃)			室外计算干球温度(℃)						夏季空调湿球温度(℃)	室外计算相对湿度(%)			不保证200h的含湿量(g/kg)	不保证400h的含湿量(g/kg)
		冬季	夏季	年均	最冷月	最热月	采暖	冬季空调	冬季通风	夏季通风	夏季空调	最热月均		最冷月均	最热月均	最热月14时均		
1	2	3	4	5	6	7	8	9	10	11	12	13	14	15	16	17	18	19
洛阳	154.5	1008.8	987.6	16.5	0.4	31.2	−5	−7	0	32	35.9	27.5	27.5	57	75	45	(20.8)	(19.4)
许昌	71.9	1017.9	996.2	16.7	0.8	31.3	−4	−7	1	32	35.6	27.6	28.2	63	79	50	(21.0)	(19.7)
南阳	129.8	1010.7	989.6	17.0	1.7	31.4	−4	−7	1	32	35.2	27.4	27.9	69	80	54	(21.3)	(20.1)
安阳	76.4	1018.4	996.7	16.0	−1.6	30.8	−7	−10	−2	32	35.0	26.9	27.5	71	78	47	19.8	18.4
郑州	111.3	1013.7	992.4	16.0	0.1	30.6	−5	−7	0	32	35.6	27.3	27.4	60	76	45	20.3	19.0
驻马店	83.3	1017.2	995.7	16.4	1.8	30.6	−4	−7	1	32	35.5	27.5	28.2	65	81	58	21.0	19.9
信阳	115.1	1013.1	992.0	17.3	2.7	30.9	−4	−7	2	32	35.1	27.7	27.9	74	80	62	20.9	20.0
黄石	19.6	1023.0	1002.0	19.0	4.8	33.4	−1	−4	4	33	35.7	29.2	28.5	77	78	61	(22.1)	(21.2)
老河口	91.0	1016.1	994.5	17.8	3.3	31.8	−3	−6	2	32	35.0	27.7	28.0	73	80	60	21.1	20.0
恩施	458.0	970.5	954.0	17.7	6.1	30.4	2	0	5	32	34.2	27.1	26.3	84	80	58	20.1	19.4
宜昌	134.3	1010.6	989.9	18.4	5.3	32.0	0	−2	5	33	35.8	28.2	28.1	73	80	60	21.1	20.2
武汉	23.5	1023.9	1002.1	18.6	4.1	33.4	−2	−5	3	33	35.2	28.8	28.2	76	79	63	22.1	21.2
株洲	73.6	1015.7	995.5	20.3	6.5	35.5	0	−2	5	34	36.1	29.6	27.6	79	72	55	(21.3)	(20.3)
衡阳	103.2	1012.4	992.8	20.2	6.7	34.8	0	−2	6	34	36.0	29.8	27.4	80	71	54	(20.5)	(19.7)
邵阳	248.6	994.9	976.7	19.4	6.2	33.1	0	−3	5	32	34.8	28.5	26.7	78	75	57	(20.6)	(19.8)

续表 5-1

地名	海拔高度(m)	大气压(hPa)		地表面均温(℃)			室外计算干球温度(℃)						夏季空调湿球温度(℃)	室外计算相对湿度(%)			不保证200h的含湿量(g/kg)	不保证400h的含湿量(g/kg)
		冬季	夏季	年均	最冷月	最热月	采暖	冬季空调	冬季通风	夏季通风	夏季空调	最热月均		最冷月均	最热月均	最热月14时均		
1	2	3	4	5	6	7	8	9	10	11	12	13	14	15	16	17	18	19
岳阳	51.6	1015.7	998.2	19.4	5.2	34.2	−1	−4	4	32	34.1	29.2	28.2	77	75	68	(21.7)	(20.7)
郴州	184.9	1002.1	984.2	20.5	7.7	34.8	0	−2	6	34	35.4	29.2	26.6	83	70	53	(19.8)	(19.0)
常德	34.6	1022.7	1000.9	18.3	5.3	32.5	−1	−3	4	32	35.3	28.8	28.3	79	75	64	22.3	21.3
长沙	65.5	1019.3	998.3	18.9	5.6	34.3	0	−3	5	33	35.8	29.3	27.7	81	75	59	21.5	20.7
止江	272.9	992.2	973.9	18.5	5.7	31.6	0	−3	5	32	34.2	27.5	26.7	79	79	60	20.2	19.6
零陵	173.2	1004.2	985.4	19.3	6.6	32.4	0	−2	6	33	35.0	29.1	26.8	79	72	57	20.0	19.4
湛江	25.3	1015.3	1001.1	26.3	18.4	32.7	10	7	16	31	33.7	28.9	27.8	79	81	70	(22.1)	(21.7)
韶关	68.3	1014.6	997.3	23.2	11.5	34.5	4	2	10	33	35.4	29.1	27.0	72	75	57	20.5	20.1
广州	7.6	1020.0	1004.5	24.6	15.6	31.4	7	5	13	31	33.5	28.4	27.7	70	83	67	21.8	21.3
汕头	7.3	1020.4	1005.5	24.1	15.6	32.4	9	6	13	31	32.8	28.2	27.7	79	84	73	21.6	21.2
阳江	22.0	1017.1	1002.6	24.5	16.3	31.4	9	6	15	31	32.7	28.1	27.2	74	85	73	22.1	21.6
海口	14.9	1004.1	988.9	25.3	19.3	33.1	12	10	17	32	34.5	28.4	27.9	85	83	67	21.8	21.4
柳州	96.9	1009.9	993.3	22.9	11.9	33.0	5	2	10	32	34.5	28.8	27.1	75	78	63	(21.2)	(20.4)
北海	14.6	1017.1	1002.4	27.0	17.2	33.5	8	6	14	31	32.4	28.7	27.9	77	83	74	(22.4)	(21.7)

续表 5-1

地名	海拔高度(m)	大气压(hPa)		地表面均温(℃)			室外计算干球温度(℃)						夏季空调湿球温度(℃)	室外计算相对湿度(%)			不保证200h的含湿量(g/kg)	不保证400h的含湿量(g/kg)
		冬季	夏季	年均	最冷月	最热月	采暖	冬季空调	冬季通风	夏季通风	夏季空调	最热月均		最冷月均	最热月均	最热月14时均		
1	2	3	4	5	6	7	8	9	10	11	12	13	14	15	16	17	18	19
桂林	166.2	1016.9	1002.9	27.3	8.6	32.0	3	0	8	32	33.9	28.3	27.0	71	78	61	21.1	20.5
百色	175.8	1015.2	1001.8	27.3	15.4	33.0	9	7	13	32	35.4	28.6	27.7	74	79	63	21.1	20.6
梧州	116.5	996.1	980.0	22.2	14.1	33.8	5	3	12	32	34.7	28.3	27.7	73	80	62	21.2	20.7
南宁	73.7	1015.7	999.5	24.3	14.0	31.0	7	5	13	32	34.2	28.3	27.5	75	82	66	21.7	21.2
甘孜	3394.2	671.7	675.0	8.9	-3.8	18.8	-10	-13	-5	19	22.9	14.0	14.2	43	71	50	12.2	11.5
成都	507.3	963.8	948.1	17.9	7.0	27.8	2	1	6	29	31.6	25.6	26.7	80	85	70	20.5	19.6
自贡	354.9	1003.9	962.7	20.1	8.5	30.7	4	2	7	31	34.1	27.1	27.1	79	81	64	21.3	20.3
泸州	334.9	849.3	831.9	20.6	8.8	32.1	4	3	8	31	34.8	27.3	26.9	84	82	63	21.4	20.6
内江	352.3	981.3	967.9	20.1	8.0	31.4	4	2	7	31	34.4	27.1	27.2	80	82	63	21.5	20.4
乐山	424.2	971.9	955.9	19.5	8.3	29.3	4	2	7	29	32.7	26.0	26.2	80	84	69	20.9	20.0
万县	186.7	1000.9	982.1	20.4	7.3	33.6	4	2	7	33	36.4	28.6	28.3	83	80	57	(22.4)	(21.5)
达县	311.2	985.3	967.9	18.9	6.7	30.8	3	2	6	33	35.5	28.0	27.7	79	79	54	20.6	19.8
绵阳	470.8	967.9	951.9	18.5	6.3	29.1	2	1	5	30	32.7	26.2	26.2	77	83	65	20.6	19.6
宜宾	341.6	982.3	965.3	19.3	9.0	29.2	4	2	8	30	33.2	26.9	27.6	82	82	66	21.1	20.0
西昌	1598.9	838.2	834.6	20.4	11.0	27.2	4	2	9	26	30.2	22.6	21.6	51	75	61	16.9	16.3
南充	309.7	986.6	968.9	18.8	7.3	30.4	3	1	6	32	35.5	27.9	27.0	81	74	58	20.8	19.9

续表 5-1

地名	海拔高度(m)	大气压(hPa)		地表面均温(℃)			室外计算干球温度(℃)						夏季空调湿球温度(℃)	室外计算相对湿度(%)			不保证200h的含湿量(g/kg)	不保证400h的含湿量(g/kg)
		冬季	夏季	年均	最冷月	最热月	采暖	冬季空调	冬季通风	夏季通风	夏季空调	最热月均		最冷月均	最热月均	最热月14时均		
1	2	3	4	5	6	7	8	9	10	11	12	13	14	15	16	17	18	19
重庆	351.5	991.8	973.7	19.4	8.0	31.9	4	2	7	33	36.5	28.6	27.3	82	75	56	20.7	19.8
毕节	1514.4	850.9	844.1	15.6	4.8	25.9	−2	−4	2	26	29.0	21.8	21.9	85	78	62	16.9	16.2
遵义	1844.9	924.2	911.8	16.8	5.4	28.4	−1	−3	4	29	31.7	25.3	24.4	82	77	62	18.3	17.8
贵阳	1074.3	898.0	888.2	17.3	6.4	27.6	−1	−3	5	28	30.0	24.0	23.0	78	77	64	17.6	17.6
兴仁	1379.3	864.6	857.6	16.7	7.2	24.9	0	−2	6	25	28.6	22.1	22.2	81	82	66	17.6	17.1
安顺	1392.9	862.5	855.6	16.6	5.9	25.7	−2	−4	4	25	27.3	21.9	21.7	82	82	70	(17.4)	(16.8)
丽江	2394.4	762.5	760.8	16.3	7.6	21.8	3	1	6	22	25.1	18.0	17.9	45	81	63	15.1	14.6
腾冲	1648.7	836.7	831.3	17.0	8.9	22.0	6	4	8	23	25.4	19.8	20.7	71	90	76	16.7	16.3
昆明	1892.9	811.9	808.0	17.1	8.7	23.0	3	1	8	23	25.8	19.8	19.9	68	83	64	16.4	15.9
思茅	1303.4	871.7	865.3	21.4	15.2	24.8	9	7	11	25	28.6	21.7	22.3	80	86	69	17.9	17.4
蒙自	1301.7	871.3	864.6	22.0	14.4	26.6	6	4	12	26	30.0	22.7	22.0	69	79	62	17.1	16.7
拉萨	3650.1	650.5	652.7	11.3	−1.4	19.7	−6	−8	−2	19	22.8	15.1	13.5	28	54	44	11.6	11.2
日喀则	3836.0	651.0	638.3	10.4	−3.4	22.7	−8	−11	−4	19	22.2	14.1	12.1	27	53	42	(12.1)	(11.4)
宝鸡	612.4	953.1	936.1	14.9	−0.2	29.1	−5	−8	−1	30	33.7	25.5	24.8	63	70	54	(17.3)	(16.3)

续表 5-1

地名	海拔高度(m)	大气压(hPa)		地表面均温(℃)			室外计算干球温度(℃)						夏季空调湿球温度(℃)	室外计算相对湿度(%)			不保证200h的含湿量(g/kg)	不保证400h的含湿量(g/kg)
		冬季	夏季	年均	最冷月	最热月	采暖	冬季空调	冬季通风	夏季通风	夏季空调	最热月均		最冷月均	最热月均	最热月14时均		
1	2	3	4	5	6	7	8	9	10	11	12	13	14	15	16	17	18	19
铜川	978.9	910.7	1018.7	12.7	-2.6	27.0	-8	-11	-3	28	31.1	23.5	23.4	49	73	56	(14.8)	(13.8)
榆林	1058.5	902.5	890.1	10.4	-10.1	27.9	-16	-19	-10	28	31.6	23.4	21.5	58	62	44	14.7	13.6
延安	958.8	914.1	900.9	11.6	-4.7	26.8	-12	-15	-6	28	32.1	22.9	22.9	54	72	52	15.9	14.8
西安	398.0	979.2	959.9	15.0	-0.4	29.8	-5	-8	-1	31	35.2	26.6	26.0	67	72	55	18.4	17.2
汉中	509.3	964.4	948.0	16.1	3.2	29.0	-1	-3	2	29	32.4	25.6	26.3	77	81	65	19.6	18.7
敦煌	1139.6	893.5	880.2	12.4	-8.9	31.4	-14	-17	-9	30	3.1	24.7	20.0	50	43	29	11.4	10.2
酒泉	1478.2	856.4	847.2	9.6	-10.2	27.5	-16	-19	-10	26	30.0	21.8	19.1	55	52	37	12.0	10.8
兰州	1518.3	851.7	843.3	11.9	-7.3	26.8	-11	-13	-7	26	30.5	22.2	20.2	58	61	44	13.2	12.3
平凉	1348.2	870.2	860.9	10.8	-4.1	24.1	-10	-13	-5	25	29.2	21.0	20.9	53	72	54	15.2	14.2
武都	1081.7	898.2	887.6	15.8	3.0	26.9	0	-2	3	28	32.0	24.8	23.7	56	67	51	15.8	14.9
天水	1142.6	892.6	881.4	12.8	-1.7	25.8	-7	-10	-3	27	30.3	22.6	22.1	62	72	50	15.6	14.7
格尔木	2809.2	723.3	723.8	8.0	-9.9	24.2	-15	-18	-11	22	26.6	17.6	12.8	41	36	26	7.9	7.0
都兰	3192.1	689.0	691.7	5.4	-10.4	19.7	-15	-18	-11	19	24.3	14.9	11.5	42	46	36	9.1	8.3
西宁	2262.2	775.3	773.7	9.2	-7.4	21.9	-13	-15	-9	22	25.9	17.2	16.4	48	65	47	11.5	10.7

续表 5-1

地名	海拔高度(m)	大气压(hPa)		地表面均温(℃)			室外计算干球温度(℃)						夏季空调湿球温度(℃)	室外计算相对湿度(%)			不保证200h的含湿量(g/kg)	不保证400h的含湿量(g/kg)
		冬季	夏季	年均	最冷月	最热月	采暖	冬季空调	冬季通风	夏季通风	夏季空调	最热月均		最冷月均	最热月均	最热月14时均		
1	2	3	4	5	6	7	8	9	10	11	12	13	14	15	16	17	18	19
玉树	3682.2	647.5	651.5	5.4	-8.4	16.8	-13	-15	-8	17	21.5	12.5	12.6	43	69	52	11.2	10.5
玛多	4273.3	599.6	606.9	0.2	-14.9	12.3	-23	-29	-17	11	15.2	7.5	8.8	56	68	52	8.7	8.0
银川	1112.7	896.2	883.9	11.5	-7.7	28.8	-15	-18	-9	27	30.6	23.4	22.0	58	64	47	15.1	14.0
盐池	1348.9	869.9	860.3	10.3	-8.7	27.0	-16	-19	-9	27	31.1	22.3	20.2	50	57	38	13.3	12.2
石嘴山	1091.0	897.8	885.3	10.9	-9.0	29.0	-15	-18	-9	27	31.5	23.5	20.9	50	58	42	(14.5)	(13.1)
阿勒泰	736.9	941.5	924.8	6.1	-18.0	28.0	-27	-33	-17	26	30.6	22.1	18.7	71	47	38	10.7	9.8
克拉玛依	428.4	979.8	958.2	4.8			-24	-28	-17	30	34.9	27.4	19.1	77	32	29	9.2	8.2
伊宁	664.3	947.3	934.1	10.6	-10.8	28.3	-20	-25	-10	27	32.2	22.6	21.4	78	58	44	11.9	11.1
乌鲁木齐	918.7	919.3	906.6	8.1	-14.7	28.6	-22	-27	-15	29	34.1	23.5	18.5	80	44	31	9.8	8.9
吐鲁番	37.2	1027.7	997.6	17.4	-8.9	39.8	-15	-21	-10	36	40.7	32.7	23.8	59	31	24	11.6	10.3
喀什	1290.7	876.6	865.8	15.1	-5.6	33.1	-12	-16	-6	29	33.7	25.8	19.9	67	40	28	12.8	11.6
和田	1374.7	866.8	856.5	15.6	-5.8	32.4	-10	-14	-6	29	34.3	25.5	20.4	53	40	30	12.6	11.5
哈密	737.9	939.4	920.8	12.9	-11.0	33.6	-19	-23	-12	32	35.8	27.2	20.2	63	34	25	11.3	10.0
塔城	548	963.5	947.9	7.6	-14.5	27.5	-23	-29	-13	27	31.1	21.9	20.3	72	56	39	11.1	10.1

2）人防工程内空气计算参数。一般应包括空气的温度、相对湿度、风速、洁净度及新鲜空气量等。关于人防工程内空气的计算参数推荐数据见表5-2。

表5-2 人防工程内空气的计算参数推荐数据

项　目	夏　季	冬　季
温度（℃）	26～28（≤30）	14～18
相对湿度（%）	≤75	≥30
风速（m/s）	0.2～0.5	0.1～0.2

人防工程战时清洁通风时的工程内空气温度和相对湿度，宜按表5-3采用。

表5-3 战时清洁通风时人防工程内空气温度和相对湿度

<table>
<tr><th colspan="3" rowspan="2">人防工程功能</th><th colspan="2">夏　季</th><th colspan="2">冬　季</th></tr>
<tr><th>温度（℃）</th><th>相对湿度（%）</th><th>温度（℃）</th><th>相对湿度（%）</th></tr>
<tr><td colspan="2" rowspan="2">医疗救护</td><td>手术室、急救室</td><td>22～28</td><td>50～60</td><td>20～28</td><td>30～60</td></tr>
<tr><td>病房</td><td>≤28</td><td>≤70</td><td>≥16</td><td>≥30</td></tr>
<tr><td rowspan="3">柴油发电站</td><td rowspan="2">机房</td><td>人员直接操作</td><td>≤35</td><td>—</td><td colspan="2"></td></tr>
<tr><td>人员间接操作</td><td>≤40</td><td>—</td><td colspan="2"></td></tr>
<tr><td colspan="2">控制室</td><td>≤30</td><td>≤75</td><td colspan="2"></td></tr>
<tr><td colspan="3">人员掩蔽（含专业队人员掩蔽）</td><td colspan="4">自然温度及相对湿度（专业人员掩蔽所，平时维护时的相对湿度应不大于80%）</td></tr>
<tr><td colspan="3">配套工程</td><td colspan="4">按工艺要求确定</td></tr>
</table>

平时使用的人防工程，其人防工程内空气温度和相对湿度，宜符合表5-4的规定。人防工程平时人员新风量的确定，通风时应不小于30m³/(人·h)，空调时宜符合表5-5的规定。

表5-4 平时使用时人防工程内空气温度和相对湿度

工程及房间类别	夏　季		冬　季	
	温度（℃）	相对湿度（%）	温度（℃）	相对湿度（%）
旅馆客房、会议室、办公室、多功能厅、图书阅览室、文娱室、病房、商场、影剧院	≤28	≤75	≥16	≥30
舞厅	≤26	≤70	≥18	≥30
餐厅	≤28	≤80	≥16	≥30
手术室、急救室	≤28	50～70	≥20	≥30

注：冬季温度适用于集中采暖地区。

表 5-5 平时人员空调新风量标准 [m^3/(人·h)]

工程或房间类别	空调新风量
旅馆客房、会议室、医院病房、美容美发室、游艺厅、舞厅、办公室	≥30
餐厅、阅览室、图书馆、影剧院、商场（店）	≥20
酒吧、茶座、咖啡厅	≥10

注：过渡季采用全新风时，人员新风量不宜小于 30m^3/(人·h)。

5.1.3 空气焓湿图的应用

(1) 空气的主要物理性质

通常所说的空气一般是指湿空气，湿空气是由干空气和水蒸气组成，而干空气是由氮、氧、二氧化碳、氩、氦、氖、氪、氙、氡、和臭氧等组成的混合物。空气可以认为是理想气体，其气体常数 $R=287$J/（kg·℃），摩尔质量 $M=28.96$kg/kmol。

标准大气压下（$B=101325$Pa）空气的主要物理性质见表 5-6，空气中饱和水蒸气分压力仅与温度有关，与压力无关。

表 5-6 湿空气的密度、水蒸气分压力、含湿量和焓

空气温度 t（℃）	干空气密度 ρ（kg/m^3）	饱和空气密度 ρ_b（kg/m^3）	饱和空气的水蒸气分压力 P_b（hPa）	饱和空气含湿量 d_b[g/(kg 干空气)]	饱和空气焓 h_b[kJ/(kg 干空气)]
-20	1.396	1.395	1.02	0.63	-18.55
-19	1.394	1.393	1.13	0.70	-17.39
-18	1.385	1.384	1.25	0.77	-16.20
-17	1.379	1.378	1.37	0.85	-14.99
-16	1.374	1.373	1.50	0.93	-13.77
-15	1.368	1.367	1.65	1.01	-12.60
-14	1.363	1.362	1.81	1.11	-11.35
-13	1.358	1.357	1.98	1.22	-10.05
-12	1.353	1.352	2.17	1.34	-8.75
-11	1.348	1.347	2.37	1.46	-7.45
-10	1.242	1.341	2.59	1.60	-6.07
-9	1.337	1.336	2.83	1.75	-4.73
-8	1.332	1.331	3.09	1.91	-3.31
-7	1.327	1.325	3.36	2.08	-1.88
-6	1.322	1.320	3.67	2.27	-0.42
-5	1.317	1.315	4.00	2.47	1.09
-4	1.312	1.310	4.36	2.69	2.68

续表 5-6

空气温度 t（℃）	干空气密度 ρ（kg/m³）	饱和空气密度 ρ_b（kg/m³）	饱和空气的水蒸气分压力 P_b（hPa）	饱和空气含湿量 d_b[g/(kg 干空气)]	饱和空气焓 h_b[kJ/(kg 干空气)]
-3	1.308	1.306	4.75	2.94	4.31
-2	1.303	1.301	5.16	3.19	5.90
-1	1.298	1.295	5.61	3.47	7.62
0	1.293	1.290	6.09	3.78	9.42
1	1.288	1.285	6.56	4.07	11.14
2	1.284	1.281	7.04	4.37	12.89
3	1.279	1.275	7.57	4.70	14.74
4	1.275	1.271	8.11	5.03	16.58
5	1.270	1.266	8.70	5.40	18.56
6	1.265	1.261	9.32	5.79	20.56
7	1.261	1.256	9.99	6.21	22.61
8	1.256	1.251	10.70	6.65	24.70
9	1.252	1.247	11.46	7.13	26.92
10	1.248	1.242	12.25	7.63	29.18
11	1.243	1.237	13.09	8.15	31.52
12	1.239	1.232	13.99	8.75	34.08
13	1.235	1.228	14.94	9.35	36.59
14	1.230	1.223	15.95	9.97	39.19
15	1.226	1.218	17.01	10.6	41.78
16	1.222	1.214	18.13	11.4	44.80
17	1.217	1.208	19.32	12.1	47.73
18	1.213	1.204	20.59	12.9	50.66
19	1.209	1.200	21.92	13.8	54.01
20	1.205	1.195	23.31	14.7	57.78
21	1.201	1.190	24.80	15.6	61.13
22	1.197	1.185	26.3	16.6	64.06
23	1.193	1.181	28.02	17.7	67.83
24	1.189	1.176	29.77	18.8	72.01
25	1.185	1.171	31.60	20.0	75.78
26	1.181	1.166	33.53	21.4	80.39
27	1.177	1.161	35.56	22.6	84.57
28	1.173	1.156	37.71	24.0	89.18
29	1.169	1.151	39.95	25.6	94.20

续表 5-6

空气温度 t（℃）	干空气密度 ρ（kg/m^3）	饱和空气密度 ρ_b（kg/m^3）	饱和空气的水蒸气分压力 P_b（hPa）	饱和空气含湿量 d_b[g/(kg 干空气)]	饱和空气焓 h_b[kJ/(kg 干空气)]
30	1.165	1.146	42.32	27.2	99.65
31	1.161	1.141	44.82	28.8	104.67
32	1.157	1.136	47.43	30.6	110.11
33	1.154	1.131	50.18	32.5	115.97
34	1.150	1.126	53.07	34.4	122.25
35	1.146	1.121	56.10	36.6	128.95
36	1.142	1.116	59.26	38.8	135.65
37	1.139	1.111	62.60	41.1	142.35
38	1.135	1.107	66.09	43.5	149.47
39	1.132	1.02	69.75	46.0	157.42
40	1.128	1.097	73.58	48.8	165.80
41	1.124	1.091	77.59	51.7	174.17
42	1.121	1.086	81.80	54.8	182.96
43	1.117	1.081	86.18	58.0	192.17
44	1.114	1.076	90.79	61.3	202.22
45	1.110	1.070	95.60	65.0	212.69
46	1.107	1.065	100.61	68.9	223.57
47	1.103	1.059	105.87	72.8	235.30
48	1.100	1.054	111.33	77.0	247.02
49	1.096	1.048	117.07	81.5	260.00
50	1.093	1.043	123.04	86.2	273.40
55	1.076	1.013	156.94	114	352.11
60	1.060	0.981	198.70	152	456.36
65	1.044	0.946	249.38	204	598.71
70	1.029	0.909	310.82	276	795.50
75	1.014	0.868	384.50	382	1080.19
80	1.000	0.823	472.28	545	1519.81
85	0.986	0.773	576.69	828	2281.81
90	0.973	0.718	699.31	1400	3818.36
95	0.959	0.656	843.09	3120	8436.40
100	0.947	0.589	1013.00	—	—

（2）湿空气的计算公式

1）饱和水蒸气分压力与空气绝对温度：

$$T = 273.15 + t$$

当 $t = 0 \sim 200$℃时，饱和水蒸气分压力与空气绝对温度的关系为：

$$\ln(P_{q,b}) = \frac{c_8}{T} + c_9 + c_{10}T + c_{11}T^2 + c_{12}T^3 + c_{13}\ln(T)$$

式中 t——空气的干球温度（℃）；

$P_{q,b}$——饱和水蒸气分压力（Pa）；

T——空气的绝对温度（K）；

c_8、c_9、c_{10}、c_{11}、c_{12}和c_{13}分别为常数，其值分别为 $c_8 = -5800.2206$、$c_9 = 1.3914993$、$c_{10} = -0.04860239$、$c_{11} = 0.41764768 \times 10^{-4}$、$c_{12} = -0.14452093 \times 10^{-7}$和 $c_{13} = 6.5459673$。

2）湿球温度 t_s 与水蒸气分压力 P_q。湿球温度 t_s 与水蒸气分压力 P_q 的关系为：

$$P_q = P_{q,b} - A(t - t_s)B$$

或

$$t_s = t - \frac{P_{q,b} - P_q}{A \cdot B}$$

式中 A——可取 $A = 0.000667$，或根据风速大小计算，即：$A = \left(65 + \frac{6.75}{v}\right) \cdot 10^{-5}$；

B——大气压（Pa）。

3）相对湿度：

$$\varphi = \frac{P_q}{P_{q,b}} \times 100\%$$

式中 φ——空气的相对湿度（%）。

4）含湿量：

$$d = 622\frac{P_q}{B - P_q}$$

式中 d——空气的含湿量［g/(kg 干空气)］。

5）焓：

$$i = 1.01t + 0.001d(2501 + 1.84t)$$

式中 i——湿空气的焓［kJ/(kg 干空气)］；

6）密度和比容：

湿空气的密度为：$\rho = 0.03484\frac{B}{T} - 0.00134\frac{P_q}{T}$（kg/m³）

湿空气的比容为：$v = \frac{1}{\rho}$（m³/kg）

7）露点温度 t_1 和水蒸气分压力 P_q：

$t_1 = f(P_q)$ 的经验式，当 $t_1 = -60 \sim 0$℃时：

$$t_1 = -60.45 + 7.0322[\ln(P_q)] + 0.37[\ln(P_q)]^2$$

当 $t_1 = 0 \sim 70$℃时：

$$t_1 = -35.957 - 1.8726[\ln(P_q)] + 1.1689[\ln(P_q)]^2$$

由以上各计算式，在已知对应大气压力 B 及任意两个独立湿空气参数时，即可求得湿空气的其他各参数值。

【例 5-1】 已知大气压力为101325Pa、空气温度为24℃、相对湿度为70%，求湿空气的含湿量 d 和焓 i 的值。

解：由于空气的饱和水蒸气分压力仅与温度有关，查表5-6或计算得，当 $t=24$℃，空气的饱和水蒸气分压力 $P_{q,b}=2977$Pa，则：

$$d = 622\frac{\varphi P_{q,b}}{B-\varphi P_{q,b}} = 622\times\frac{0.7\times 2977}{101325-0.7\times 2977} = 13.06(\text{g/kg 干空气})$$

$$i = 1.01t + 0.001d(2501+1.84t)$$

$$= 1.01\times 24 + 0.001\times 13.06\times(2501+1.84\times 24) = 57.48(\text{kJ/kg 干空气})$$

（3）湿空气的焓湿图

在工程中为使用方便，绘制了不同大气压力下的湿空气的焓湿图。焓湿图是表示一定大气压力 B（Pa）下，湿空气的各参数，即焓 i [kJ/(kg 干空气)]、含湿量 d [g/(kg 干空气)]、温度 t（℃）、相对湿度 φ(%)和水蒸气分压力 P_q（Pa）的值及其相互关系的图。其结构见图5-1。

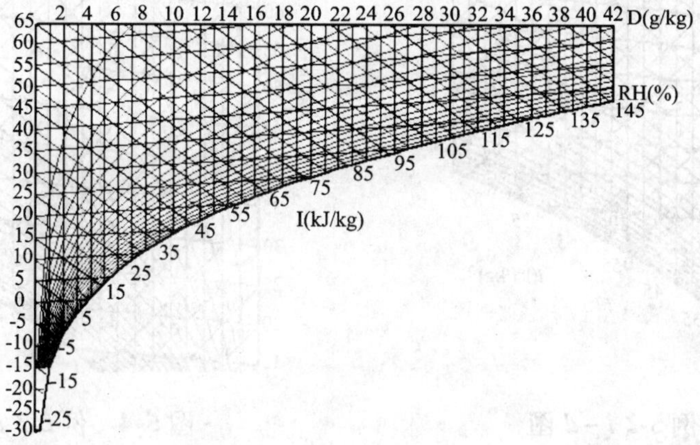

图 5-1 湿空气 $h-d$ 图

该图有不同的热湿比线，供已知热湿比时画状态变化线之用。

$$\varepsilon = 1000\frac{\Delta i}{\Delta d} = \frac{1000(i_2-i_1)}{d_2-d_1} \quad (\text{kJ/kg})$$

式中 i_1、i_2——初终状态的焓 [kJ/(kg 干空气)]；

d_1、d_2——初终状态的含湿量 [g/(kg 干空气)]；

根据焓和含湿量增减情况，热湿比 ε 值可正可负，不同热湿比线见图5-2。

图 5-2 不同状态变化过程的热湿比线

【例 5-2】 已知人防工程内状态 n 点的干球温度 $t_n=26$℃，相对湿度 $\phi_n=70\%$，大气压 $B=101325$Pa，工程内余热量 $Q=2330$W，工程内散湿量 $S=1.0$kg/h，送风温差6℃。求热湿比 ε，送风状态点 o，送风量 G。

解：

$$\varepsilon = \frac{Q}{S} = \frac{2330}{1.0} \times 3.6 = 8388(\text{kJ/kg})$$

$i-d$ 见图 5-3，有 $i_o=54.8\text{kJ/kg}$，$d_o=13.6\text{g/kg}$。送风量 G_0 为：

$$G_o = \frac{Q}{i_n - i_o} = \frac{2.330}{63.6-54.8} = 0.265(\text{kg/s})$$

（4）$i-d$ 图的应用

1）两种不同状态空气的混合过程。当室外空气（新风）和人防工程内空气（回风）以不同比例混合，或人防工程内空气（回风）和经过处理（冷却、加热等）后的空气以不同比例混合后，空气会变成怎样的状态，用 $i-d$ 图可以很方便地求出。

【例 5-3】 大气压力 $B=101325\text{Pa}$，室外空气的干球温度 $t_{w,g}$ 为 35℃，湿球温度 $t_{w,s}$ 为 28℃，人防工程内空气的干球温度 $t_{n,g}$ 为 24℃，相对湿度 φ_n 为 70%，新风百分比为 20%。求混合后空气的状态点 C。

解： 在焓湿图上，分别找出 W 和 N 点，连接 W、N，在 $\overline{WN}$ 线段上取 C 点，使 $\overline{NC}/\overline{NM}=1/5$，得：$t_C=26.1$℃、$\varphi_C=68.6\%$，$i-d$ 图见图 5-4。

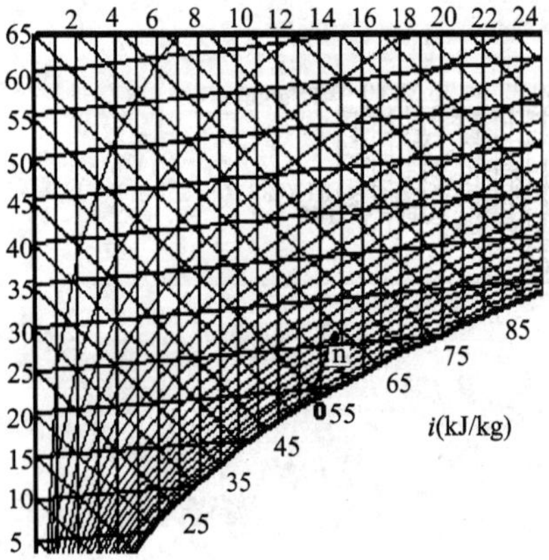

图 5-3　例 5-2 $i-d$ 图

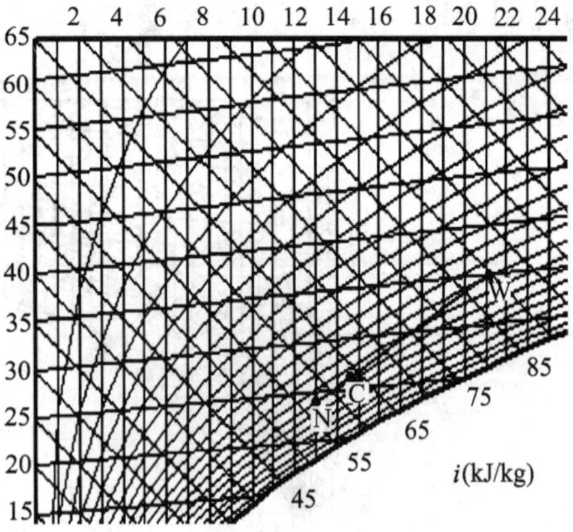

图 5-4　例 5-3 $i-d$ 图

2）确定露点温度。空气露点温度 t_1 就是使湿空气中所含的未饱和水蒸气在含湿量 d 不变的情况下变成饱和时的温度，利用焓湿图可以直接查得湿空气的露点温度。

【例 5-4】 大气压力为 101325Pa，湿空气的干球温度 $t=24$℃，相对湿度 $\varphi=70\%$，求其露点温度 t_1。

解： 由 $t=24$℃，$\varphi=70\%$ 的状态点沿等 d 线与 $\phi=100\%$ 的饱和相对湿度线相交，得露点温度，$i-d$ 图见图 5-5。

在空气调节中，常常用设备露点温度（或称"机器露点温度"、"露点温度"）表示空气经过喷水室或表面冷却器处理后，所得到的接近饱和状态（一般相对湿度在 90% ~95% 之间）的空气温度。使用时应注意这个"机器露点温度"和物理学上的露点温度在概念上的不同。

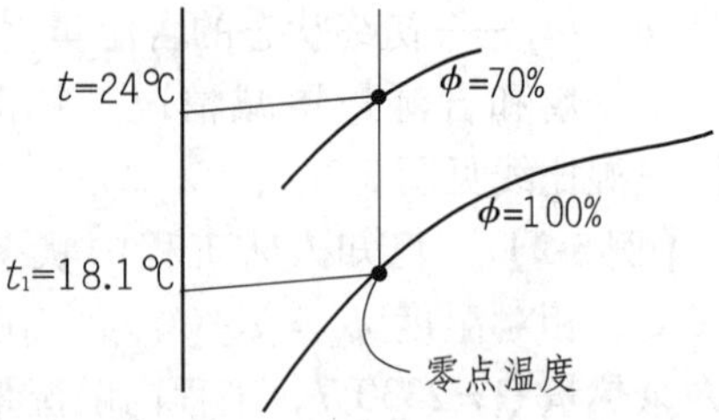

图 5-5　例 5-4 $i-d$ 图

3）表示各种处理过程。湿空气的各种处理过程（空气焓的增减、含湿量的增减、温度的升降）在 $i-d$ 图上可以很清楚地表示出来，见图5-6。

图5-6中，t_1 是湿空气的露点温度，t_s 是湿空气的湿球温度，A 点是表示湿空气的初状态点。1、2、……、12 表示 A 点的空气用不同的处理方法可能达到的状态点。$A-1\sim12$ 各处理过程的内容和一般常用的处理方法见表5-7。

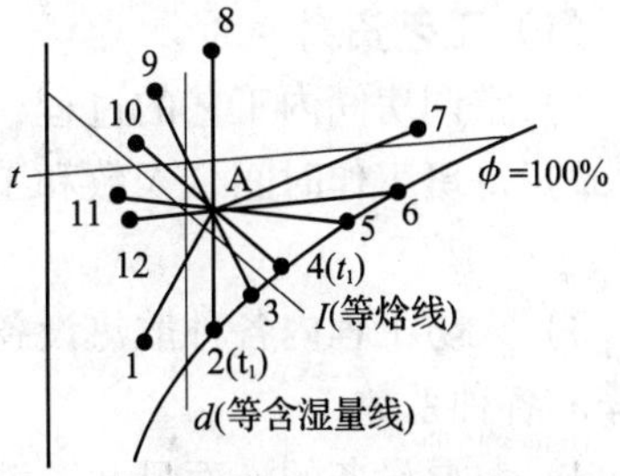

图5-6　湿空气的各种处理过程

表5-7所述的空气处理方法只作为一般介绍，除表中列出的方法外，还可以用其他方法达到同样的处理过程。

表5-7　各处理过程的内容和一般常用的处理方法

过程线	所处象限	热湿比 ε	处理过程的内容	处 理 方 法
A-1	Ⅲ	$\varepsilon>0$	减焓降湿降温	用水温低于 t_1 的水喷淋； 用肋管外表面温度低于 t_1 的表面冷却器冷却； 用蒸发温度 t_0 低于 t_1 的直接蒸发式表面冷却器冷却
A-2	d = 常数	$\varepsilon=-\infty$	减焓等湿降温	用水的平均温度稍低于 t_1 的水喷淋或表面冷却器干式冷却； t_0 稍低于 t_1 的直接蒸发式表面冷却器干式冷却
A-3	Ⅳ	$\varepsilon<0$	减焓加湿降温	用水喷淋，$t_1<t$（水温）$<t_s$
A-4	i = 常数	$\varepsilon=0$	等焓加湿降温	用循环水喷淋，绝热加湿
A-5	Ⅰ	$\varepsilon>0$	增焓加湿降温	用水喷淋，$t_s<t'$（水温）$<t_A$（t_A 为 A 点的空气温度）
A-6	Ⅰ（t = 常数）	$\varepsilon>0$	增焓加湿等温	用水喷淋，$t'>t_A$；喷饱和水蒸气
A-7	Ⅰ	$\varepsilon>0$	增焓加湿升温	用水喷淋，$t'>t_A$；喷过热水蒸气
A-8	d = 常数	$\varepsilon=+\infty$	增焓等湿升温	加热器（蒸汽、热水、电）干式加热
A-9	Ⅱ	$\varepsilon<0$	增焓降湿升温	冷冻除湿机（热泵）
A-10	i = 常数	$\varepsilon=0$	等焓降湿升温	固体吸湿剂吸湿
A-11	Ⅲ	$\varepsilon>0$	减焓降湿升温	用温度稍高于 t_A 的液体除湿剂喷淋
A-12	Ⅲ（t = 常数）	$\varepsilon>0$	减焓降湿等温	用与 t_A 等温的液体除湿剂喷淋

5.1.4　设计基础资料

人防工程采暖通风空调设计，除上述人防工程内外气象等资料外，还需收集工艺、土建、动力和空调通风设备等其他必要的基础资料。

（1）工艺资料

1）空调房间内工艺的过程，人防工程内空气参数的变化对工艺的影响；

2）每班工作时间、人数和工作班次，非工作班次内，空调车间工程内空气参数的要求等；

3）人防工程内各种散热设备（例如电动机、仪器仪表、电热设备等）和照明等的安装功率和各种系数；

4）散湿设备的液面尺寸、液体温度等；

5）散发有害气体物的性质、散发量、散发时间、散发特性等；

6）相邻非空调房间的工艺特性、工程内空气温湿度、噪声等；

7）工艺过程产生灰尘、噪声、热量情况；

8）人员在车间内衣着、生活情况；

9）工艺对清洁度、气流速度等的要求。

（2）土建资料

1）人防工程的埋深；

2）人防工程所处地的岩土热工参数；

3）自然采光、自然通风情况；

4）人防工程形状、围护结构的构造形式和热工参数；

5）门、窗（有自然采光）的结构与尺寸。

（3）动力资料

1）热源（蒸汽、热水、电等）、热源参数（温度、压力等）及工作制度；

2）冷源：

①地下水的水质情况和炎热季的水温、水量、可用的水压等资料；

②冷冻设备的制冷能力、冷冻水供水温度、供回水情况、炎热季节冷却水水温、水质和水量等资料。

（4）空调通风设备资料

冷冻设备、冷却设备、空调设备、控制设备仪器仪表等的性能、安装、价格、产地、售后服务等资料；

5.2 热、湿负荷计算

5.2.1 围护结构的传热计算

（1）一般概念

人防工程的传热与地面建筑不同，具有蓄热能力强、热稳定性好、温度变化幅度小和夏季潮湿等特点。从传热角度来说，地表面温度年周期性变化对人防工程围护结构传热的影响是否可以忽略不计，是划分深埋与浅埋人防工程的主要依据。一般当人防工程覆盖层厚度大于6m时，地表面温度年周期性变化对人防工程围护结构传热的影响可以忽略不计，认为是深埋，各地地温资料见表5-8。

表 5-8 全国主要城市实测地温(±0.0～−3.2m)月平均值(℃)

地名	深度(m)	1月	2月	3月	4月	5月	6月	7月	8月	9月	10月	11月	12月
北京	±0.0	−5.3	−1.5	5.8	16.1	23.7	28.2	29.1	27.0	21.5	13.1	3.5	−3.6
	−0.8	2.6	1.7	3.6	9.4	15.1	20.2	22.8	23.9	21.5	16.9	11.2	5.6
	−1.6	7.4	5.6	5.4	8.0	11.9	15.6	18.6	21.0	20.6	18.3	14.7	10.6
	−3.2	12.7	11.0	9.8	9.5	10.4	12.1	13.9	16.3	17.3	17.3	16.4	14.8
上海	±0.0	4.4	6.2	9.5	15.2	20.2	25.1	30.4	29.9	25.0	18.9	12.8	6.7
	−0.8	9.7	8.9	10.2	13.4	16.7	20.3	24.2	25.9	25.0	21.5	17.5	13.0
	−1.6	13.2	11.4	11.4	12.8	15.2	17.7	20.7	22.9	23.4	21.9	19.4	16.2
	−3.2	17.2	15.8	14.8	14.4	14.8	15.5	16.7	18.2	19.4	19.9	19.7	18.8
天津	±0.0	−5.0	−1.0	5.8	16.2	23.2	28.0	29.4	27.2	22.4	13.5	4.0	−2.4
	−0.8	3.2	2.3	4.5	10.3	15.5	19.9	23.0	23.9	21.9	17.8	12.4	−7.3
	−1.6	8.1	6.2	6.3	8.9	12.5	16.1	18.9	20.6	20.4	18.7	15.6	11.7
	−3.2	12.9	11.3	10.1	9.8	10.6	12.0	13.7	15.2	16.3	16.7	16.2	14.8
哈尔滨	±0.0	−20.8	−15.4	−4.8	6.9	16.8	23.2	25.9	24.1	15.7	5.9	−6.2	−16.7
	−0.8	−4.3	−4.8	−2.9	−0.6	2.4	9.7	15.1	17.3	15.4	10.4	(4.8)	0.3
	−1.6	2.0	0.3	−0.2	0.1	0.2	3.1	8.8	12.2	(12.9)	11.1	7.9	4.5
	−3.2	6.0	4.7	3.0	2.4	2.1	2.1	4.0	6.6	8.5	9.2	8.6	7.3
长春	±0.0	−17.3	−12.7	−3.7	7.4	16.7	22.7	26.0	23.7	16.3	7.2	−4.0	−13.5
	−0.8	−1.3	−2.0	−1.0	0.0	5.2	12.2	17.1	18.9	16.7	(12.1)	6.4	2.1
	−1.6	3.3	1.6	1.0	1.0	2.5	7.3	11.5	14.5	14.6	12.7	9.4	6.1
	−3.2	7.2	5.8	4.7	4.0	3.8	4.6	6.5	8.6	10.2	10.6	10.1	8.8

续表 5-8

地 名	深度(m)	1月	2月	3月	4月	5月	6月	7月	8月	9月	10月	11月	12月
沈 阳	±0.0	-12.5	-7.8	-0.1	9.8	18.2	23.9	26.9	25.7	18.5	9.6	-0.6	-9.4
	-0.8	1.0	-0.7	-0.6	0.9	7.8	14.5	18.8	20.7	18.6	13.8	8.3	3.9
	-1.6	5.0	3.2	2.3	2.6	5.4	10.6	14.5	17.2	17.3	14.8	11.3	7.6
	-3.2	9.2	7.8	6.8	6.2	6.3	7.9	10.0	12.4	14.0	14.1	12.9	11.0
石家庄	±0.0	-3.5	0.2	8.5	18.1	24.5	28.8	29.7	27.6	23.4	14.9	5.1	-2.0
	-0.8	3.4	3.5	7.0	12.9	18.2	22.8	25.6	25.6	23.1	18.2	11.9	6.5
	-1.6	8.0	6.5	7.5	11.1	15.2	19.0	22.0	23.5	22.7	20.2	11.1	11.6
	-3.2	13.9	12.1	11.2	11.4	12.7	14.4	16.3	18.1	18.1	18.9	17.8	16.0
呼和浩特	±0.0	-12.8	-7.9	1.8	9.9	18.4	24.4	26.5	23.6	16.5	7.9	-2.4	-10.7
	-0.8	1.3	0.6	0.9	1.4	8.3	14.2	17.6	17.7	16.8	12.9	7.8	3.8
	-1.6	4.1	2.6	1.9	1.7	4.6	9.1	12.1	14.2	14.1	12.5	9.6	6.5
	-3.2	7.8	6.5	5.4	4.6	4.6	6.0	7.8	9.5	10.8	11.3	10.8	9.5
西 安	±0.0	-0.6	3.6	10.4	17.6	22.4	28.8	30.5	28.6	22.8	15.3	7.4	0.6
	-0.8	4.6	5.0	8.4	12.9	17.0	21.4	24.2	25.1	12.6	18.5	13.2	8.2
	-1.6	8.9	7.6	8.7	11.3	14.4	17.7	20.5	22.4	21.9	19.8	16.5	12.3
	-3.2	14.4	12.8	11.9	12.0	12.9	14.3	15.9	17.7	18.8	18.9	18.1	16.3
银 川	±0.0	-9.4	-3.8	4.4	12.8	20.6	27.1	30.2	26.9	20.0	10.3	-0.2	5.9
	-0.8	1.7	0.4	1.4	6.5	11.9	16.8	20.1	20.9	19.4	15.5	9.5	4.3
	-1.6	5.6	3.9	3.4	5.3	8.8	12.4	15.4	17.3	17.4	15.9	12.5	8.5
	-3.2	10.1	8.6	7.4	6.9	7.6	9.1	10.9	12.6	13.8	14.2	13.6	12.1

续表 5-8

地名	深度(m)	1月	2月	3月	4月	5月	6月	7月	8月	9月	10月	11月	12月
西宁	±0.0	-8.2	-2.5	6.1	12.2	16.6	21.1	22.2	20.0	15.9	8.6	0.6	-5.8
	-0.8	-0.7	-0.9	2.0	7.1	11.4	15.0	17.0	17.1	15.4	12.0	6.8	2.5
	-1.6	3.4	1.9	2.5	5.3	8.8	11.5	13.7	14.8	14.4	12.8	9.7	6.3
	-3.2	7.9	6.4	5.6	5.8	7.0	8.4	9.8	11.0	11.7	11.7	11.0	9.7
兰州	±0.0	-7.4	-1.0	7.9	16.3	20.5	25.7	27.3	24.3	19.5	10.8	2.0	-6.2
	-0.8	1.4	0.7	4.4	10.6	14.4	18.1	20.9	21.1	19.1	15.1	9.4	4.1
	-1.6	6.2	4.6	5.1	8.4	11.4	14.0	16.5	17.9	17.6	15.9	12.6	8.9
	-3.2	10.7	9.2	8.3	8.5	9.7	11.0	12.3	13.8	14.6	14.7	13.9	12.5
乌鲁木齐	±0.0	-18.3	-12.7	-3.0	10.4	17.5	24.2	27.2	24.8	17.9	7.7	-3.8	-12.4
	-0.8	-0.1	-0.7	0.4	5.0	10.5	15.2	18.4	19.6	17.6	(12.7)	7.0	2.8
	-1.6	4.6	3.2	2.7	4.3	7.6	11.1	14.0	16.1	16.1	14.0	10.7	7.4
	-3.2	8.8	7.3	6.1	5.6	6.4	7.9	9.9	11.9	13.1	(13.2)	12.7	11.0
济南	±0.0	-1.8	1.5	8.3	17.7	24.9	29.5	30.3	28.8	24.2	16.6	7.4	0.3
	-0.8	5.1	4.8	7.6	13.5	19.0	23.0	26.0	26.4	23.9	20.1	14.8	8.8
	-1.6	10.7	9.4	10.1	12.5	16.6	20.5	22.8	24.5	23.9	21.3	18.3	15.2
	-3.2	16.1	14.4	13.5	13.5	14.7	16.6	18.5	19.9	20.9	20.7	19.7	18.3
南京	±0.0	2.7	4.6	10.2	16.2	21.1	27.7	32.6	31.4	24.7	18.4	1.2	5.4
	-0.8	8.8	8.2	9.9	13.7	17.3	21.5	25.0	26.7	25.3	21.6	17.2	12.3
	-1.6	12.6	10.8	11.0	12.9	15.5	18.5	21.4	23.7	24.0	22.1	19.3	15.7
	-3.2	16.9	15.3	14.2	14.0	14.6	15.7	17.2	18.8	20.1	20.5	20.0	18.6

续表 5-8

地名	深度(m)	1月	2月	3月	4月	5月	6月	7月	8月	9月	10月	11月	12月
蚌埠	±0.0	1.7	5.8	11.5	17.5	22.9	30.1	33.5	32.1	26.0	17.8	10.0	4.2
	−0.8	7.7	8.2	10.4	13.3	16.9	21.3	24.7	25.5	24.1	21.1	16.1	10.4
	−1.6	12.0	10.7	11.5	12.8	15.1	18.0	21.0	22.7	22.0	21.6	18.6	15.3
	−3.2	16.5	15.0	14.1	14.0	14.5	15.5	17.0	18.6	19.7	20.0	19.5	18.2
杭州	±0.0	4.8	6.5	11.5	17.6	21.0	27.3	33.9	30.8	25.1	19.0	12.7	7.4
	−0.8	10.1	9.3	11.3	14.8	18.1	21.9	25.7	27.0	25.6	22.2	18.1	13.6
	−1.6	13.9	12.1	12.1	13.9	16.4	19.1	22.1	24.2	24.4	22.7	20.2	16.9
	−3.2	18.2	16.8	15.6	15.2	15.7	16.6	18.0	19.5	20.8	21.2	20.8	19.8
南昌	±0.0	5.4	7.5	12.5	18.7	22.5	29.2	35.0	33.4	29.3	21.3	14.3	8.3
	−0.8	10.9	10.4	12.5	16.4	19.5	23.9	28.1	29.2	27.6	23.7	18.9	14.5
	−1.6	15.1	13.3	13.5	15.4	18.0	20.9	24.0	26.0	26.0	24.2	21.5	18.2
	−3.2	19.0	17.3	16.3	16.2	17.0	18.3	20.1	21.9	23.0	23.3	22.6	21.1
郑州	±0.0	−0.4	4.0	8.6	17.4	24.2	29.5	30.4	28.3	24.0	16.1	7.8	2.1
	−0.8	6.1	6.4	8.6	12.8	17.5	22.2	24.6	25.3	23.4	19.6	14.3	9.5
	−1.6	10.2	9.0	9.6	11.6	14.8	18.4	21.0	22.6	22.3	20.4	17.1	13.4
	−3.2	14.7	13.2	12.4	12.4	13.3	14.9	16.6	18.3	19.3	19.3	18.8	16.8
汉口	±0.0	3.0	6.6	11.7	18.6	22.5	29.5	34.0	33.3	28.4	20.3	12.3	6.8
	−0.8	10.0	9.3	11.0	14.6	17.8	21.9	25.0	26.5	25.8	22.3	18.2	13.5
	−1.6	14.3	12.4	12.3	13.9	16.1	18.7	21.4	23.4	23.9	22.7	20.3	17.2
	−3.2	18.3	16.9	15.9	15.5	15.7	16.4	17.5	18.7	19.8	20.4	20.3	19.6
长沙	±0.0	4.6	6.6	12.2	18.6	21.6	29.6	35.3	32.2	28.7	20.6	13.0	8.1
	−0.8	10.8	9.6	11.7	15.5	18.4	22.9	27.0	27.9	26.7	23.2	18.2	13.9
	−1.6	14.2	12.2	12.4	14.6	17.0	19.8	23.0	25.1	25.2	23.6	20.3	17.0
	−3.2	18.2	16.5	15.4	15.3	16.2	17.4	19.1	20.9	22.0	22.2	21.4	19.9

续表 5-8

地名	深度(m)	1月	2月	3月	4月	5月	6月	7月	8月	9月	10月	11月	12月
广州	±0.0	15.9	16.4	20.4	24.5	28.0	29.8	31.8	31.7	30.6	27.3	22.1	17.4
	−0.8	19.1	18.3	19.8	22.4	25.4	27.0	28.4	29.1	28.7	26.9	24.0	20.6
	−1.6	21.3	20.2	20.3	21.9	24.0	25.6	27.0	27.8	28.0	27.2	25.4	22.9
	−3.2	23.7	22.6	21.9	22.0	22.8	23.8	24.6	25.5	26.1	26.3	25.8	24.7
成都	±0.0	6.9	9.6	14.8	20.2	23.7	26.8	28.8	27.8	23.8	18.4	13.7	8.6
	−0.8	10.7	10.7	13.2	16.8	19.9	22.6	24.8	25.5	24.2	21.2	17.8	13.9
	−1.6	13.4	12.4	13.3	15.7	18.2	20.4	22.5	23.8	23.6	22.0	19.6	16.5
	−3.2	18.3	17.0	16.3	16.5	17.5	18.6	19.9	21.2	22.0	22.0	21.3	19.9
贵阳	±0.0	6.2	8.4	14.7	19.5	21.1	25.0	27.7	27.3	24.0	17.7	13.4	8.3
	−0.8	11.4	10.8	12.9	16.1	18.3	20.7	20.9	23.9	23.3	20.4	17.4	14.0
	−1.6	14.0	12.8	13.2	15.1	17.0	18.9	20.9	22.2	22.4	21.1	18.9	16.5
	−3.2	17.4	16.1	15.3	15.4	16.1	17.1	18.3	19.6	20.3	20.5	19.9	18.8
昆明	±0.0	9.7	12.2	17.0	22.1	24.3	22.6	23.0	22.7	21.6	17.2	13.7	10.0
	−0.8	12.4	12.6	14.1	16.4	18.8	19.7	20.6	21.2	21.2	19.4	16.9	14.1
	−1.6	14.7	14.0	14.2	15.3	16.9	18.1	19.0	19.8	20.2	19.6	18.2	16.4
	−3.2	17.4	16.7	16.2	16.0	16.2	16.5	17.0	17.4	17.8	18.1	18.2	17.8
拉萨	±0.0	−1.0	3.3	8.4	14.2	20.0	22.6	19.0	18.1	16.2	10.2	3.5	−0.7
	−0.8	2.8	3.4	6.2	9.9	13.1	16.1	16.7	16.6	15.5	12.8	8.1	4.7
	−1.6	4.8	4.4	6.1	8.7	11.4	14.0	15.2	15.6	15.1	13.4	9.9	6.8
	−3.2												
台北	±0.0	11.7	16.3	18.5	21.9	26.3	28.2	30.4	30.0	28.3	24.6	21.2	18.0
	−1.0	19.8	18.7	19.2	20.7	23.4	25.5	27.5	28.2	28.1	26.4	24.2	21.7
	−3.0	23.1	22.2	21.6	21.3	21.6	22.4	23.3	24.3	25.0	25.2	24.9	24.2
	−5.0	23.6	23.4	23.0	22.7	22.4	22.3	22.5	22.6	22.9	23.3	23.6	23.7

为便于工程设计计算，根据人防工程的几何形状进行分类简化，以便用不同的传热微分方程来描述不同类型围护结构的传热问题。在热工计算中，根据人防工程的几何尺寸将地下室分成两类，当地下室长宽比大于2时视为“当量圆柱体”；当长宽比小于2时则视为“当量球体”。

人防工程内表面一般都做衬砌，其热物理系数 λ_b 和 α_b 与基岩（或土壤）的热物理系数 λ 和 α 往往不同。在热工计算中，如果两者相差不大时，可取 λ 和 α。如果两者分别相差较大时，则应根据热作用周期长短来确定。对于计算年平均和年周期性波动传热时，热物理系数应取基岩（或土壤）数值；对于计算日周期性波动传热时，应取衬砌材料的热物理系数，即 λ_b 和 α_b，无衬砌时，取 λ 和 α。

（2）室外空气温度日波幅进入人防工程内的变化

在一般通风情况下，工程外空气的进入，会引起人防工程内空气温度的周期性变化。室外空气温度日波幅 θ_2 在人防工程内发生波幅的显著衰减和时间上的延迟，工程内空气温度日波幅 θ_{n2}（τ）的计算如下。

1）当量圆柱体人防工程：

$$\theta_{n2}(\tau) = \frac{\theta_2}{\nu}\cos(\omega_2\tau - \beta) \qquad (℃) \tag{5-1}$$

$$\nu = \frac{A_2E_2 + GC}{GC} \tag{5-2}$$

$$\beta = \mathrm{tg}^{-1}\frac{B_2E_2 + \omega_2 G'C}{A_2E_2 + GC} \tag{5-3}$$

式中 θ_2——室外空气日周期性波动幅度（℃）；

ν——室外空气日周期性波动幅度 θ_2 在人防工程内的衰减倍数；

A_2、B_2——日周期性波动传热计算参数；

λ_b、a_b——分别为衬砌材料的导热系数［W/(m·℃)］和导温系数（m^2/s）；

α——内壁面换热系数［W/(m^2·℃)］，一般取5.8~8.2；

ω_2——温度日周期性波动频率（1/s），等于：

$$\omega_2 = \frac{2\pi}{\tau_0} = \frac{2\pi}{24\times3600} = 7.272\times10^{-5};$$

r_0——人防工程当量半径（m），$r_0 = \frac{P}{2\pi}$，P 为周长；

E_2——日周期性波动传热计算参数，$E_2 = 2\pi\lambda_b l$（W/℃），l 为人防工程长度；

β——人防工程内外气温日波幅出现的相位差（弧度）；

G——通风量（kg/s）；

C——空气比热，$C = 1004.8$［J/（kg·℃）］；

G'——人防工程内所容纳的空气重量（kg）；

ρ——空气密度，$\rho = 1.2$（kg/m^3）；

τ——室外空气温度日波幅 θ_2 出现时刻为计算起点的时刻（h）。

当时间 $\tau = \tau_i = \beta/\omega_2$ 时（时间 τ_i 为人防工程内空气温度日波幅 θ_{n2} 出现的时间），由式（5-1）可得到人防工程内空气温度日波幅 θ_{n2} 的计算式：

$$\theta_{n2} = \pm \frac{\theta_2}{\nu} \quad (℃) \tag{5-4}$$

θ_{n2}为“+”时，表示白天，为“-”时，表示晚上。

2）当量球体人防工程：

对当量球体人防工程，工程内空气温度日波幅出现的时间延迟很短，即β值很小，近似认为工程内外空气温度日波幅同时出现。当量球体人防工程内空气温度日波动值$\theta_{n2}(\tau)$为：

$$\theta_{n2}(\tau) \approx \frac{\theta_2}{\nu}\cos\omega_2\tau \quad ℃ \tag{5-5}$$

$$\nu = \frac{GC + 4\pi\alpha\gamma_0^2 f(\xi, B_i)}{GC} \tag{5-6}$$

$$f(\xi, B_i) = 1 - \frac{B_i(1 + B_i + 0.707\xi)}{(1 + B_i + 0.707\xi)^2 + 0.5\xi} \tag{5-7}$$

式中 r_0——当量球体人防工程当量半径（m），$r_0 = 0.62\sqrt[3]{V}$；

V——人防工程容积（m^3）；

B_i——比欧准数，$B_i = \alpha r_0/\lambda$。

其余符号同前。

当时间$\tau=0$时，由式（5-5）可得人防工程内空气温度日波幅θ_{n2}的计算式为：

$$\theta_{n2} = \frac{\theta_2}{\nu} \quad (℃) \tag{5-8}$$

在人防工程内发热量不变的情况下，室外气温日波幅θ_2在人防工程内衰减的程度，与很多因素有关，但主要取决于风量的大小，风量越大，衰减越小，反之衰减越大，而与人防工程内的发热量大小无关。

由于温度日周期性波动的频率较大，温度波对人防工程围护结构的热作用深度较小，因此，以上介绍的室外气温日波幅在人防工程内的衰减计算，同样适用于浅埋人防工程。

(3) 预热期负荷的确定

预热期负荷的大小取决于预热期的长短和预热温度，预热的方法有恒热预热和非恒热预热。恒热预热适用于干燥而室温偏低的人防工程；对于潮湿的人防工程宜采用非恒热预热（通风预热）方式。

1）恒热预热。恒热预热过程，人防工程内空气温度$t(\tau)$和壁面温度$t(r_0,\tau)$与壁面热流强度q（q为常数）之间的关系式如下：

$$q = K[t(\tau) - t_0] \quad (W/m^2) \tag{5-9}$$

$$t(r_0,\tau) = t_0 + \left(\frac{1}{K} - \frac{1}{\alpha}\right)q \quad (℃) \tag{5-10}$$

式中 q——恒热预热壁面热流强度（W/m^2）；

t_0——年平均地温（℃）（岩石初始温度），见表5-1；

K——围护结构传热系数［$W/(m^2 \cdot ℃)$］；

α——内壁面换热系数［$W/(m^2 \cdot ℃)$］，一般取5.8～8.2。

从式（5-9）和（5-10）可知，人防工程内空气温度与壁面温度之差$t(r_0,\tau) - t(\tau)$为常数$\frac{q}{\alpha}$。K值的确定视情况而定。

①如衬砌材料热物理系数 λ_b 和 α_b 与基岩（或土壤）的热物理系数 λ 和 α 相差不大，则 K 可按下式计算：

$$K=\frac{1}{\frac{1}{\alpha}+\frac{1.13\sqrt{a\tau}}{\beta\lambda}}=\frac{1}{\frac{1}{\alpha}+\frac{1.13r_0\sqrt{F_o}}{\beta\lambda}}\quad [\mathrm{W/(m^2\cdot ℃)}]\tag{5-11}$$

式中 F_o——傅立叶准数，$F_o=\frac{a\tau}{r_0^2}$；

τ——预热时间（h）；

β——建筑物形状因素，平壁 $\beta=1$；当量圆柱体 $\beta=1+0.38\sqrt{F_o}$；当量球体 $\beta=1+\sqrt{F_o}$。

②如衬砌材料热物理系数 λ_b 和 α_b 与基岩（或土壤）的热物理系数 λ 和 α 相差较大时，则 K 应按两种情况来考虑：

如加热计算深度 δ（$\delta=1.13\sqrt{a_b\tau}$）小于或等于衬砌厚度 δ_b 时，K 值仍按式（5-11）计算，只是式中的物理系数应取 λ_b 和 a_b。

如 $\delta>\delta_b$ 时，则 K 值应按下式计算：

$$K=\frac{1}{\frac{1}{\alpha}+\frac{\delta_b}{\beta_b\lambda_b}+\frac{1.13r_0\sqrt{F_o}}{\beta\lambda}\left(1-\frac{\delta_b}{1.13r_0\sqrt{F_{o_b}}}\right)}\quad [\mathrm{W/(m^2\cdot ℃)}]\tag{5-12}$$

式中 δ_b——衬砌厚度（m）；

F_{o_b}——傅立叶数，$F_{o_b}=\frac{a_b\tau}{r_0^2}$；

β_b——建筑物形状因素，平壁 $\beta_b=1$；当量圆柱体 $\beta_b=1+0.38\sqrt{F_{o_b}}$；当量球体 $\beta_b=1+\sqrt{F_{o_b}}$。

【例 5-5】 某深埋人防工程，长 l 为 190m，宽 b 为 12m，高 h 为 4m。人防工程周围为岩石，其导热系数 λ 为 3.49W/(m·℃)，导温系数 a 为 $1.353\times10^{-6}\mathrm{m^2/s}$，围护结构钢筋混凝土衬砌厚度 δ_b 为 0.4m，其导热系数 λ_b 为 1.51W/(m·℃)，导温系数 a_b 为 $8.333\times10^{-7}\mathrm{m^2/s}$，恒热预热两个月后，将人防工程内空气温度预热到 22℃，年平均地温 t_0 为 14℃，内壁面换热系数 α 为 $8.0\mathrm{W/(m^2\cdot ℃)}$。求预热负荷 Q，壁面温度 t（r_0，τ）及加热深度 δ。

解：因 $l/b=190/12>2$，该人防工程可视为当量圆柱体，其定量半径 r_0 为：

$$r_0=\frac{P}{2\pi}=\frac{2\times(12+4)}{2\times\pi}=5.093$$

预热两个月后的热作用深度 δ 为：

$$\delta=1.13\sqrt{a_b\tau}=1.13\sqrt{8.333\times10^{-7}\times720\times2\times3600}=2.078(\mathrm{m})$$

因 $\delta>\delta_b$，则系数 K 值按式（5－12）计算：

$$\sqrt{F_o}=\sqrt{\frac{a\tau}{r_0^2}}=\sqrt{\frac{1.353\times10^{-6}\times720\times2\times3600}{5.093^2}}=0.52$$

$$\sqrt{F_{o_b}}=\sqrt{\frac{a_b\tau}{r_0^2}}=\sqrt{\frac{0.8333\times10^{-6}\times720\times2\times3600}{5.093^2}}=0.4081$$

$$\beta = 1 + 0.38\sqrt{F_o} = 1 + 0.38 \times 0.52 = 1.1976$$

$$\beta_b = 1 + 0.38\sqrt{F_{o_b}} = 1 + 0.38 \times 0.4081 = 1.1551$$

$$K = \frac{1}{\frac{1}{\alpha} + \frac{\delta_b}{\beta_b\lambda_b} + \frac{1.13r_0\sqrt{F_o}}{\beta\lambda}\left(1 - \frac{\delta_b}{1.13r_0\sqrt{F_{o_b}}}\right)}$$

$$= \frac{1}{\frac{1}{8} + \frac{0.4}{1.1551 \times 1.51} + \frac{1.13 \times 5.093 \times 0.52}{1.1976 \times 3.49}\left(1 - \frac{0.4}{1.13 \times 5.093 \times 0.4081}\right)}$$

$$= 1.0544 \quad [\mathrm{W/(m^2 \cdot ℃)}]$$

$$t(r_0,\tau) = t(\tau) - \frac{q}{\alpha} = 22.0 - \frac{1.0544 \times (22 - 14)}{8} = 20.95℃$$

加热深度δ为：

$$\delta = 1.13\sqrt{a\tau}\left(1 - \frac{\delta_b}{1.13\sqrt{a_b\tau}}\right) + \delta_b$$

$$= 1.13 \times \sqrt{1.353 \times 10^{-6} \times 720 \times 2 \times 3600} \times \left(1 - \frac{0.4}{1.13 \times \sqrt{8.333 \times 10^{-7} \times 720 \times 2 \times 3600}}\right) + 0.4 = 2.88(\mathrm{m})$$

预热负荷Q为：

$$Q = qF = K[t(\tau) - t_0]F = 1.0544 \times (22 - 14) \times 6080 = 51286(\mathrm{W}) = 51.286(\mathrm{kW})$$

如果不考虑衬砌的影响，则系数K值为：

$$K' = \frac{1}{\frac{1}{\alpha} + \frac{1.13r_0\sqrt{F_o}}{\beta\lambda}} = \frac{1}{\frac{1}{8} + \frac{1.13 \times 5.093 \times 0.52}{1.1976 \times 3.49}} = 1.189[\mathrm{W/(m^2 \cdot ℃)}]$$

预热负荷Q'为：

$$Q' = qF = K'[t(\tau) - t_0]F = 1.189 \times (22 - 14) \times 6080 = 57833(\mathrm{W}) = 57.833(\mathrm{kW})$$

则：$\frac{Q' - Q}{Q} \times 100\% = \frac{57.833 - 51.286}{51.286} \times 100\% = 12.8\%$

计算结果表明：如果忽略衬砌材料热物理系数对传热的影响，预热负荷比考虑衬砌材料影响时大12.8%。

2）非恒热预热。非恒热预热是指一般通风情况下的预热过程。由于预热期相对不长，因此，进风温度年变化对人防工程内空气温度的影响，可以忽略不计，只考虑进风温度日变化的影响。

设进风日平均温度为t'_{wp}（℃），温度日波幅为θ_2（℃），通风量为G（kg/h），空气比热为C［kJ/（kg·℃）］，换热系数为α［W(/m²·℃)］，预热负荷为Q（kW），人防工程内表面积为F（m²），年平均地温为t_0（℃）。在连续均匀送排风情况下预热，当量圆柱体人防工程内，白天空气最高温度和晚上空气最低温度按下式计算：

$$t(\tau) = t'_{np} + \theta_{n2} \quad (℃) \tag{5-13}$$

$$t'_{np} = \left(t'_{wp} + \frac{Q}{GC}\right)\frac{f(F_o,Bi') + H}{1 + H} + \frac{[1 - f(F_o,Bi')]t_0}{1 + H} \quad (℃) \tag{5-14}$$

式中 $t(\tau)$——通风预热过程中人防工程内的空气温度（℃）；

t'_{np}——通风预热过程中，人防工程内空气日平均温度（℃）；

t'_{wp}——通风预热过程中，人防工程室外空气日平均温度（℃），取月平均温度；

H——无因次参数，$H=\dfrac{GC}{\alpha F}$；

B'_i——准则数，$B'_i=\dfrac{HB_i}{1+H}$；

θ_{n2}——人防工程内空气温度日波幅（℃）；

$f(F_o, B'_i)$——参数，根据准数 F_o 和 B'_i 值查表5-9。

其余符号意义同前。

由于预热时间不长，因此，上面介绍的预热计算方法，也可以用来估算浅埋人防工程的预热负荷。

从式（5-14）可以看出，通风预热过程人防工程内的空气温升速度，不仅取决于通风量和预热负荷的大小，而且也取决于进风日平均温度 t'_{wp} 的高低，故夏季通风预热比冬季有利。

（4）壁面传热量的计算

人防工程围护结构传热过程是一个不稳定过程，但随着使用时间的增长，恒温传热过程逐步趋于稳定，年波动传热过程逐步进入稳定状态。

深埋人防工程围护结构的传热主要受人防工程内的空气温度变化的影响，而浅埋人防工程围护结构的传热，除了受人防工程内温度变化的影响外，还受地表面温度年周期性变化的影响，传热过程较为复杂。下面分别介绍深埋和浅埋人防工程壁面传热量的计算方法。

1）深埋人防工程。

①恒温人防工程。恒温人防工程是指人防工程内的空气温度恒定不变的人防工程。恒温过程中，壁面热流强度 q_1 和壁面温度 $t(r_0, \tau)$ 随准数 F_o 和 B_i 的变化关系如下：

$$q_1=\alpha(t_{nc}-t_0)[1-f(F_o,B_i)]m \qquad (\mathrm{W/m^2}) \tag{5-15}$$

$$t(r_0,\tau)=[t_0+(t_{nc}-t_0)f(F_o,B_i)]m+(1-m)t_{nc} \qquad (℃) \tag{5-16}$$

式中 α——内壁面换热系数［W/(m²·℃)］，见表5-10，一般取5.8～8.2；

t_{nc}——人防工程内的空气恒温温度（℃）；

t_0——年平均地温（℃）（岩石初始温度），见表5-8；

$f(F_o, B'_i)$——壁面恒温传热计算参数，根据准数 $F_o=\dfrac{a\tau}{r_0^2}$ 和 $B_i=\dfrac{\alpha r_0}{\lambda}$ 值，查表5-9；

r_0——人防工程当量半径（m）。当量圆柱体 $r_0=\dfrac{P}{2\pi}$，P 为人防工程横截面周长（m）；当量球体 $r_0=0.62\sqrt[3]{V}$，V 为人防工程容积（m³）；

a——基岩（或土壤）材料的导温系数（m²/s），见表5-10；

τ——恒温时间（s）；

λ——基岩（或土壤）材料的导热系数［W/(m·℃)］，见表5-10；

m——壁面传热修正系数，衬砌结构 m 为1；对于离壁式衬砌结构或衬套结构，当人防工程周围为岩石时，m 为0.72；土壤时 m 为0.86。

恒温传热计算参数f（F_o，B_i'），是随时间的增加而增大，并逐步趋于稳定，见表5-9。稳定的时间一般约3~5年。为了不使设计的恒温负荷过大或过小，参数f（F_o，B_i'）值采取的时间为2年左右。

表5-9　系数f（F_o，B_i'）

B_i' \ F_o	0.03	0.04	0.06	0.08	0.10	0.20	0.30	0.40	0.60	0.80	1.00
0.3							0.219	0.233	0.255	0.271	0.284
0.4				0.149	0.160	0.196	0.220	0.237	0.264	0.283	0.298
0.5	0.106	0.118	0.137	0.153	0.165	0.208	0.235	0.256	0.285	0.307	0.325
0.6	0.109	0.123	0.145	0.163	0.177	0.226	0.258	0.279	0.312	0.336	0.354
0.7	0.115	0.131	0.157	0.177	0.193	0.247	0.280	0.304	0.339	0.364	0.384
0.8	0.124	0.142	0.170	0.192	0.210	0.269	0.303	0.330	0.367	0.393	0.413
0.9	0.134	0.153	0.184	0.208	0.227	0.290	0.327	0.354	0.393	0.420	0.440
1.0	0.145	0.166	0.199	0.224	0.244	0.310	0.350	0.378	0.417	0.445	0.446
1.2	0.166	0.190	0.228	0.256	0.279	0.350	0.392	0.422	0.462	0.469	0.511
1.4	0.189	0.215	0.256	0.287	0.312	0.387	0.431	0.461	0.502	0.530	0.551
1.6	0.211	0.239	0.283	0.316	0.342	0.422	0.465	0.496	0.537	0.565	0.585
1.8	0.232	0.262	0.308	0.343	0.370	0.452	0.497	0.527	0.568	0.595	0.614
2.0	0.252	0.284	0.332	0.369	0.397	0.480	0.525	0.555	0.595	0.621	0.640
2.5	0.299	0.334	0.386	0.425	0.455	0.540	0.584	0.613	0.651	0.675	0.693
3.0	0.342	0.379	0.433	0.473	0.504	0.589	0.631	0.659	0.694	0.716	0.732
3.5	0.381	0.419	0.475	0.515	0.546	0.629	0.669	0.695	0.727	0.748	0.763
4.0	0.417	0.455	0.511	0.551	0.582	0.662	0.701	0.725	0.755	0.774	0.787
4.5	0.449	0.488	0.543	0.583	0.612	0.690	0.727	0.749	0.777	0.795	0.807
5.0	0.478	0.517	0.572	0.616	0.639	0.714	0.748	0.770	0.796	0.813	0.824
6.0	0.531	0.568	0.620	0.657	0.684	0.753	0.784	0.803	0.826	0.840	0.850
7.0	0.574	0.609	0.659	0.693	0.719	0.782	0.810	0.827	0.848	0.860	0.869
8.0	0.611	0.645	0.692	0.724	0.747	0.806	0.831	0.847	0.865	0.876	0.884
9.0	0.643	0.675	0.719	0.749	0.771	0.825	0.848	0.862	0.879	0.889	0.896
10.0	0.670	0.701	0.742	0.770	0.790	0.841	0.862	0.875	0.890	0.899	0.905
12.0	0.714	0.742	0.779	0.803	0.821	0.865	0.883	0.894	0.907	0.915	0.921
14.0	0.749	0.773	0.807	0.829	0.844	0.882	0.899	0.908	0.918	0.927	0.931

恒温人防工程在投入使用之前，一般要经过一段时间的预热，使室温达到使用温度之后再恒温。预热期对恒温初期的传热量有较大的影响，随着恒温时间的增长，影响愈来愈小，可以忽略不计。计算恒温初期壁面传热量时，应考虑预热期的影响。从预热阶段过渡到恒温阶段，传热过程是较复杂的。为了便于工程设计计算，建议采用近似方法将预热时间当量转换为恒温时间。转换的原则是根据预热时间，求出传热系数 K，按下式计算恒温传热计算参数 f（F_o，B_i'）：

$$f(F_o,B_i) = 1 - \frac{k}{\alpha} \tag{5-17}$$

根据参数 f（F_o，B_i'）和 B_i' 准数，查表5-9，得傅立叶准数 F_o 值。则预热时间当量转换为恒温时间，可按下式确定：

$$\tau = \frac{F_o r_0^2}{a} \tag{5-18}$$

【例5-6】某深埋恒温人防工程，长 l 为190m，宽 b 为12m，高 h 为4m。人防工程周围为岩石，其导热系数 λ 为3.49W/(m·℃)，导温系数 a 为 $1.353\times10^{-6}m^2/s$，维护结构钢筋混凝土衬砌厚度 δ_b 为0.4m，其导热系数 λ_b 为1.51W/(m·℃)，导温系数 a_b 为 $8.333\times10^{-7}m^2/s$，恒热预热两个月，将人防工程内空气温度预热到22℃后再恒温。年平均地温 t_0 为14℃，内壁面换热系数 α 为8.0W/(m²·℃)，求恒温过程壁面热流强度 q_1 和传热量 Q_1 及壁面温度 t（r_0，τ）。

解：根据【例5-5】的计算结果，其当量半径 r_0 为5.093，预热两个月时，围护结构的传热系数 K 为1.0544［W/(m²·℃)］，则壁面热流强度 q_1（W/m²）为：

$$q_1 = K(t_{nc} - t_0) = 1.0544\times(22-14) = 8.435(W/m^2)$$

$$Q_1 = q_1F = 8.435\times6080 = 51285(W) = 51.285(kW)$$

按式（5-17）计算参数 f（F_o，B_i）：

$$f(F_o,B_i) = 1 - \frac{K}{a} = 1 - \frac{1.0544}{8} = 0.8682$$

$$B_i = \frac{ar_0}{\lambda} = \frac{8\times5.093}{3.49} = 11.67$$

根据参数 f（F_o，B_i'）$=0.8682$ 和准数 $B_i=11.67$，查图得傅立叶准数 F_o 为0.19，则预热两个月的时间相当于恒温时间 τ 为：

$$\tau = \frac{F_o\gamma_0^2}{a} = \frac{0.19\times5.093^2}{1.353\times10^{-6}\times3600} = 1011.8(h)$$

恒温过程的壁面热流强度 q_1，传热量 Q_1 及壁面温度 t（r_0，τ）随时间 τ 的变化，计算结果列于表5-11。

恒温过程壁面热流强度 q_1，在第一年内变化比较大，随着恒温时间的增长逐步减小，渐渐趋于稳定，具体见图5-7。

②一般通风人防工程。一般通风人防工程是指非恒温人防工程，这类人防工程壁面传热量受进风温度年周期性变化的影响，发生周期性变化。其壁面热流强度等于恒温热流强度 q_1 与年波动热流强度 q_2（τ）之和。q_1 可按式（5-15）确定，q_2（τ）可按下式确定：

表 5-10　岩石和土壤的热物理性能

序号	材料名称	材料特性						
		密度 ρ (kg/m^3)	导热系数 λ [W/(m·℃)]	比热 C [J/(kg·℃)]	换热系数 α [W/(m^2·℃)]	蒸汽渗透系数 μ [g/(m·h·mmHg)]	导温系数 a 10^{-7} (m^2/s)	蓄热系数 S (24h) [W/(m^2·℃)]
1	砂石	2250	1.84	837.36			9.72	31.40
2	密实硅质砂岩	2630	2.01	962.96			7.92	37.22
3	砂岩、石英岩	2400	2.04	921.10	18.03	0.005	9.17	34.89
4	石灰岩	2250	1.28	837.36			6.81	25.59
5	石灰岩	2478	0.98	887.60			4.61	24.42
6	石灰岩	2000	1.16	921.10	12.44	0.008	6.30	24.42
7	石灰岩	1700	0.93	921.10	10.23	0.01	5.94	19.77
8	介壳石灰岩	1400	0.64	921.10	7.73	0.02	4.97	15.12
9	石灰质凝灰岩	1300	0.52	921.10	6.75	0.02	4.36	12.79
10	阿尔蒂克凝灰岩	1200	0.47	921.10	6.11	0.018	4.22	11.63
11	灰质页岩	1760	0.84	1004.83			4.61	20.93
12	大理岩、花岗岩	3000	3.61	837.36			14.36	50.01
13	大理岩、花岗岩	2800	3.49	921.10	25.47	0.0015	13.53	50.01
14	大理岩、花岗岩	2722	2.21	916.91			8.83	39.54
15	片麻岩	2700	3.49	1004.83			12.86	51.17
16	黄铁矿	4660	4.19	895.98			10.00	69.78
17	黄铜矿	4716	4.21	862.48			10.36	68.62
18	建筑物下的种植土	1800	1.16	837.36			7.72	22.10
19	干砂填料	1600	0.58	837.36			4.34	15.12
20	石灰土（43%湿度）	1670	1.98	2219.00			5.28	45.36
21	干石英砂	1650	0.73	795.49			5.56	16.28
22	石英砂（8.3%湿度）	1750	1.63	1004.83			9.17	27.91
23	砂质粘土（15%湿度）	1780	2.56	1381.64			10.28	41.87

表 5-11 恒温过程 q_1、Q_1 和 t（r_0，τ）随时间 τ 的变化①

时 间	预热	恒 温					
	两个月	三个月	半年	一年	二年	五年	二十年
F_o	0.190	0.406	0.811	1.622	3.245	8.112	32.449
f（F_o，B_i）	0.8682	0.896	0.917	0.933	0.945	0.956	0.966
q_1 [W/(m² · ℃)]	8.435	6.656	5.317	4.295	3.532	2.824	2.190
Q_1（kW）	51.285	40.468	32.327	26.116	21.475	17.170	13.318
T（γ_0，τ）（℃）	20.95	21.17	21.34	21.46	21.56	21.65	21.73

注：表中的恒温时间已包括预热时间当量转换为恒温的时间。

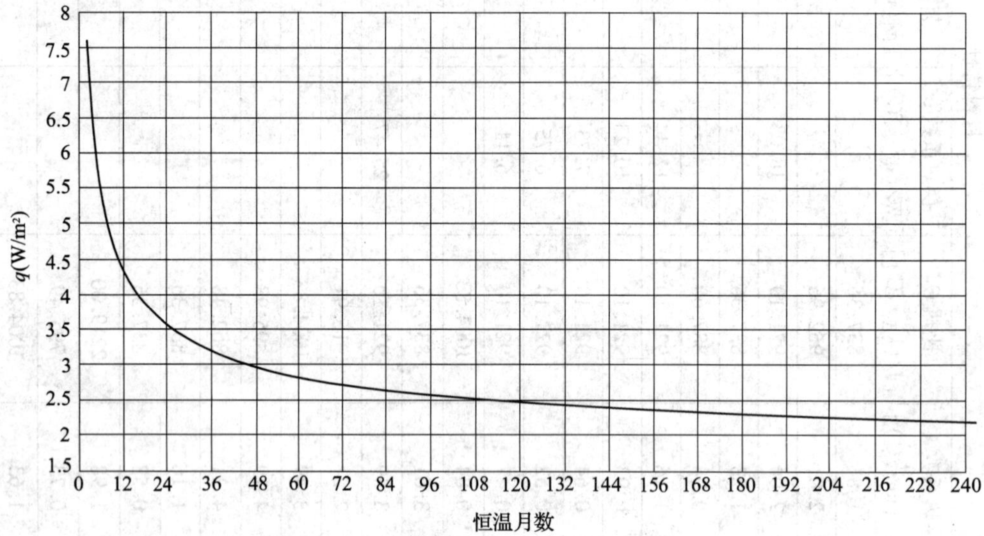

图 5-7 恒温过程壁面热流强度 q_1 随恒温时间的变化曲线

$$q_2(\tau) = \frac{\theta_{n1}\lambda m}{r_0} f(\xi,\eta)\cos[\omega_1\tau + \beta(\xi,\eta)] \quad (\mathrm{W/m^2}) \tag{5-19}$$

式中 θ_{n1}——人防工程内空气温度年周期性波动幅度（℃）；

f（ξ，η）、β（ξ，η）——壁面年周期性波动传热计算参数和壁面热流超前角度（°）；

ω_1——地温年周期性波动频率（1/s），$\omega_1 = \frac{2\pi}{365\times24\times3600} = 1.992\times10^{-7}$；

τ——自人防工程内空气温度年波动出现最大值为起点的时间（h）。

其余符号意义同前。

当时间 $\tau = \tau_i = \frac{-\beta(\xi,\eta)}{\omega_1}$ 时，由式（5-19）得到壁面热流年波幅 q_2（τ），即为壁面热流年波动最大值：

$$q_2(\tau) = \frac{\theta_{n1}\lambda m f(\xi,\eta)}{r_0} \quad (\text{W/m}^2) \tag{5-20}$$

壁面热流出现最大值的时间，比人防工程内空气温度出现最高值的时间超前 τ_i 小时，当人防工程内空气日平均温度出现最高（或最低）时，壁面年波动热流 q_2 为（这时 q_2 不是最大值）：

$$q_2 = \pm\frac{\theta_{n1}A_1\lambda m}{r_0} \quad (\text{W/m}^2) \tag{5-21}$$

式中 A_1——壁面年周期性波动传热计算参数，$A_1 = f(\xi, \eta)\cos\beta(\xi, \eta)$。也可按下式近似计算：

$$A_1 = 0.39 - 0.343(\eta - 0.01) + 0.722\xi \tag{5-22}$$

其余符号意义同前。

根据式（5-15）和（5-21），可得到人防工程内空气日平均温度出现最高或最低时的壁面日平均传热量 Q_b 的计算式：

$$Q_b = (q_1 + q_2)F = (t_{nc} - t_0)N \pm \theta_{n1}M \quad (\text{W}) \tag{5-23}$$

$$N = E_1B_i[1 - f(F_o, B_i)]m \quad (\text{W/℃}) \tag{5-24}$$

$$M = E_1A_1m \quad (\text{W/℃}) \tag{5-25}$$

式中 N——壁面年平均传热量计算参数（W/℃）；

M——壁面年波动传热量计算参数（W/℃）；

E_1——参数（W/℃）。当量圆柱体 $E_1 = 2\pi\lambda l$，当量球体 $E_1 = 4\pi\lambda r_0$。

其余符号意义同前。

【例 5-7】 某人防工程，其尺寸同【例 5-5】。该人防工程为一般通风人防工程，设计要求：夏季人防工程内空气日平均温度 t_{np} 为 27℃，冬季人防工程内空气日平均温度 t_{nd} 为 17℃。计算使用两年时的冬夏季壁面传热量 Q_b。

解：人防工程内空气年平均温度 t_{nc} 和温度年波幅 θ_{n1} 分别为：

$$t_{nc} = \frac{1}{2}(t_{np} + t_{nd}) = \frac{1}{2}(27 + 17) = 22(℃)$$

$$\theta_{n1} = t_{np} - t_{nc} = 27 - 22 = 5(℃)$$

$$\xi = r_0\sqrt{\frac{\omega_1}{a}} = 5.093 \times \sqrt{\frac{1.992 \times 10^{-7}}{1.353 \times 10^{-6}}} = 1.954$$

$$\eta = \frac{\lambda}{\alpha}\sqrt{\frac{\omega_1}{a}} = \frac{3.49}{8} \times \sqrt{\frac{1.992 \times 10^{-7}}{1.353 \times 10^{-6}}} = 0.167$$

$$\begin{aligned} A_1 &= 0.39 - 0.343(\eta - 0.01) + 0.722\xi \\ &= 0.39 - 0.343 \times (0.167 - 0.01) + 0.722 \times 1.954 = 1.744 \end{aligned}$$

$$E_1 = 2\pi\lambda l = 2 \times 3.14159 \times 3.49 \times 190 = 4166.4(\text{W/℃})$$

$$F_o = \frac{a\tau}{r_0^2} = \frac{1.353 \times 10^{-6} \times 365 \times 24 \times 2 \times 3600}{5.093^2} = 3.29$$

$$B_i = \frac{\alpha r_0}{\lambda} = \frac{8 \times 5.093}{3.49} = 11.67$$

根据准数 $F_o = 3.29$，$B_i = 11.67$，查得 $f(F_o, B_i)$ 为 0.925，该人防工程壁面为贴壁式

衬砌结构，壁面传热修正系数 m 为1。则：

$$N = E_1 B_i [1 - f(F_o, B_i)] m$$
$$= 4166.4 \times 11.67 \times (1 - 0.925) \times 1 = 3646.6 (W/℃)$$
$$M = E_1 A_1 m$$
$$= 4166.4 \times 1.744 \times 1 = 7266.2 (W/℃)$$
$$Q_b = (t_{nc} - t_0) N \pm \theta_{n1} M = (22 - 14) \times 3646.6 \pm 5 \times 7266.2$$
$$= 29173 \pm 36331 (W)$$
$$= 29.173 \pm 36.331 (kW)$$

夏季壁面平均传热量为65.50kW，冬季壁面向人防工程内平均放热7.16kW。

2）浅埋人防工程壁面传热量的确定。

①恒温人防工程。浅埋恒温人防工程围护结构的传热，受地表面温度年周期性变化的影响，也以年为周期性变化。浅埋恒温人防工程壁面传热量 Q_1 为三部分之和：一是人防工程内空气年平均温度 t_{nc} 与年平均地温 t_0 之差引起的壁面传热量；二是地面建筑与地下室温差引起的，通过楼板传递热量［见式（5-28）等号右边第一项］；三是地表面温度年周期性波动通过建筑外侧墙壁传递的热量［见式（5-28）等号右边第二项］，即

$$Q_1 = (t_{nc} - t_0) N + Q_s \quad (W) \tag{5-26}$$

$$N = \alpha l (b + 2h)(1 - T_{pb}) \quad (W/℃) \tag{5-27}$$

$$Q_s = blk(t_{nc} - t'_{np}) \mu 2 \alpha h l \theta_d \Theta_{db} \quad (W) \tag{5-28}$$

式中 N——参数（W/℃）；

T_{pb}——平均温度参数，根据基岩（或土壤）的导热系数 λ，建筑物宽度 b 和高度 h 值，查图5-8；

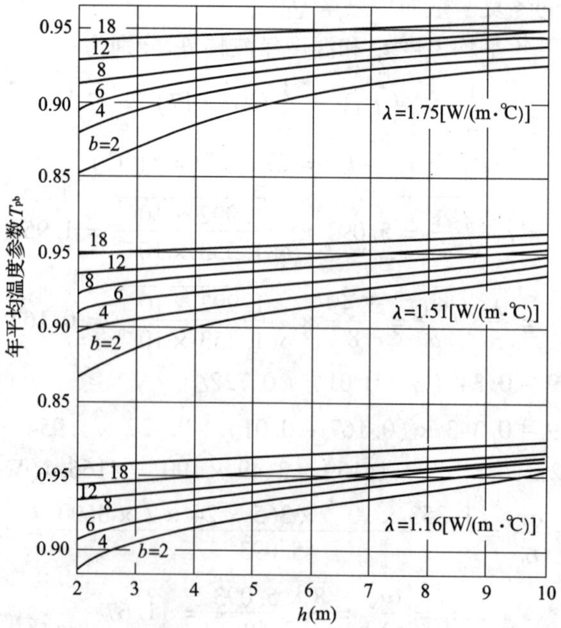

图5-8　浅埋防空地下室年平均温度参数 T_{pb} 值曲线

Q_s——壁面传热量第二部分与第三部分之和（W）；

k——楼板传热系数，$k=\dfrac{1}{\dfrac{1}{\alpha_上}+\dfrac{\delta}{\lambda_b}+\dfrac{1}{\alpha_下}}$，[W/（$m^2$·℃）]。

如果地面建筑与地下室的换热系数 $\alpha_上$ 和 $\alpha_下$ 相等，令它们等于 α，则系数 k 可写成：

$$k=\frac{\alpha\lambda_b}{\alpha\delta+2\lambda_b}\quad [\mathrm{W/(m^2 \cdot ℃)}]$$

δ——地下室与地面建筑之间楼板的厚度（m）；

λ_b——楼板材料的导热系数 [W/（m·℃）]；

t'_{np}——地面建筑空气日平均温度（℃）；

Θ_{ab}——地表面温度年周期性波动时，引起的侧壁面温度参数，根据基岩（或土壤）的 λ 和 a 及建筑物高度 h 查表 5-11。

【例 5-8】 某恒温浅埋人防工程，长 l 为 190m，宽 b 为 12m，高 h 为 4m，楼板和侧墙分别为 200mm 和 400mm 厚度的钢筋混凝土，其 λ_b 为 1.5W/（m·℃），a_b 为 8.33×10^{-7} m^2/s；建筑物周围为土壤介质，λ 为 1.5W/（m·℃），a 为 $5.56\times10^{-7}m^2/s$；年平均地温 t_0 为 14℃，地表面温度年波幅 θ_d 为 18℃，地面建筑内空气日平均温度 t'_{np}，夏季为 28℃，冬季 16℃；设地面建筑与地下室换热系数 a 均为 8.0W/（m^2·℃）。地下室恒温温度 t_{nc} 为 22℃。求地下室冬夏季壁面传热量。

解：根据土壤的 $\lambda=1.5$W/（m·℃），$a=5.56\times10^{-7}m^2/s$ 和建筑物高度 $h=4$m，查表 5-12 得 $\Theta_{db}=0.067$；查图 5-7 得 $T_{pb}=0.941$。

楼板传热系数 K 为：

$$K=\frac{\alpha\lambda_b}{\alpha\delta+2\lambda_b}=\frac{8.0\times1.5}{8.0\times0.2+2\times1.5}=2.61[\mathrm{W/(m^2 \cdot ℃)}]$$

表 5-12 Θ_{db} 值（侧墙平均）

λ [W/（m·℃）]	$\alpha\times10^{-7}$（m^2/s）	覆盖层厚度 h_d（m）					
		1	2	3	4	5	6
1.16	2.78	0.1395	0.0900	0.0623	0.0464	0.0365	0.0298
	4.44	0.1435	0.0921	0.0659	0.0502	0.0398	0.0325
	5.56	0.1457	0.0965	0.0700	0.0537	0.0430	0.0355
	6.94	0.1466	0.0976	0.0716	0.0556	0.0447	0.0371
1.51	2.78	0.1710	0.1111	0.0770	0.0574	0.0451	0.0369
	4.44	0.1765	0.1173	0.0839	0.0638	0.0507	0.0416
	5.56	0.1790	0.1196	0.0870	0.0670	0.0535	0.0443
	6.94	0.1805	0.1211	0.0890	0.0693	0.0557	0.0462
1.75	2.78	0.1910	0.1246	0.0865	0.0643	0.0506	0.0413
	4.44	0.1965	0.1313	0.0940	0.0716	0.0569	0.0468
	5.56	0.1990	0.1338	0.0975	0.0749	0.0598	0.0494
	6.94	0.1992	0.1349	0.1030	0.0774	0.0622	0.0517

根据式（5-27）和（5-28）计算参数 N 和 Q_s：

$$N = \alpha l(b + 2h)(1 - T_{pb})$$
$$= 8.0 \times 190 \times (12 + 2 \times 4) \times (1 - 0.941) = 1793.6(\mathrm{W/℃})$$

夏季：

$$Q_s = blk(t_{nc} - t'_{np}) - 2\alpha lh\theta_d\Theta_{db}$$
$$= 12 \times 190 \times 2.61 \times (22 - 28) - 2 \times 8.0 \times 190 \times 4 \times 18 \times 0.067$$
$$= -50369(\mathrm{W})$$

冬季：

$$Q_s = blk(t_{nc} - t'_{np}) + 2\alpha lh\theta_d\Theta_{db}$$
$$= 12 \times 190 \times 2.61 \times (22 - 16) + 2 \times 8.0 \times 190 \times 4 \times 18 \times 0.067$$
$$= 50369(\mathrm{W})$$

按式（5-26）计算夏季壁面传热量：

夏季：

$$Q_1 = (t_{nc} - t_0)N + Q_s$$
$$= (22 - 14) \times 1793.6 - 50369 = -36020(\mathrm{W}) = -36.02(\mathrm{kW})$$

冬季：

$$Q' = (t_{nc} - t_0)N + Q_s$$
$$= (22 - 14) \times 1793.6 + 50369 = 64718(\mathrm{W}) = 64.72(\mathrm{kW})$$

计算结果表明，夏季壁面向人防工程内放热为 36.02kW；冬季壁面吸热为 64.72kW。

②一般通风人防工程。一般通风人防工程壁面传热量，受人防工程内空气温度和地表面温度年周期性变化的影响，其值等于恒温传热量 Q_1 与年波动传热量 Q_2 之和。Q_1 按式（5-26）计算，Q_2 的计算式如下：

$$Q_2 = \pm \theta_{n1}M \tag{5-29}$$

$$M = \alpha l\left[(2h + b)(1 - \Theta_{nb}) + \frac{bK}{\alpha}\right] \tag{5-30}$$

式中 Θ_{nb}——浅埋人防工程室温周期性年波动的温度参数，根据岩土的 λ、α 及（$0.5b + h$）值查表 5-13。

表 5-13 Θ_{db} 值

λ [W/(m·℃)]	α×10⁻⁷ (m²/s)	0.5b + h (m)				
		8	12	18	20	24
1.16	2.78	0.8899	0.8974	0.9014	0.9036	0.9050
	4.44	0.9033	0.9116	0.9160	0.9188	0.9202
	5.56	0.9112	0.9199	0.9247	0.9276	0.9292
	6.94	0.9166	0.9255	0.9306	0.9337	0.9352

续表 5-13

λ [W/(m·℃)]	$\alpha\times10^{-7}$ (m^2/s)	0.5b+h (m)				
		8	12	18	20	24
1.51	2.78	0.8620	0.8703	0.8748	0.8772	0.8790
	4.44	0.8791	0.8882	0.8934	0.8961	0.8981
	5.56	0.8891	0.8988	0.9044	0.9073	0.9096
	6.94	0.8960	0.9060	0.9119	0.9149	0.9173
1.75	2.78	0.8443	0.8530	0.8576	0.8603	0.8621
	4.44	0.8636	0.8732	0.8788	0.8816	0.8838
	5.56	0.8751	0.8853	0.8913	0.8944	0.8968
	6.94	0.8829	0.8934	0.8999	0.9031	0.9057

其余符号意义同前。

【例 5-9】 某浅埋人防工程，长 l 为 190m，宽 b 为 12m，高 h 为 4m，人防工程内空气年平均温度 t_{nc} 为 22℃，人防工程内温度年波幅 θ_{n1} 为 5℃，其余参数同【例 5-8】。计算人防工程冬夏季壁面日平均传热量 Q_b。

解：该人防工程空气年平均温度 t_{nc} 和其余计算参数同【例 5-8】，所以楼板传热系数 K 为 2.61W/(m^2·℃)，夏季 Q_1 为 −36.02kW，冬季 Q' 为 64.72kW。

根据 λ=1.5W/(m·℃)，$a=5.56\times10^{-7}m^2/s$ 和 $0.5b+h=10m$，查表 5-13，得 $\Theta_{nb}=0.894$。

按式（5-29）、（5-30）计算壁面波动传热量 Q_2：

$$M=\alpha l\left[(2h+b)(1-\Theta_{nb})+\frac{bK}{\alpha}\right]=8\times190\times\left[(2\times4+12)(1-0.894)+\frac{12\times2.61}{8}\right]$$

$$=9173(W/℃)$$

$$Q_2=\pm\theta_{n1}M=\pm5\times9173(W)=\pm45.87(kW)$$

夏季壁面日平均传热量 Q_b 为：

$$Q_b=Q_1+Q_2=-36.02+45.87=9.85(kW)$$

冬季壁面日平均传热量 Q'_b 为：

$$Q'_b=Q'_1+Q'_2=64.72-45.87=18.85(kW)$$

人防工程围护结构的传热量直接转换为空调冷负荷。

5.2.2 设备、照明和人体等冷负荷计算

人防工程内冷负荷包括围护结构、设备、照明和人体等的冷负荷。

(1) 设备冷负荷

1）热设备及热表面散热形成的计算时刻冷负荷 Q_τ（kW），可按下式计算：

$$Q_\tau=Q_s\cdot X_{\tau-T}$$

式中 Q_s——热源的计算散热量（kW）；

$X_{\tau-T}$——$\tau-T$ 时间设备、器具散热的冷负荷系数，见表 5-14 和表 5-15；

T——热源投入使用的时刻（点钟）；

$\tau-T$——从热源投入使用的时刻算起到计算时刻的时间（h）。

表 5-14 有罩设备和器具显热散热冷负荷系数

连续使用小时数(h)	开始使用后的小时数(h)																							
	1	2	3	4	5	6	7	8	9	10	11	12	13	14	15	16	17	18	19	20	21	22	23	24
2	0. 27	0. 40	0. 25	0. 18	0. 14	0. 11	0. 09	0. 08	0. 07	0. 06	0. 05	0. 04	0. 04	0. 03	0. 03	0. 03	0. 02	0. 02	0. 02	0. 02	0. 01	0. 01	0. 01	0. 01
4	0. 28	0. 41	0. 51	0. 59	0. 39	0. 30	0. 24	0. 19	0. 16	0. 14	0. 12	0. 10	0. 09	0. 08	0. 07	0. 06	0. 05	0. 05	0. 04	0. 04	0. 03	0. 03	0. 02	0. 02
6	0. 29	0. 42	0. 52	0. 59	0. 65	0. 70	0. 48	0. 37	0. 30	0. 25	0. 21	0. 18	0. 16	0. 14	0. 12	0. 11	0. 09	0. 08	0. 07	0. 06	0. 05	0. 05	0. 04	0. 04
8	0. 31	0. 44	0. 54	0. 61	0. 66	0. 71	0. 75	0. 78	0. 55	0. 43	0. 35	0. 30	0. 25	0. 22	0. 19	0. 16	0. 14	0. 13	0. 11	0. 10	0. 08	0. 07	0. 06	0. 06
10	0. 33	0. 46	0. 55	0. 62	0. 68	0. 72	0. 76	0. 79	0. 81	0. 84	0. 60	0. 48	0. 39	0. 33	0. 28	0. 24	0. 21	0. 18	0. 16	0. 14	0. 12	0. 11	0. 09	0. 08
12	0. 36	0. 49	0. 58	0. 64	0. 69	0. 74	0. 77	0. 80	0. 82	0. 85	0. 87	0. 88	0. 64	0. 51	0. 42	0. 36	0. 31	0. 26	0. 23	0. 20	0. 18	0. 15	0. 13	0. 12
14	0. 40	0. 52	0. 61	0. 67	0. 72	0. 76	0. 79	0. 82	0. 84	0. 86	0. 88	0. 89	0. 91	0. 92	0. 67	0. 54	0. 45	0. 38	0. 32	0. 28	0. 24	0. 21	0. 19	0. 16
16	0. 45	0. 57	0. 65	0. 70	0. 75	0. 78	0. 81	0. 84	0. 86	0. 87	0. 89	0. 90	0. 92	0. 93	0. 94	0. 94	0. 69	0. 56	0. 46	0. 39	0. 34	0. 29	0. 25	0. 22
18	0. 52	0. 63	0. 70	0. 75	0. 79	0. 82	0. 84	0. 86	0. 88	0. 89	0. 90	0. 92	0. 93	0. 94	0. 95	0. 95	0. 91	0. 56	0. 71	0. 58	0. 48	0. 41	0. 35	0. 3

表 5-15 无罩设备和器具显热散热冷负荷系数

连续使用小时数(h)	开始使用后的小时数(h)																							
	1	2	3	4	5	6	7	8	9	10	11	12	13	14	15	16	17	18	19	20	21	22	23	24
2	0. 56	0. 64	0. 15	0. 11	0. 08	0. 07	0. 06	0. 05	0. 04	0. 04	0. 03	0. 03	0. 02	0. 02	0. 02	0. 02	0. 01	0. 01	0. 01	0. 01	0. 01	0. 01	0. 01	0. 01
4	0. 57	0. 65	0. 71	0. 75	0. 23	0. 18	0. 14	0. 12	0. 10	0. 08	0. 07	0. 06	0. 05	0. 05	0. 04	0. 04	0. 03	0. 03	0. 02	0. 02	0. 02	0. 02	0. 01	0. 01
6	0. 57	0. 65	0. 71	0. 76	0. 79	0. 82	0. 29	0. 22	0. 18	0. 15	0. 13	0. 11	0. 10	0. 08	0. 07	0. 06	0. 06	0. 05	0. 04	0. 04	0. 03	0. 03	0. 03	0. 02
8	0. 58	0. 66	0. 72	0. 76	0. 80	0. 82	0. 85	0. 87	0. 33	0. 26	0. 21	0. 18	0. 15	0. 13	0. 11	0. 10	0. 09	0. 08	0. 07	0. 06	0. 05	0. 04	0. 04	0. 03
10	0. 60	0. 68	0. 73	0. 77	0. 81	0. 83	0. 85	0. 87	0. 89	0. 90	0. 36	0. 29	0. 24	0. 20	0. 17	0. 15	0. 13	0. 11	0. 10	0. 08	0. 07	0. 07	0. 06	0. 05
12	0. 62	0. 69	0. 75	0. 79	0. 82	0. 84	0. 86	0. 88	0. 89	0. 91	0. 92	0. 93	0. 38	0. 31	0. 25	0. 21	0. 18	0. 16	0. 14	0. 12	0. 11	0. 09	0. 08	0. 07
14	0. 64	0. 71	0. 76	0. 80	0. 83	0. 85	0. 87	0. 89	0. 90	0. 92	0. 93	0. 93	0. 94	0. 95	0. 40	0. 32	0. 27	0. 23	0. 19	0. 17	0. 15	0. 13	0. 11	0. 10
16	0. 67	0. 74	0. 79	0. 82	0. 85	0. 87	0. 89	0. 90	0. 91	0. 92	0. 93	0. 94	0. 95	0. 96	0. 96	0. 97	0. 42	0. 34	0. 28	0. 24	0. 20	0. 18	0. 15	0. 13
18	0. 71	0. 78	0. 82	0. 85	0. 87	0. 89	0. 90	0. 92	0. 93	0. 94	0. 94	0. 95	0. 96	0. 96	0. 97	0. 97	0. 97	0. 98	0. 43	0. 35	0. 29	0. 24	0. 21	0. 18

2）热源的计算散热量 Q_s 的计算。

①电动设备散热量。电动设备指电动机及其所带动的工艺设备。

当工艺设备和电动机都在人防工程内：

$$Q_s = n_1 n_2 n_3 \left(\frac{N_1}{\eta_1} + \frac{N_2}{\eta_2} + \cdots\cdots \right) \quad (\text{kW}) \tag{5-31}$$

当工艺设备在人防工程内，而电动机不在：

$$Q_s = n_1 n_2 n_3 (N_1 + N_2 + \cdots\cdots) \quad (\text{kW}) \tag{5-32}$$

当电动机在人防工程内，而工艺设备不在：

$$Q_s = n_1 n_2 n_3 \left(N_1 \frac{1-\eta_1}{\eta_1} + N_2 \frac{1-\eta_2}{\eta_2} + \cdots\cdots \right) \quad (\text{kW}) \tag{5-33}$$

式中 N_1、N_2——电动设备的安装功率（kW）；

n_1——同时使用系数，同时使用的电动机的安装功率与总安装功率之比，一般可取 $n_1 = 0.5 \sim 1.0$；

n_2——安装系数，电动机的最大实耗功率与安装功率之比，一般可取 $n_2 = 0.7 \sim 0.9$；

n_3——负荷系数，电动机每小时的实耗功率与最大实耗功率之比，一般可取 $n_3 = 0.4 \sim 0.5$；

η_1、η_2——电动机效率，见表 5-16。

表 5-16　电动机效率

功率（kW）	0.1 ~ 1.0	1.0 ~ 3.0	3.0 ~ 5.0	5.0 ~ 10	10 ~ 15	15 ~ 20	20 ~ 30	30 ~ 50	50 ~ 80
效率	0.75	0.8	0.82	0.84	0.86	0.87	0.88	0.89	0.9

②电热设备散热量。电热设备散热量可按下式计算：

$$Q_s = n_1 n_2 n_5 N \tag{5-34}$$

式中 n_5——通风保温系数，见表 5-17，其余符号意义同前。

表 5-17　通风保温系数

保 温 情 况	系数 n_5	
	有局部排风	无局部排风
设备无保温	0.4 ~ 0.6	0.8 ~ 1.0
设备有保温	0.3 ~ 0.4	0.6 ~ 0.7

③电子设备散热量。电子设备散热量可按下式计算：

$$Q_s = n_1 n_2 n_3 N \tag{5-35}$$

式中符号意义同前。

对于电子计算机，如产品给出设备发热，可按其数字计算，否则可采用：$n_3 = 0.7$，$n_2 = 0.7$，主机 $n_1 = 1.0$，外部设备 $n_1 = 0.5$。对于一般测试仪表，$n_3 = 0.3 \sim 0.7$。

④食物的显热散热冷负荷。计算餐厅负荷时，食物散热量形成的冷负荷，可按每位就餐

人员9W考虑。

3）热设备及热表面散热形成的冷负荷 Q（kW），当不能确定连续使用小时数时，可按下式估算：

$$Q = Q_s \cdot n_4$$

式中 n_4——蓄热系数，热源的冷负荷与计算散热量之比。

三班制：热源经常稳定运行，$n_4=0.9\sim1.0$；热源间隙运行，$n_4=0.7\sim0.8$；

二班制：热源经常稳定运行，$n_4=0.85\sim0.9$；热源间隙运行，$n_4=0.65\sim0.7$；

一班制：热源经常稳定运行，$n_4=0.7\sim0.75$；热源间隙运行，$n_4=0.5\sim0.65$。

（2）照明冷负荷

1）照明设备散热形成的计算时刻的冷负荷 Q_τ（kW），可按下式计算：

$$Q_\tau = Q_s \cdot X_{\tau-T}$$

式中 Q_s——照明设备的计算散热量（kW）；

$X_{\tau-T}$——$\tau-T$ 时间照明设备的冷负荷系数，见表5-18；

T——开灯时刻（点钟）；

$\tau-T$——从开灯时刻算起到计算时刻的时间（h）。

2）当不能确定照明灯开关的确切时间时，照明的冷负荷可按下式计算：

$$Q = Q_s \cdot n_4$$

式中 Q_s——照明设备的散热量（kW）；

n_4——蓄热系数，明装荧光灯可取0.9，暗装荧光灯或明装白炽灯可取0.85。

3）照明设备散热量 Q_s 的计算。

①白炽灯：

$$Q_s = n_1 \sum N \quad (\mathrm{kW})$$

式中 $\sum N$——照明设备的安装功率之和（kW）；

n_1——同时使用系数，一般取0.5～0.8。

②荧光灯：

$$Q_s = n_1 n_6 n_7 \sum N \quad (\mathrm{kW})$$

式中 n_1——同时使用系数，一般取0.5～0.8；

n_6——整流器消耗功率的系数，当整流器在空调房间内时取1.2；当整流器在吊顶内时取1.0；

n_7——安装系数，明装时取1.0；暗装且灯罩上部穿有小孔时取0.5～0.6；安装灯罩上部无孔时，视吊顶内通风情况取0.6～0.8；灯具回风时可取0.35；

$\sum N$——照明设备的安装功率之和（kW）。

（3）人员冷负荷

1）人员显热散热形成的计算时刻的冷负荷 Q_τ（kW），可按下式计算：

$$Q_\tau = Q_s \cdot X_{\tau-T}$$

式中 Q_s——人员的显热散热量（kW）；

$X_{\tau-T}$——$\tau-T$ 时间人员显热的冷负荷系数，见表5-19；

T——人员进入人防工程空调房间的时刻（点钟）；

$\tau-T$——从人员进入空调房间时刻算起到计算时刻的时间（h）。

表 5-18 照明散热冷负荷系数

灯具类型	空调设备运行时数(h)	开灯时数(h)	开灯后的小时数(h)											
			0	1	2	3	4	5	6	7	8	9	10	11
明装荧光灯	24	13	0.37	0.67	0.71	0.74	0.76	0.79	0.81	0.83	0.84	0.86	0.87	0.89
	24	10	0.37	0.67	0.71	0.74	0.76	0.79	0.81	0.83	0.84	0.86	0.87	0.29
	24	8	0.37	0.67	0.71	0.74	0.76	0.79	0.81	0.83	0.84	0.29	0.26	0.23
	16	13	0.60	0.87	0.90	0.91	0.91	0.93	0.93	0.94	0.94	0.95	0.95	0.96
	16	10	0.60	0.82	0.83	0.84	0.84	0.84	0.85	0.85	0.86	0.88	0.90	0.32
	16	8	0.51	0.79	0.82	0.84	0.85	0.87	0.88	0.89	0.90	0.29	0.26	0.23
	12	10	0.63	0.90	0.91	0.93	0.93	0.94	0.95	0.95	0.85	0.96	0.96	0.37
暗装荧光灯或明装白炽灯	24	10	0.34	0.55	0.61	0.65	0.68	0.71	0.74	0.77	0.79	0.81	0.83	0.39
	16	10	0.58	0.75	0.79	0.80	0.80	0.81	0.82	0.83	0.84	0.86	0.87	0.39
	12	10	0.69	0.86	0.89	0.90	0.91	0.91	0.92	0.93	0.94	0.95	0.95	0.50
灯具类型	空调设备运行时数(h)	开灯时数(h)	开灯后的小时数(h)											
			12	13	14	15	16	17	18	19	20	21	22	23
明装荧光灯	24	13	0.90	0.92	0.29	0.26	0.23	0.20	0.19	0.17	0.15	0.14	0.12	0.11
	24	10	0.26	0.23	0.20	0.19	0.17	0.15	0.14	0.12	0.11	0.10	0.09	0.08
	24	8	0.20	0.19	0.17	0.15	0.14	0.12	0.11	0.10	0.09	0.08	0.07	0.06
	16	13	0.96	0.97	0.29	0.26								
	16	10	0.28	0.25	0.23	0.19								
	16	8	0.20	0.19	0.17	0.15								
	12	10												
暗装荧光灯或明装白炽灯	24	10	0.35	0.31	0.28	0.25	0.23	0.20	0.18	0.16	0.15	0.14	0.12	0.11
	16	10	0.35	0.31	0.28	0.25								
	12	10												

人员的显热散热量 Q_s 可按下式计算：

$$Q_s = 0.001 n \psi q_x$$

式中 n——人防工程内人员总数；

ψ——人员群集系数，男子、女子、老年、儿童折合成成年男子的散热比例，见表5-20；

q_x——每个成年男子的显热散热量（W），见表5-21。

表5-19 人员显热散热冷负荷系数

在人防工程内的总小时数	每个人进入人防工程内后的小时数											
	1	2	3	4	5	6	7	8	9	10	11	12
2	0.49	0.58	0.17	0.13	0.10	0.08	0.07	0.06	0.05	0.04	0.04	0.03
4	0.49	0.59	0.66	0.13	0.27	0.21	0.16	0.14	0.11	0.10	0.08	0.07
6	0.50	0.60	0.67	0.71	0.76	0.79	0.34	0.26	0.21	0.18	0.15	0.13
8	0.51	0.61	0.67	0.72	0.76	0.80	0.82	0.84	0.38	0.30	0.25	0.21
10	0.53	0.62	0.69	0.74	0.77	0.80	0.83	0.85	0.87	0.89	0.42	0.34
12	0.55	0.64	0.70	0.75	0.79	0.81	0.84	0.86	0.88	0.89	0.91	0.92
14	0.58	0.66	0.72	0.77	0.82	0.83	0.85	0.87	0.89	0.90	0.91	0.92
16	0.62	0.70	0.75	0.79	0.82	0.85	0.87	0.88	0.90	0.91	0.92	0.93
18	0.66	0.74	0.79	0.82	0.85	0.87	0.89	0.90	0.92	0.93	0.94	0.94

在人防工程内的总小时数	每个人进入人防工程内后的小时数											
	13	14	15	16	17	18	19	20	21	22	23	24
2	0.03	0.02	0.02	0.02	0.02	0.01	0.01	0.01	0.01	0.01	0.01	0.01
4	0.06	0.06	0.05	0.04	0.04	0.03	0.03	0.03	0.02	0.02	0.02	0.01
6	0.11	0.10	0.08	0.07	0.06	0.06	0.05	0.04	0.04	0.03	0.03	0.03
8	0.18	0.15	0.13	0.12	0.1	0.09	0.08	0.07	0.06	0.05	0.05	0.04
10	0.28	0.23	0.20	0.17	0.15	0.13	0.11	0.10	0.09	0.08	0.07	0.06
12	0.45	0.36	0.30	0.25	0.21	0.19	0.16	0.14	0.12	0.11	0.09	0.08
14	0.93	0.94	0.47	0.38	0.31	0.26	0.23	0.20	0.17	0.15	0.13	0.11
16	0.94	0.95	0.95	0.96	0.49	0.39	0.33	0.28	0.24	0.20	0.18	0.16
18	0.95	0.96	0.96	0.97	0.97	0.97	0.5	0.40	0.33	0.28	0.24	0.21

表 5-20 某些工作场所的群集系数

工作场所	群集系数	工作场所	群集系数
影剧院	0.89	旅馆	0.93
百货商场	0.89	图书馆阅览室	0.96
纺织厂	0.90	铸造车间	1.0
体育馆	0.92	炼钢车间	1.0

注：成年女子的散热、散湿量为成年男子的0.84，儿童散热散湿量为成年男子的0.75。

表 5-21 不同温度下每个成年男子的散热量（W）、散湿量（g/h）

劳动强度	热湿量	温度（℃）														
		16	17	18	19	20	21	22	23	24	25	26	27	28	29	30
静坐	显热	99	93	90	87	84	81	78	74	71	67	63	58	53	48	43
	潜热	17	20	22	23	26	27	30	34	37	41	45	50	55	60	65
	全热	116	113	112	110	110	108	108	108	108	108	108	108	108	108	108
	散湿量	26	30	33	35	38	40	45	50	56	61	68	75	82	90	97
极轻劳动	显热	108	105	100	97	90	85	79	75	70	65	61	57	51	45	41
	潜热	34	36	40	43	47	51	56	59	64	69	73	77	83	89	93
	全热	142	141	140	140	137	136	135	134	134	134	134	134	134	134	134
	散湿量	50	54	59	64	69	76	83	89	96	102	109	115	123	132	139
轻劳动	显热	117	112	106	99	93	87	81	76	70	64	58	51	47	40	35
	潜热	71	74	79	84	90	94	100	106	112	117	123	130	135	142	147
	全热	188	186	185	183	183	181	181	182	182	181	181	181	182	182	182
	散湿量	105	110	118	126	134	140	150	158	167	175	184	194	203	212	220
中等劳动	显热	150	142	134	126	117	112	104	97	88	83	74	67	61	52	45
	潜热	86	94	102	110	118	123	131	138	147	152	161	168	174	183	190
	全热	236	236	236	236	235	235	235	235	235	235	235	235	235	235	235
	散湿量	128	141	153	165	175	184	196	207	219	227	240	250	260	273	283
重劳动	显热	192	186	180	174	169	163	157	151	145	140	134	128	122	116	110
	潜热	215	221	227	233	238	244	250	256	262	267	273	279	285	291	297
	全热	407	407	407	407	407	407	407	407	407	407	407	407	407	407	407
	散湿量	321	330	339	347	356	365	373	382	391	400	408	417	425	434	443

表5-21中的劳动强度定义如下：

①静坐。人员静坐，基本无活动，如影剧院、会堂、阅览室的观众或读者；

②极轻。只有手与手臂工作，以坐为主的工作人员，如办公室、旅馆、计算室、手表装配、电子元器件制造的工作人员和旅客；

③轻。站着和少量走动为主的工作，如商店、实验室、电子计算机房的工作人员；

④中等。手脚活动量较大的站立工作或以走动为主的工作，如纺织、印染、机械加工人员；

⑤重。断续的重体力劳动，如炼钢、铸造工人和进行舞蹈、练功等运动的人员。

2）人员全热冷负荷。全热冷负荷为显热冷负荷 Q_τ（kW）与潜热冷负荷 Q_q（kW）之和，可按下式计算：

$$Q = Q_\tau + Q_q = Q_\tau + 0.001n\psi q_q$$

式中　Q_q——人员潜热冷负荷（kW）；

q_q——每个成年男子的潜热散热量（W），见表5-21。

其余符号意义同前。

5.2.3　湿负荷计算

由于潮湿是人防工程存在的重要问题，因此正确地分析和计算人防工程的散湿量，是暖通空调设计的一个重要依据。人防工程湿源主要包括围护结构、工艺设备、化学反应材料含水蒸发、人体及人为散湿和外部空气带入人防工程内的水分等。

（1）围护结构散湿量的计算

1）影响围护结构表面散湿的因素。

①地质条件与季节。围护结构表面散湿量的多少与当地地质条件，岩石的破碎情况，地面水、地下水丰富与否，以及季节等有关；

②围护结构的型式。如毛洞、衬砌结构（贴壁式衬砌、离壁式衬砌）、衬套和内部构筑物；

③围护结构的材料和厚度。如为毛洞，则岩石完整性好的传入湿量少，完整性差的传入湿量多。如为衬砌、衬套和内部构筑物，除与岩石情况有关外，还与衬砌材料，厚度和防水层的做法及材料有很大关系；

④人防工程内空气温湿度。人防工程内温度高，相对湿度大，则人防工程内空气含湿量大，水蒸气分压力高，因而传入的湿量少。人防工程内温度虽高，但相对湿度小，则壁面容易干燥，壁面水蒸气分压力就会变小，从而引起岩体内向壁面散湿的加大，也即增加了壁面散湿量；

⑤人防工程内风速。围护结构表面散湿量与空气流速有关，风速越大，散湿量越大；

⑥建筑物的使用时间。使用时间长，岩体逐渐被烘干，散湿量逐渐减小；

⑦施工水的影响。由建筑材料如混凝土、砖、砂、石、水泥砂浆、水磨石等带进围护结构的水分，其中一部分水分在围护结构建好后，将继续向人防工程内散发，这部分水称施工水。施工水的多少可用围护结构全湿的概略指标进行估算，见表5-22。

表 5-22 围护结构散湿的概略指标

材料名称	含水量（kg/m^3）
混凝土或钢筋混凝土	180～250
砖砌墙体	110～270
水泥砂浆	300～450

2）围护结构内表面散湿量的计算。

在设计中，一般围护结构内表面散湿量的计算，大多采用同类型情况的经验数据，改造工程应尽量用本工程的实测数据。散湿量计算的理论公式介绍如下。

①一般散湿量的计算公式。围护结构表面的散湿量可按下式计算：

$$W = F \times w \qquad (g/h) \tag{5-36}$$

式中 F——人防工程围护结构内表面总面积（m^2）；

w——围护结构内表面平均单位面积的散湿量［$g/(m^2 \cdot h)$］，可按表5-23选取。

表 5-23 估算单位面积散湿量

结构类型	散湿量［$g/(m^2 \cdot h)$］
石灰岩无衬砌（天然洞或人工洞）	7～8
花岗岩无衬砌	4～5
人工洞混凝土贴壁衬砌	1～3
人工洞混凝土离壁式衬砌或衬套	0.5 左右

②衬套结构、离壁式衬砌和内部构筑物的壁面散湿量可按环形空间内空气的水蒸气分压力差用公式计算。在围护结构两侧不存在风压差，同时在围护结构内没有水蒸气凝结时，通过围护结构的水蒸气扩散量可按下式计算：

$$W = \frac{1}{R_0}(P_{c.w} - P_{c.n})F \qquad (g/h) \tag{5-37}$$

式中 $P_{c \cdot w}$——环形空间内空气的水蒸气分压力（Pa）；

$P_{c \cdot n}$——人防工程内空气的水蒸气分压力（Pa）；

R_0——围护结构扩散的水蒸气总阻力，等于各层阻力之和，即：

$$R_0 = R_n + R_1 + R_2 + \cdots + R_i + R_\omega = R_n + \frac{\delta_1}{\mu_1} + \frac{\delta_2}{\mu_2} + \cdots + \frac{\delta_i}{\mu_i} + R_\omega$$

R_w——围护结构外表面的蒸汽转移阻（$Pa \cdot m^2 \cdot h/g$），当没有风时 $R_w = 0.2$，有风时 $R_w = 0.1$；

R_n——围护结构内表面的蒸汽转移阻（$Pa \cdot m^2 \cdot h/g$），计算时可近似取 $R_w = 0.2$；

一般因 R_w 和 R_n 比 R_0 小得多，在计算中可以忽略；

R_1，R_2，…，R_i——围护结构各层材料的蒸气渗透阻（$Pa \cdot m^2 \cdot h/g$）；

μ_1，μ_2，…，μ_i——围护结构各层材料的蒸气渗透系数［$g/(Pa \cdot m \cdot h)$］；

δ_1，δ_2，…，δ_i——各层材料的厚度（m）。

③围护结构表面有较薄水层（厚度小于1mm）时，其散湿量按下式计算：

$$W = \beta(Z_b - Z)\frac{101325}{B}F \quad (\text{kg/h}) \tag{5-38}$$

式中 B——人防工程所处位置的实际大气压力（Pa）；

F——有水的围护结构蒸发表面积（m^2）；

Z_b——相当于人防工程内空气湿球温度下的饱和状态空气的绝对湿度；（kg/m^3）；

Z——人防工程内空气的绝对湿度（kg/m^3），可取人防工程内干球温度下饱和状态空气的绝对湿度乘以相对湿度 φ；

β——湿交换系数（m/h）；

$$\beta = \frac{0.66D}{L}\left(\frac{gL^2}{v^2} \times \frac{\rho_b - \rho}{\rho_b}P_r\right)^{0.26} \tag{5-39}$$

g——重力加速度，近似取 $9.81m/s^2$；

L——特性尺寸，$L = \sqrt{F}$（m）；

P_r——扩散布朗近似常数（近似取 $P_r = 0.61$）；

D——扩散系数，用下式计算：

$$D = 0.0754\left(\frac{T_p}{273}\right)^{1.89} \times \frac{760}{B} \quad (\text{m}^2/\text{h}) \tag{5-40}$$

T_p——空气的干球和湿球温度的平均绝对温度（K）；

0.0754——标准状况下（0℃，101325Pa）空气的扩散常数；

v——对应于空气温度 T_p 的运动粘滞系数（m^2/s）；

ρ_b，ρ——分别为在壁表面层处于饱和状态的空气和人防工程内空气的密度（kg/m^3）；

$$\rho_b = 1.293\frac{273}{T_{sh}}\left(1 - \frac{0.378P_{cb}}{B}\right) \tag{5-41}$$

$$\rho = 1.293\frac{273}{T}\left(1 - \frac{0.378P_{cn}}{B}\right) \tag{5-42}$$

T_{sh}，T——人防工程内空气的湿球和干球绝对温度（K）；

P_{cb}——在蒸发水温度下的饱和水蒸气分压力，当无水温数据时，可取相应于人防工程内空气湿球温度的饱和水蒸气分压力（Pa）；

P_{cn}——人防工程内空气水蒸气分压力（Pa）。

一些资料介绍，按（5-38）式对防水措施不完善的新建人防工程的表面散湿量的计算值比实际值大，为此该公式适用于围护结构表面上有很薄的水层，并且壁面附近有一定的自然风速。如使用此公式计算新建人防工程散湿量时，其面积按整个围护结构面积的20%～50%来考虑。在确定时要充分综合考虑围护结构的型式、材料、厚度、防水措施、地质水文条件、通风情况等因素。对地质水文条件不好，通风较差，防水措施不完善，以及采用的围护结构材料蒸气渗透能力大的宜取大值，反之取小值。

【例5-10】 已知一海拔180m的山区人防工程（大气压力 $B \approx 100000$Pa），围护结构内表面积 $605m^2$，人防工程内空气温度为22℃，相对湿度为70%，壁为防水措施不完善的抹灰混凝土，求围护结构表面的散湿量。考虑到该人防工程地区地质水文条件较好，混凝土衬砌较厚，通风情况良好，故确定围护结构的计算面积取为总面积的25%。

解： 特性尺寸 $L=\sqrt{605\times0.25}=12.3\text{m}$，根据人防工程内空气温度 $t_0=22℃$，相对湿度 $\varphi=70\%$，查 $i-d$ 图得 $t_{sh}=18.5℃$。

$$T_p=\frac{(22+18.5)}{2}+273=293.25(\text{K})$$

当 $T_p=293.25\text{K}$ 时，$V=15-723\times10^{-6}\text{m}^2/\text{s}$，计算：

$$D=0.0754\left(\frac{293.2}{273}\right)^{1.89}\times\frac{760}{740}=0.0887(\text{m}^2/\text{h})$$

查饱和水蒸气温度和压力表得，当 $t_{sh}=18.5℃$ 时，$P_{cb}=15.897\text{mmHg}$；$t_0=22℃$ 时，$P_{cb}=19.659\text{mmHg}$，$P_{cn}=\varphi\cdot P_{cb}=0.7\times19.659=13.76\text{mmHg}$。

$$\gamma_b=1.293\times\frac{273}{(18.5+273)}\left(1-\frac{0.378\times15.897}{740}\right)=1.201(\text{kg/m}^3)$$

$$\gamma=1.293\times\frac{273}{(22+273)}\left(1-\frac{0.378\times13.76}{740}\right)=1.188(\text{kg/m}^3)$$

把上值代入（5-39）式，得：

$$\beta=\frac{0.66\times0.0887}{12.3}\left[\frac{9.81\times12.3^2}{(15.723\times10^{-6})^2}\times\frac{1.201-1.188}{1.201}\times0.61\right]^{0.26}=2.71(\text{m/h})$$

查饱和湿空气的水蒸气分压力与干球温度的关系表得：$t_{sl}=18.5℃$，$Z_b=0.01575\text{kg/m}^3$；$t_g=22℃$，$Z_b=0.0193\text{kg/m}^3$。

$$Z=0.7\times0.0193=0.01351(\text{kg/m}^3)$$

把上列数值代入公式（5-38），得：

$$W=2.71\times151.3\times(0.01575-0.01351)\times\frac{760}{740}=0.9432(\text{kg/h})$$

④围护结构（包括地面）表面有较厚水层时（大于1mm），其散湿量按水槽表面散湿量计算。

（2）外部空气带入的水分

当人防工程室外空气的含湿量大于人防工程内空气的含湿量时，未经处理的室外空气进入人防工程内，就会使人防工程内空气增湿。外部空气带入人防工程内的湿量按下式计算：

$$W=G(d_\omega-d_n)(\text{g/h}) \tag{5-43}$$

式中 G——进入人防工程内未经处理的空气量（kg/h）；

d_ω——室外空气的含湿量（g/kg 干空气）；

d_n——人防工程内空气的含湿量（g/kg 干空气）。

（3）水槽表面散湿量计算

水槽表面的散湿量用下式计算：

$$W=\omega\cdot F=C(P_{cb}-P_{cn})\frac{760}{B}\times F\quad(\text{kg/h}) \tag{5-44}$$

式中 C——蒸发系数［$\text{kg/m}^2\cdot\text{Pa}\cdot\text{h}$］，$c=a+0.0174v$；

v——水槽蒸发表面的空气流动速度，建议取0.3（m/s）；

a——系数，围护结构表面散湿，$a=0.031$；水槽表面散湿，a 值根据不同的水温由

表 5-24 查得。

P_{cb}、P_{cn}、B、F 同式（5-38）及式（5-41）、（5-42）。

表 5-24　不同水温下的 a 值

水温（℃）	30 以下	40	50	60	70	80	90	100
a	0.022	0.028	0.033	0.037	0.041	0.046	0.051	0.06

（4）材料含水蒸发

材料进人防工程前含水率较大或被淋湿，进人防工程后就会蒸发水分使人防工程内湿度增大。材料水分蒸发的含湿量可按下式近似计算：

$$W = G(u_1 - u_2)\frac{1}{\tau} \quad (\text{kg/h}) \tag{5-45}$$

式中　G——材料的重量（kg）；

u_1——材料最初含水率（%），可按表 5-25 查取；

u_2——在人防工程内一定的温度条件下，材料的最终含水率（%），可按表 5-25 查取；

τ——含水率由 u_1 变到 u_2 所延续的时间（h）。

表 5-25　建筑材料含水率表

序号	材料名称	干燥时密度（kg/m³）	温度（℃）	在不同相对湿度（%）时的含水率（%）						
				40	50	60	70	80	90	100
1	木材（松木）	500	5	8.78	10.35	11.95	13.95	16.75	21.73	31.30
			10	8.52	10.10	11.70	13.73	16.50	21.45	31.00
			15	8.26	9.85	11.45	13.52	16.25	21.18	30.70
			20	8.00	9.60	11.20	13.30	16.00	20.90	30.40
2	毛毡	120	0	8.80	10.00	11.20	12.90	15.90	23.10	36.60
			17	6.70	7.50	8.30	9.60	12.60	19.80	33.30
3	石灰岩	1300	0 ~ 35	0.06	0.07	0.08	0.11	0.17	0.26	0.37
4	红砖	1700	0 ~ 35	0.06	0.07	0.10	0.16	0.25	0.37	0.53
5	硅酸盐砖	1780	—	0.30	0.35	0.40	0.45	0.55	0.70	0.90
6	矿棉	150	20	0.08	0.09	0.11	0.12	0.14	0.18	0.60
7	泡沫混凝土	345	0 ~ 35	2.55	3.05	3.60	4.20	5.20	6.50	8.30
		660	20	2.00	2.30	2.85	3.60	4.85	6.20	10.00
		850	20	3.50	4.05	4.70	5.50	6.50	8.10	13.50
8	木质纤维板	200	20	5.00	5.70	7.00	8.90	11.50	15.80	26.00
9	刨花板	325	0 ~ 35	7.70	9.40	11.40	14.20	18.80	25.40	34.30
		200	20	5.00	5.70	7.00	8.90	11.50	15.80	24.00

续表 5-25

序号	材料名称	干燥时密度（kg/m^3）	温度（℃）	在不同相对湿度（%）时的含水率（%）						
				40	50	60	70	80	90	100
10	硬泡沫	18	20	8.80	10.00	10.90	12.50	16.10	24.50	35.50
11	矿渣混凝土	920	0	1.25	1.47	1.70	1.95	2.25	2.75	3.65
			35	1.03	1.25	1.48	1.73	2.03	2.53	3.43
12	石棉水泥板	290	20	2.00	2.20	2.40	2.90	3.80	5.50	9.50
		415	20	2.30	2.60	2.90	3.40	4.50	6.80	13.50
13	黏土－稻草	1350	0	1.64	2.07	2.50	2.95	3.57	4.38	5.55
			35	1.34	1.69	2.05	2.51	3.12	3.93	5.10
14	硅藻土砖	480	0~35	1.05	1.25	1.55	2.00	2.85	4.45	7.10
15	矿毡	150	20	0.05	0.05	0.10	0.18	0.32	0.50	0.75
16	矿棉板	350	20	0.25	0.30	0.40	0.55	0.75	1.10	1.90
17	泡沫玻璃	375	20	0.05	0.08	0.11	0.15	0.30	0.80	3.90
			0	4.20	5.20	6.20	7.40	8.90	11.00	14.10
18	软木	200	0	4.20	5.20	6.20	7.40	8.90	11.00	14.10
			35	3.40	4.10	4.90	6.10	7.60	9.70	12.80
19	软木板焦	160	20	1.90	2.20	2.55	2.95	3.50	4.20	5.60
20	油锯木板	320	20	5.00	5.70	7.00	9.50	13.00	18.20	30.00
21	泥煤板	225	0	8.90	10.90	13.00	15.10	17.90	22.20	28.40
			35	7.10	9.10	11.20	13.30	16.10	20.40	26.60
22	水泥砂浆	1800	20	1.00	1.05	1.10	1.30	1.75	2.35	3.30
23	锅炉炉渣	725	0	1.35	1.60	1.85	2.10	2.42	2.85	3.40
			35	0.95	1.17	1.40	1.65	1.97	2.40	2.95
24	夹层棉麻毡	130	20	4.80	6.10	7.60	9.40	11.80	14.90	18.50

【例 5-11】 已知某人防工程车间内木包装箱（松木）总重量 100t，实测木材初含水率 $u_1=16.25\%$，车间内干球温度 $t_g=20℃$，相对湿度 $\varphi=70\%$，若 30h 后木材的含水率与车间内温、湿度相平衡，求木材散湿量。

解： 木材初含水率 $u_1=16.25\%$，根据 $t_g=20℃$，$\varphi=70\%$，查表 5-25 得木材含水率 $u_2=13.3\%$，则木材散湿量为：

$$W=100\times1000(0.1625-0.133)\frac{1}{30}=98.33(\text{kg/h})$$

(5) 人体散湿量

$$W = n \cdot w \qquad (g/h)$$

式中 n——工作人数；

w——每个人散发的湿量 [g/(人·h)]，见表5-21。

(6) 人为散湿量

包括湿衣、湿鞋、雨具等带入人防工程内，以及人防工程内人员日常生活引起的水分蒸发，如洗脸毛巾和吃饭、喝水的水分蒸发，人员出入盥洗室、厕所等房间，开门和从鞋上带出的水分蒸发等。为了减少这些人为散湿，设计中应与建筑、工艺等很好配合，合理布置湿源，如在人防工程入口处设置雨具存放室，设单独的盥洗室以及加强人防工程内管理等措施。

由于这部分散湿量很难通过计算准确确定，在设计时，一般对长期在人防工程内工作的人员按已有工程的试验数据 [30~40g/(人·h)] 计算，预防措施较好的取下限，措施不完善的取上限。

5.2.4 人防工程热湿负荷计算软件介绍

为使广大设计人员准确快速地完成人防工程采暖通风与空气调节的设计计算书，解放军理工大学工程兵工程学院国防工程内部环境与设备教研室朱培根项目组采用 VB 和 CV Fortran 语言，编制了地下建筑采暖通风与空气调节的热湿负荷模拟软件，并自动生成设计计算书。现简要介绍如下。

(1) 围护结构通用参数输入

围护结构通用参数输入界面如图5-9所示，输入结束时按“输入确定”键。

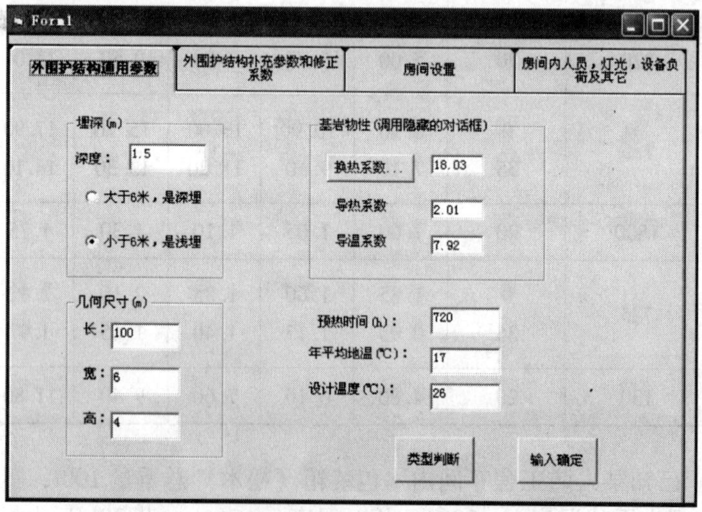

图5-9 围护结构通用参数输入界面

(2) 围护结构补充参数和修正系数输入

围护结构补充参数和修正系数输入界面如图5-10所示，输入结束时按“进入计算”键。

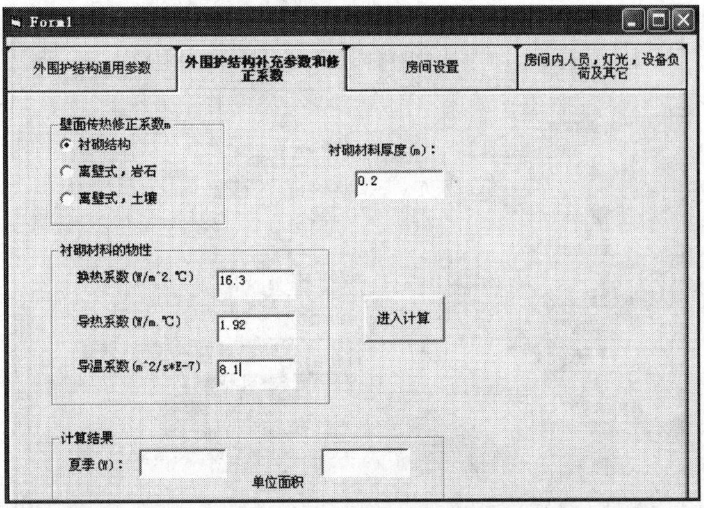

图 5-10　围护结构补充参数和修正系数输入界面

（3）房间设置参数输入

房间设置参数输入界面如图 5-11 所示，输入结束时按“确定”键。

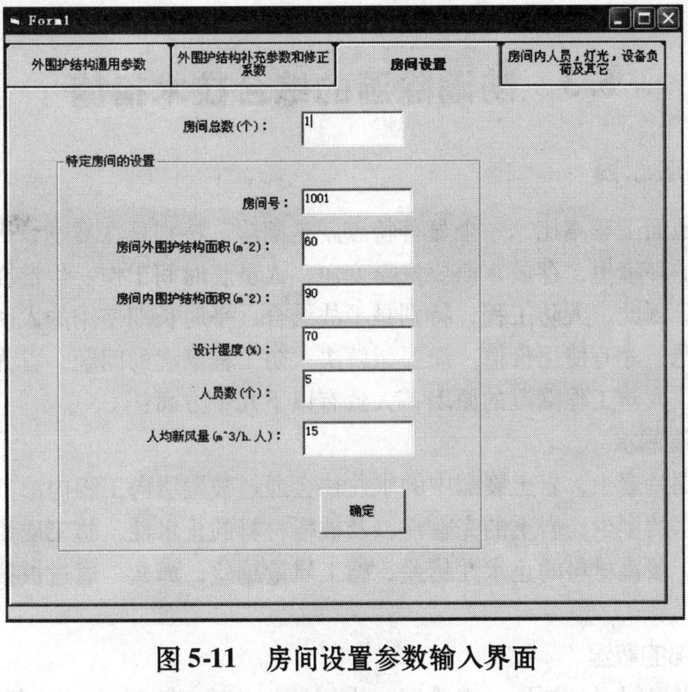

图 5-11　房间设置参数输入界面

（4）房间内人员、设备、灯光及其他参数输入

房间内人员、设备、灯光及其他参数输入界面如图 5-12 所示，如房间循环没有结束，按“进入下一房间”；若房间输入全部结束，则按“结束计算”。

（5）设计计算书生成

运行“人民防空工程采暖通风与空气调节设计计算书”，即可自动生成一份 word 文档的人民防空工程采暖通风与空气调节设计计算书。

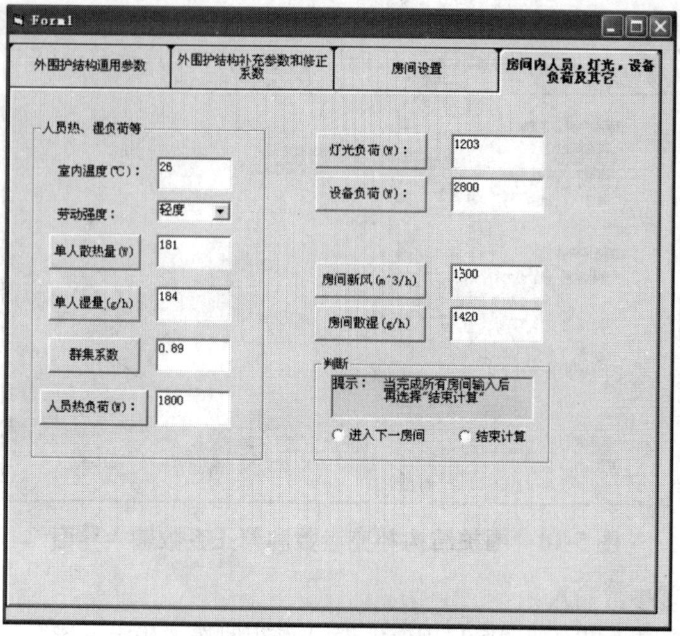

图 5-12 房间内人员、设备、灯光及其他参数输入界面

5.3 防潮除湿的综合技术措施

5.3.1 潮湿原因

人防工程与地面工程相比，一个显著特点就是潮湿。特别是在夏季，人防工程就更加潮湿。在这种潮湿的环境里，存放东西要发霉变质，人员长时间工作、生活在这种环境里，会得关节炎等疾病。因此，人防工程，特别是平战结合、平时长期使用的人防工程，只有解决了潮湿等环境问题，才有使用价值。而要想解决人防工程潮湿的问题，首先要弄清楚人防工程为什么会潮湿。人防工程潮湿的原因，大致有以下几个方面：

（1）被覆层渗漏水

人防工程周围是岩土，岩土裂隙中的水往往会通过被覆层向工程内渗透。渗透水量的大小，与岩土裂隙水的多少，岩土的完整性以及被覆材料的止水性，施工质量等因素有关。岩土的裂隙水越多、被覆材料的止水性越差、施工质量越差，那么，通过被覆层渗透的水量就越大。

（2）工程内部的散湿

工程内部用水房间（如厕所、洗脸间、水库等）会向工程内散湿；排水沟的水通过盖板的缝隙也会向工程内散湿；人员在里面工作，通过呼吸和排汗也向工程内散湿。

（3）潮湿空气带进湿量

一般在夏季，工程外界的空气温度 t 较高，含湿量 d 较大，进入人防工程后，由于工程内部空气和墙壁的温度都低于外界空气的露点温度，所以外界空气进入工程后，要降温、析湿，造成防空地下人防工程内有大量凝结水。这就是人防工程为什么在夏季特别潮湿的原因。

（4）施工余水

在构筑人防工程时，根据混凝土的施工需要，拌和混凝土时的加水量往往超过水化反应需水量的好几倍。超过的部分就称为施工余水。加上混凝土在养护期间用水，施工余水就更多。这部分施工余水，在人防工程竣工初期，对工程内部潮湿影响较大，但这种影响只是暂时的，经过较长时间，这部分施工余水就会逐渐减少，直至消失，对工程就没有影响了。所以，施工余水是暂时性湿源。

通过测试估算：被覆层渗透水约占总散湿量的 40%；工程内部散湿约占总散湿量的 10%；潮湿空气带进的湿量约占总散湿量的 50%。当然，不同类型的人防工程，这些比例会有所不同。但是这些数据可以说明人防工程潮湿的原因是多方面的。所以采取防潮除湿的措施也要综合考虑。

5.3.2 防潮除湿的综合技术措施

根据上述防空地下人防工程内部潮湿的原因，为了解决防空地下人防工程内部的潮湿问题，设计中应遵循"防潮为主，除湿为辅"的原则。所谓"防潮"就是从土建结构方面设法阻止人防工程围护结构的渗漏水进入工程内部；所谓"除湿"就是从内部设备方面设法使工程内空气的含湿量降低。因此，解决防空地下人防工程内的潮湿问题，需要各专业密切配合，根据工程的具体情况，采取综合防潮除湿的措施。工程设计中应着重抓好以下几个环节。

（1）搞好工程的勘察定点

工程勘察定点时，除了考虑工程的战术要求、防护能力、施工组织等因素外，还必须考虑工程通风防潮除湿的要求。对于有防潮要求的工程来说，冬季采用自然通风是有利于防潮的，因为冬季外界空气的含湿量较小，而夏季一般则不宜采用自然通风。因此，勘察定点时，应在使用要求允许的条件下，根据当地气象资料和工程所处的地形（风向受地形的影响很大），应尽可能使工程的低口朝向与当地冬季主导风向一致。

对于夏季可以采用自然通风的人防工程，高口应朝向夏季主导风向；若夏季不宜采用自然通风时，高口的朝向应避开当地夏季主导风向。高口和低口之间的高差，大小各有利弊，高差大有利于冬季自然通风，却不利于夏季的口部密闭。所以，应合理地选用高差。

（2）采用防水性能好的结构和合理的建筑布置

就建筑结构来说，从防潮角度出发，最好采用衬套式结构。从通风除湿角度，衬套层还可作为冷却风道，充分利用岩土自然冷却除湿，降低夏季进入工程空气的含湿量，有利于节省冷冻除湿设备。

从建筑布置而言，应有利于通风气流组织与控制。总平面布置要避免死巷式，最好是贯通式的一字形。房间布置以车厢式或平行于通道（大跨度）为好，这种形式的房间气流组织见图 5-13。

对于轴向"V"形的工程，其夹角应越大越好。经验证明，纵横交错的棋盘形布置，不利于气流组织与控制，在工程内容易形成通风死角，结果会造成局部潮湿现象。

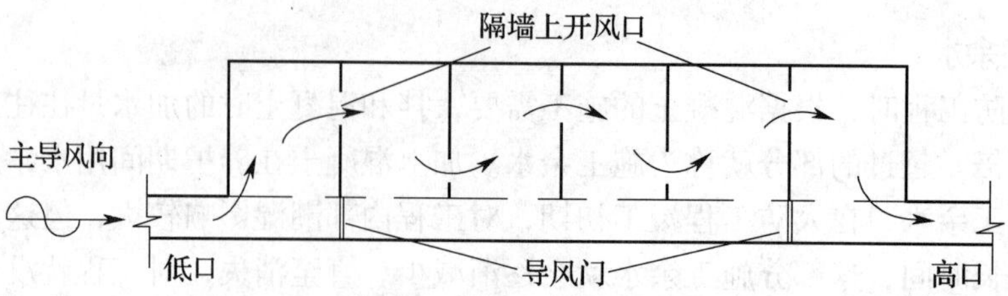

图 5-13　房间气流组织

为了减少湿空气侵入工程，根据使用情况，口部可增设 2 ~ 3 道能控制气流的防潮门，第一道位置尽量向前设在进口处。门与门之间要有一定距离，便于人员出入时，关一道开一道。

(3) 采用通风空调系统消除人防工程内的余热余湿

当人防工程的建筑结构和建筑布置确定以后，通风和空调专业技术人员应根据工程战术技术规定的具体条件，确定工程的热湿负荷，并考虑采用某种通风空调系统来消除工程内的余热余湿，以满足工程内要求的温度和湿度。虽然这对于我们通风空调人员来说是主要的，但作为防潮除湿来说，它是为辅的。如果我们不根据具体情况，综合考虑防潮除湿措施，而是局限于用内部设备来消除潮湿，就会往往费劲很大，而收效甚微。

(4) 科学的维护管理

人防工程建成以后，如果缺乏科学的维护管理，那么即使前面采取的措施再好，也是不能解决人防工程潮湿问题的。维护管理的内容包括：在潮湿季节，应防止外界潮湿空气无组织地进入人防工程内。至于有组织进风则必须经过除湿设备的处理，使其温湿度达到设计要求后，才能送到各工作房间。在干燥季节则应充分利用自然通风，带走工程内的潮气，及时修补渗漏水，控制住工程内部湿源等等。

5.4　除湿系统设计与设备选择

5.4.1　分类和设计选择的原则

(1) 除湿方法分类

人防工程常用的除湿方法有：升温通风除湿、冷却除湿、液体吸湿剂除湿、固体吸湿剂除湿或联合使用这些方法。每种方法各有特点，应根据当地自然条件、工程特点、造价和运行管理费等进行综合技术经济比较后选用。各种除湿方法的原理、优缺点、适用范围等见表 5-26。

(2) 设计选用的一般原则

1) 除湿方法选用时，应考虑下列基础条件：

①人防工程室外气象条件及其变化；

②人防工程的大小、功能要求；

③人防工程内散热量、散湿量和有害气体散发量及其性质，工作班制和工艺过程、设备、仪器、材料储存等对温湿度的要求；

表 5-26 各种除湿方法的原理、优缺点和适用范围

除湿方法		原理	优点	缺点	适用范围
1		2	3	4	5
升温、通风、升温通风法	升温法	加热人防工程内空气，以降低相对湿度	系统简单、经济，短时间内能维持人防工程内一定的相对湿度	不能减少空气中的含湿量，由于人防工程内散湿，人防工程内相对湿度会逐渐升高	临时性局部烘烤
	通风法	当室外空气含湿量小于人防工程内空气含湿量，并通风后不致造成因人防工程内温度降低而使人防工程内相对湿度提高时，利用通风达到防潮	简单、经济、操作容易、运行费低、空气新鲜	受人防工程室外空气参数制约，风量较大	人防工程内温湿度无严格要求，并有足够的余热产生
	升温通风法	加热升温除湿，通风排除余湿	方法简单、比较经济、操作容易、运行费较低、空气新鲜	受人防工程室外空气参数制约，受人防工程内散湿量和升温程度的限制，所需的通风量较大	夏季人防工程室外计算含湿量小于人防工程内计算含湿量的地区
液体吸湿除湿	氯化锂溶液	利用溶液水蒸气分压力低的特点，吸收空气中水分，达到除湿	能连续处理较大量的空气，温湿度可同时调节到较小的波动范围； 可以获得低露点的空气参数； 除泵与风机外，无其他转动部件，故障少； 经处理后的空气中细菌数可减少90%以上	需要较多的冷却水，具备热源、电源和水源； 机房占地面积较大，设备需有防腐措施； 三甘醇溶液再生温度过高时，可能引起聚合，产生树脂状的物质，再生过程有少量蒸气损失	大风量和热湿比较小的场合； 露点温度4℃以下的场合； 有病菌等需要消除的地方； 需送大量具有一定湿度空气的地方
	三甘醇溶液				

续表 5-26

除湿方法		原理	优点	缺点	适用范围
1		2	3	4	5
固体吸湿除湿		利用固体吸湿剂表面水蒸气分压力比空气中水蒸气分压力低的特性，吸收或吸附空气中水分	初投资低，设备简单，可直接用于对空气干燥升温处理 低温时仍有良好的除湿效果，最低的露点温度可达 -70℃	吸湿剂需要经常更换再生 处理期间空气参数不够稳定 对空气冷却处理时，须加表面冷却器	常温低湿； 露点温度 4℃以下； 硅胶常用于仪器储存，如仪表箱内
冷却除湿	表冷式、喷淋式	将空气冷却到露点温度以下，使空气中的水蒸气凝结成水析出	除湿稳定、可靠，表冷式结构紧凑、简单、机房占地面积较小。喷淋式可作净化空气的辅助措施	初投资和运行费较高，不易获得低于4℃以下的露点温度，表冷器消耗有色金属较多	降温又除湿的场合；对温湿度有严格要求的场合
	壁冷式	空气流经低于露点温度的壁面时，空气中的水蒸气凝结成水析出	利用自然条件，运行费低	除湿范围较小，温湿度不易控制	对温湿度要求不严格的人防工程，可作为空气预冷用

④满足工作人员长期在人防工程内对温度、相对湿度、风速和噪声的要求；

⑤水、电、热源条件及其经济性。

2）选择除湿方法时，宜进行几种除湿方法的技术经济综合比较，选取技术合理，除湿可靠，初投资和运行费用比较经济的除湿方案。

3）在同一个防空地下人防工程内，对各房间温湿度要求不同时，可分别采用不同的除湿方法。对个别防潮除湿要求高的设备、仪器、材料宜采用局部防潮措施，如局部加热烘烤、局部固体吸湿等。

4）人防工程除湿系统改造时，在满足技术条件下，要充分考虑利用原有的通风除湿系统，尽可能利用原有实施，如土建、给排水、电气照明和供热管道等。

（3）典型除湿方案的选用

图 5-14 表示各种除湿方法的空气处理过程，处理前空气状态点为 A（干球温度 32℃，湿球温度 24.5℃），为了获得不同的空气参数，所选用的除湿方案见表 5-27。

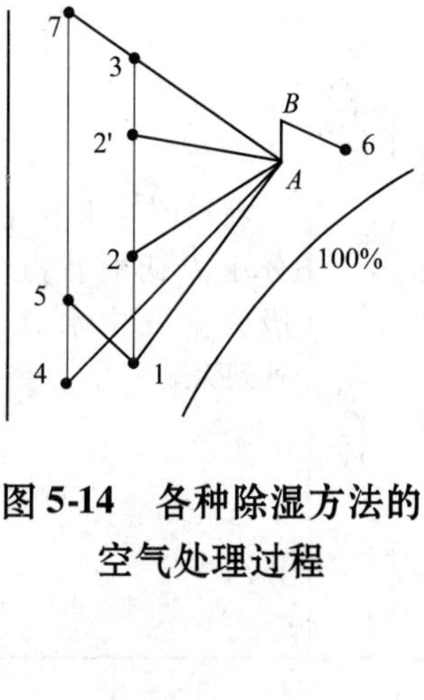

图 5-14 各种除湿方法的空气处理过程

表 5-27 典型除湿方法选择示例表（$B=101325\text{Pa}$）

处理前的空气参数	欲获得的空气参数				除湿方法	备注
	干球温度（℃）	露点温度（℃）	含湿量［g/（kg·干）］	处理过程线		
状态点 A：干球温度 $T=32℃$ 湿球温度 $T_{sh}=24.5℃$	8	7	6.2	$A-1$	冷却除湿	
	34	7	6.2	$A-2'$	液体吸湿剂除湿	冷却水温 31℃，造价低
	15～20	7	6.2	$A-2$		初投资大，运行费低
	59	7	6.2	$A-3$	固体吸湿剂除湿	
	7	-9	2	$A-4$	制冷机与液体吸湿剂联合除湿	
	18	-9	2	$A-5-5$ $A-7-5$	制冷机与固体吸湿剂联合除湿	
				$A-B-6$	升温通风除湿	

5.4.2 升温通风除湿系统设计

（1）原理及适用条件

1）原理。从 $i-d$ 图上可以看出，用加热器对空气加热，空气温度升高，含湿量 d 不变，而空气的相对湿度却随之减小。

例如，在大气压力 101325Pa 下，将空气状态为 $t_1=20℃$，$\varphi_1=90\%$，$d_1=13.3\text{g/kg}$ 的空气加热到 $t_2=27℃$；这时空气的含湿量没有变化，$d_2=d_1=13.3\text{g/kg}$；但这时空气的相对湿度下降到 $\varphi_2=60\%$，如图 5-15 所示。

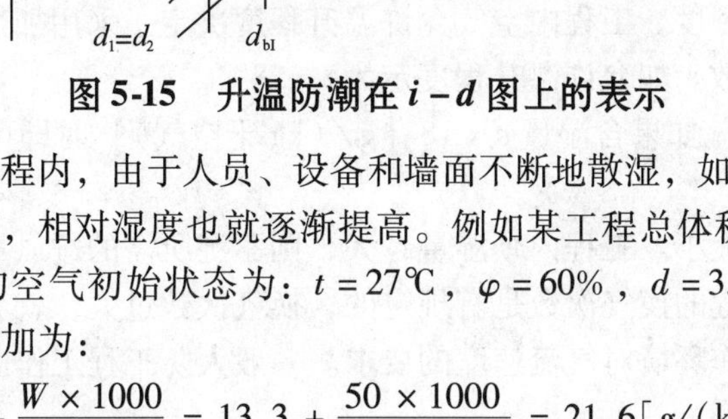

图 5-15 升温防潮在 $i-d$ 图上的表示

在防空地下人防工程内，由于人员、设备和墙面不断地散湿，如果只加热不通风，空气中的含湿量将逐渐增加，相对湿度也就逐渐提高。例如某工程总体积为 5000m^3，总散湿量为 50kg/h，若工程内的空气初始状态为：$t=27℃$，$\varphi=60\%$，$d=3.3\text{g/kg}$，一个小时不通风，则空气的含湿量增加为：

$$d' = d + \frac{W \times 1000}{V \cdot \rho} = 13.3 + \frac{50 \times 1000}{5000 \times 1.2} = 21.6[\text{g/(kg·干)}]$$

如果仍保持 $t=27℃$，则空气的相对湿度就提高为 $\varphi=95\%$，因此，单纯地加热是不能驱走工程内的湿量的。

当室外空气的含湿量 $d_{外}$ 小于工程内空气含湿量 $d_{内}$ 时，进行通风可以驱走空气的湿量。其减湿量为：

$$W = G\frac{d_{内} - d_{外}}{100} \quad (kg/h) \tag{5-46}$$

式中 G——通风量（kg/h）。

$d_{内}$、$d_{外}$——分别为内、外空气含湿量（g/kg）。

我国大部分地区每年都有好几个月存在 $d_{外} < d_{内}$ 的情况，就是在其他月份，一天之内也有时会出现 $d_{外} < d_{内}$的情况。所以如果科学地维护管理，掌握有利时机进行通风，便可以达到减湿的目的。利用通风减湿是一种较经济的方法，除机械通风外，如能大量利用自然通风的话，则更有利。但是，单纯地通风不能调节工程内的温度。一般来说，外界空气含湿量小时，温度也低。对于一些余热量较小的房间，单纯地通风虽然可以减少空气的含湿量，但由于空气的温度偏低，空气的相对湿度仍然可能较高。

把加热和通风结合起来的减湿方法，就能克服单纯加热和单纯通风方法的不足。可以保证空调房间既有合适的相对湿度，又有合适的温度。因此加热通风驱湿，实际上是通过空气不断地流动来实现的。将被加热的空气送入防空地下人防工程内，经过热湿交换后，吸收了工程内产生的余湿，这时空气中的含湿量增加了，然后将这部分空气排至工程外。取代它的是刚被加热的工程外干燥空气。空气如此不断地循环，不断地将工程内产生的余湿带到工程外，从而达到人防工程去湿的目的，维持了所要求的温湿度。

由于采用加热通风驱湿法，设备简单，初投资和运行费用都较小，因此，只要条件允许，就应优先考虑采用。

2）适用条件。能否采用升温通风降湿法来减少人防工程潮湿的程度，总的来说是看工程外空气的含湿量 $d_{外}$ 是否低于工程内要求的空气含湿量 $d_{内}$。只有当 $d_{外} < d_{内}$ 时，通风才能驱湿。如果 $d_{外} > d_{内}$，通风不仅不能驱湿，还会增加工程内空气的含湿量。

具体来说，能否采用加热与通风驱湿的防潮除湿设计方案，主要取决于下列因素：

①工程内允许升温的程度。工程内空气温升太高，人会感到闷热，温升太低，空气相对湿度可能不能满足要求。因此应根据工程的使用要求及各地区不同的自然条件来确定。一般来说对无余热的人员工程，夏季工程内空气温度 $t = 22 \sim 28℃$，相对湿度 $\varphi \leqslant 80\%$ 为宜。

②工程外空气的温湿度。工程内空气允许温升程度决定了采用加热通风驱湿方案必须具有的工程外空气计算参数。如允许温升程度定为 $t = 28℃$，$\varphi = 80\%$，则 $d = 18$［g/(kg 干空气)］；当工程外夏季空气如果含湿量 $d < 18$［g/(kg 干空气)］时即可采用升温通风降湿方案。

③工程内余湿量的大小。工程内余湿量越大，则驱湿所需的进风量越大。工程的换气次数就越大。但是人防工程的换气次数是有规定的，换气次数过大，就会导致工作区的气流速度过大，就不能满足工作环境对气流速度的要求。一般人防工程工作区的气流速度要求及对应的换气次数，如表5-28。

因此，采用升温通风降湿设计方案，进风换气次数应考虑在6～8次/时之内能满足以排除工程内的余湿。如果余湿太大，则应辅以其他的减湿手段。

表 5-28 人防工程工作区的气流速度要求及对应的换气次数

温度要求（℃）	气流速度要求（m/s）	换气次数（次/h）
>30	0.5	10
27~30	0.3~0.4	8
<27	0.2~0.3	6

综上所述，加热通风驱湿法的优点是设备简单，投资和运行费用小。缺点是在使用上受到工程外气象条件的限制，一定要 $d_{外} < d_{内}$ 才能用。$d_{外} > d_{内}$ 就不能用。另外，即使 $d_{外} < d_{内}$ 但 $d_{外}$ 与 $d_{内}$ 相差不大，则每公斤空气能带走的水分少，如果余湿量较大，则可能出现过大的进风量。

（2）升温通风降湿系统

1）集中进风加热系统。集中进风加热系统见图 5-16，工程外空气在进入人防工程内，经加热器加热到预定的温度，再用风机经送风管送入各房间。

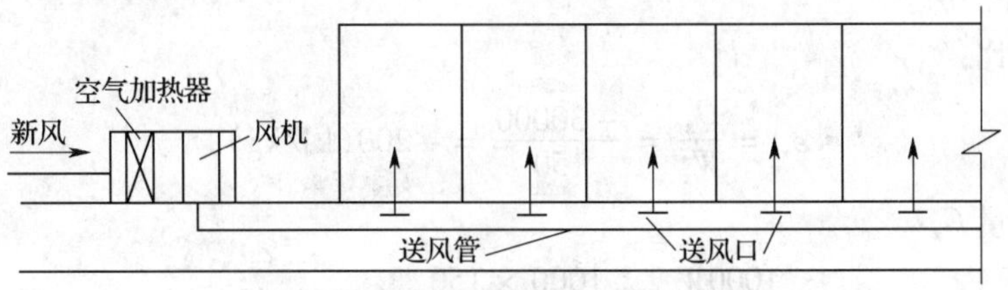

图 5-16 集中进风加热系统图

这种形式的优点是：可以根据人防工程内温湿度要求控制送风温度和送风量，根据需要进行风量分配和气流组织，工作区的温度场和速度场易于保证。

这种形式的缺点是：当进风加热系统停止运转时，人防工程内空气温度下降，致使人防工程内相对湿度增大。为了避免这种情况发生，应设置值班采暖系统。另外，当负荷变化时，加热器的加热量应能够调节。为此要设置调节阀门、旁通阀门等。

2）集中进风加采暖系统。工程外的空气不经预热就直接送入工程内，利用布置在通道和房间内的散热器或辐射板，来加热空气达到加热通风驱湿的目的。

这种系统的优点是运行管理方便，空气温湿度控制方便，温度高了，可以关闭一些暖气片；温度低了，可多开些暖气片。同时，克服了集中进风加热系统在停止运行时，人防工程内温度下降相对湿度急剧上升的缺点。

这种系统的缺点是：由于外界空气不经预热处理就送入房间，当工程外的空气温度较低时，容易产生送风温差过大的现象。因此，这种形式受工程外气象条件和工程内卫生条件的限制，应用有很大的局限性。

3）自然通风和采暖相结合。当人防工程的轴线不长（在 150m 以内），宽度和高度较大，自然通风良好时，可在通道四周安装暖气片或辐射板，加热室外进入的空气，达到加热通风驱湿的目的。这种形式与集中进风加采暖系统没有什么大的差别，只不过将机械进风改为自然进风而已。

(3）升温通风降湿系统的设计计算

升温通风降湿系统设计计算的内容包括判别夏季是否能采用升温通风降湿法，以及计算通风量和加热量。下面通过一个例题来说明这种系统的设计计算方法。

【例 5-12】 某人防工程总体积 $V=10000\text{m}^3$，工程内要求温度 $t_N=16\sim30℃$，$\varphi_N=50\%\sim70\%$，热湿负荷为：夏季 $Q_x=-30000\text{kJ/h}$，$W_x=150\text{kg/h}$；冬季 $Q_d=60000\text{kJ/h}$，$W_d=150\ \text{kg/h}$；当地气象参数：夏季最热月平均温度 $t_x=27℃$，200 小时不保证含湿量为 $d_x=17.2\text{g/kg}$；冬季最冷月月平均温度 $t_d=-2℃$，相对湿度 $\varphi_d=55\%$，试求系统的进风量及加热量。

解：

（1）夏季

1）确定工程内的空气计算参数。

为了提高 d_N，尽可能将 t_N 和 φ_N 取得高一些，取：$t_N=30℃$，$\varphi_N=70\%$，则 $d_N=18.8\text{g/kg}$。

2）确定工程外的空气计算参数。

由题目已知：$t_x=27℃$，$d_x=17.2\text{g/kg}$，由于 $d_{外}=17.2\text{g/kg}<d_{内}=18.8\text{g/kg}$，所以可以采用升温通风降湿法。

3）求热湿比：

$$\varepsilon_x=\frac{Q_x}{W_x}=\frac{-30000}{150}=-200(\text{kJ/kg})$$

4）求送风量 G_x：

$$G_x=\frac{1000W}{d_N-d_N}=\frac{1000\times150}{18.8-17.2}=93750(\text{kg/h})$$

或 $$L_x=\frac{G}{\rho}=\frac{93750}{1.2}=78125(\text{m}^3/\text{h})$$

校核换气次数： $$K_x=\frac{L_x}{V}=\frac{78125}{10000}=7.8(次/\text{h})$$

此换气次数符合要求。

5）求加热量：

在 $i-d$ 图上过人防工程内状态点 N（$t_N=30℃$，$\varphi_N=70\%$）作 $\varepsilon=-200\text{kJ/kg}$ 的过程线，与 $d=d_N=17.2\text{g/kg}$ 的线相交于 S 点。S 点即为要求的送风参数。$t_s=34℃$，$d_s=17.2\text{g/kg}$，$i_s=78.5\text{kJ/kg}$，如图 5-17 所示。

将室外空气从原来的 H_x 状态（$t_{Hx}=27℃$，$d_{Hx}=17.2\text{g/kg}$，$i_{Hx}=71\text{kJ/kg}$）加热到送风状态 S 点，所需的加热量为：

$$Q_{Hx}=G_{Hx}(i_s-i_{Hx})=93750\times(78.5-71)=703125(\text{kJ/h})$$

（2）冬季

1）工程内空气参数：

取 $t'_N=16℃$，$\varphi'_N=50\%$，则 $d'_N=5.6$（g/kg）

2）工程外空气参数：

$$t'_{Hx}=-2℃,\varphi'_{Hx}=55\%,则\ d'_{Hx}=1.8(\text{g/kg})$$

3）热湿比：

$$\varepsilon_{\mathrm{d}} = \frac{Q_{\mathrm{d}}}{W_{\mathrm{d}}} = \frac{60000}{150} = 400(\mathrm{kJ/kg})$$

4）送风量：

$$G_{\mathrm{d}} = \frac{1000W_{\mathrm{d}}}{d'_{\mathrm{N}} - d_{\mathrm{Hx}}} = \frac{1000 \times 150}{5.6 - 1.8} = 39474(\mathrm{kg/h})$$

或

$$L_{\mathrm{d}} = \frac{G_{\mathrm{d}}}{\rho} = \frac{39474}{1.2} = 32895(\mathrm{m^3/h})$$

校核换气次数：$K_{\mathrm{d}} = \frac{L_{\mathrm{d}}}{V} = \frac{32895}{10000} = 3.3$（次/h）

5）求加热量：

在 $i-d$ 图上过工程内空气状态点 N'（$t'_{\mathrm{N}} = 16℃$，$\varphi'_{\mathrm{N}} = 50\%$）作 $\varepsilon = 400\mathrm{kJ/kg}$ 的过程线，交 $d = d_{\mathrm{Hd}} = 1.8\mathrm{g/kg}$ 的线于 S' 点。S' 点即为冬季送风状态点，$t'_{\mathrm{s}} = 24℃$，$d'_{\mathrm{s}} = 1.8\mathrm{g/kg}$，$i'_{\mathrm{s}} = 19\mathrm{kJ/kg}$，如图 5-18 所示。

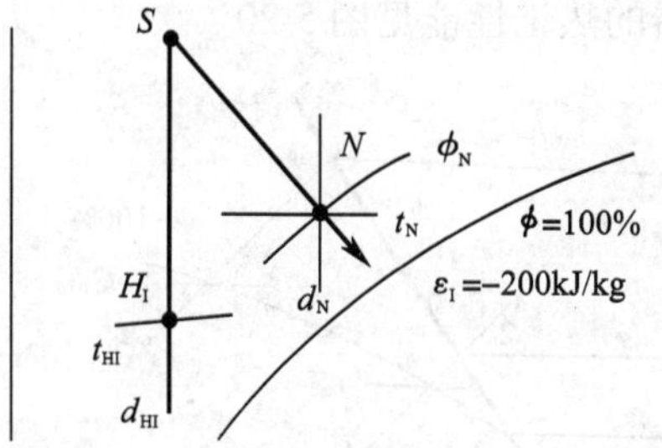

图 5-17 夏季中热过程 *i-d* 图

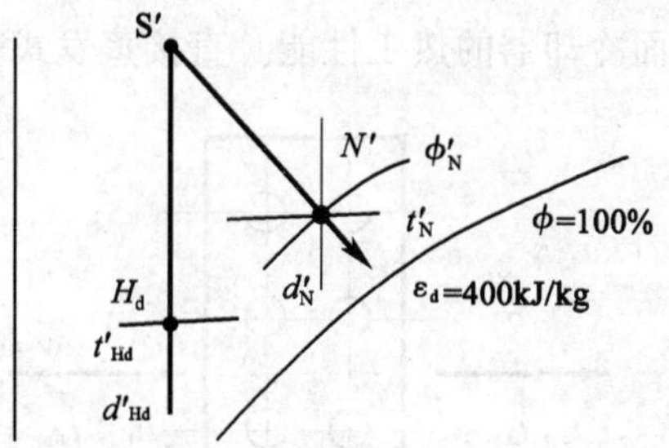

图 5-18 冬季中热过程 *i-d* 图

将室外空气从原来的 H_{d} 状态（$t'_{\mathrm{H_d}} = -2℃$，$\phi'_{\mathrm{H_d}} = 55\%$，则 $i'_{\mathrm{H_d}} = 2.5\mathrm{g/kg}$）加热到 S' 状态所需的加热量为：

$$Q_{\mathrm{d}} = G_{\mathrm{d}}(i'_{\mathrm{s}} - i'_{\mathrm{d}}) = 39474 \times (19 - 2.5) = 651321(\mathrm{kJ/h})$$

根据上述计算可以选择该加热通风驱湿系统的加热设备和风机的风量。

5.4.3 冷冻除湿系统

冷却除湿是利用设备的冷表面来降低空气含湿量的一种除湿方法。当空气通过冷却设备的冷表面时，温度被降低到露点温度以下，空气中的水蒸气便凝结出来，从而降低了空气的含湿量。冷却除湿按所采用的冷却设备不同可分为冷却风道降温除湿、喷雾冷却除湿、水冷式表面冷却除湿、冷冻机除湿等。这一节将介绍冷冻机除湿。

（1）直接蒸发式表面冷却器冷却除湿

当表面式换热器中的冷媒不用冷冻水，而直接用制冷剂（例如氨、氟里昂等）时，这种表面式换热器就叫直接蒸发式表面冷却器，实际上就是制冷循环中的一个蒸发器。

1）工作原理。直接蒸发式表冷器除湿系统原理见图 5-19，来自冷凝器的液态制冷剂（氟里昂）进入直接蒸发式表面冷却器后，经肋片管与管外空气进行换热，制冷剂吸收空气中的热量，蒸发为气体，但温度并不升高。空气失去热量，温度降低，当温度低于其露点温度时，空气中就有凝结水析出，从而就达到冷却除湿的目的。

这种换热过程伴随着制冷剂集态的改变，直接蒸发式表面换热器通过肋片管内壁的换热情况与水冷式表面冷却器有所不同，它的传热系数除与管外空气流速、管内制冷流速有关外，还与制冷剂蒸发时吸收热量的强弱有关，情况较复杂。而且随着制冷机的运行条件的不同，蒸发情况也不相同。因此，除了制造厂家在研制定型产品时，应根据传热设计计算外，对于空调设计人员来说，不必进行这种单体的结构设计，而是利用制造厂家已经实验得出的一系列热工性能进行选择计算和校核计算。

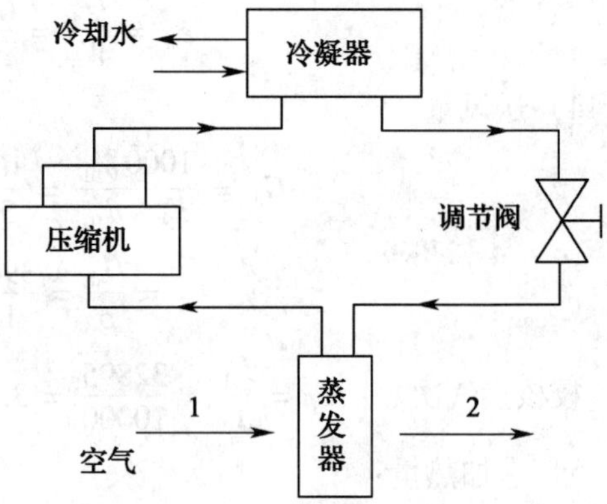

图 5-19 直接蒸发式表冷器除湿系统原理图

2）冷却效率。和喷水室、水冷式表面冷却器一样，工程上仍用冷却效率来评价直接蒸发式表面冷却器的热工性能。直接蒸发式表面冷却器的热工性能见图 5-20。

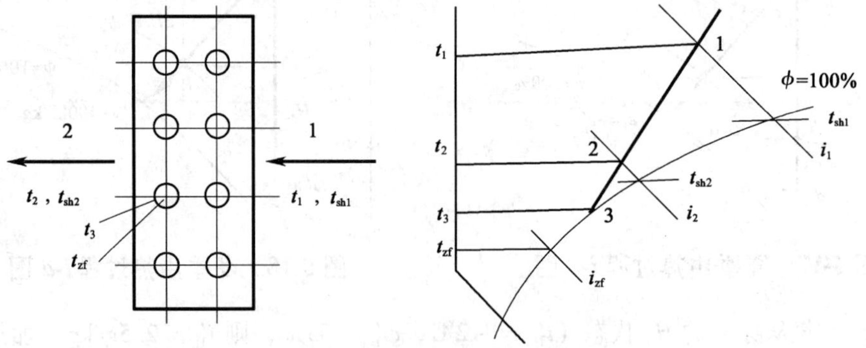

图 5-20 直接蒸发式表面冷却器的热工性能

①冷却全效率 E（或湿球温度效率）：

$$E = \frac{i_1 - i_2}{i_1 - i_{zf}}$$

由于焓差和湿球温度近似地存在一定的比例关系，因此上式可写成：

$$E = \frac{a(t_{sh1} - t_{sh2})}{a(t_{sh1} - t_{zf})} = \frac{t_{sh1} - t_{sh2}}{t_{sh1} - t_{zf}} \tag{5-47}$$

它的概念与水冷式表面冷却器的全热热交换效率 ε_1 是一样的。

②冷却效率 η（或称“接触系数”）：

$$\eta = \frac{t_1 - t_2}{t_1 - t_3}$$

由于 t_3 实际上相当于冷却器的平均表面温度，故 η 在冷却器中又称为接触系数。

如果仍把 $\varphi = 100\%$ 的饱和曲线在 $i_1 \sim i_3$ 范围内看成直线。则 η 又可写成前面写过的形式：

$$\eta = 1 - \frac{t_2 - t_{sh2}}{t_1 - t_{sh1}} \tag{5-48}$$

它的概念与水冷式表面冷却器的通用换热效率 ε_2 是一样的。

利用上面提出的两个效率 E 和 η，就可以进行直接蒸发式表面冷却器的选择计算和校核计算了。

3）热工计算。直接蒸发式表面冷却器的热工计算根据已知条件和所求内容的不同，可分为设计计算和校核计算。设计计算是已知被处理的空气量 G，空气的初参数 t_1、t_{sh1} 和处理后要求空气的终参数 t_2、t_{sh2}。求蒸发器的型号、排数 N、（或台数）以及蒸发温度 t_{zf}。校核计算是已知蒸发器的型号，排数 N（或台数）、被处理的空气量 G，空气的初参数 t_1、t_{sh1}。求处理后空气的终参数 t_2、t_{sh2} 和蒸发温度 t_{zf}。

①基本计算公式。无论哪种计算，基本出发点仍然是对一个既定的空气处理过程。选择一个合适的蒸发器来满足下列要求：

该蒸发器所能达到的冷却效率应等于空气处理过程所需要的冷却效率。即：

$$\eta = f(\text{结构型式、}N\text{、}V_y) = 1 - \frac{t_2 - t_{sh2}}{t_1 - t_{sh1}} \tag{5-49}$$

该蒸发器所能达到的冷却全效率应等于空气处理过程所需要的冷却效率。即：

$$E = f(\text{结构型式、}N\text{、}V_y\text{、制冷剂}) = \frac{t_{sh1} - t_{sh2}}{t_{sh1} - t_{zf}} \tag{5-50}$$

②关于安全系数的考虑。同水冷式表面冷却器一样，直接蒸发式表面冷却器在一段时间后。由于外表面的积尘和内表面的积油（膜层）。使它实际冷却效率有所降低。在计算时应考虑安全系数 α。α 值一般取 0.9～0.95。

设 E、η 为冷却器开始所具有的两个冷却效率，使用一段时间后，它的两个效率降低为：

$$E' = \alpha E$$

$$\eta' = \alpha\eta$$

③直接蒸发式表面冷却器的阻力。直接蒸发式表面冷却器对空气的阻力，与冷却器的结构型式、排数 N、迎面风速 V_y 有关，一般由设备样本提供。对于湿工况，由于析湿使空气的阻力增大，所以要乘以修正系数 φ 值，φ 值与气流方向及迎面风 V_y 有关，可按表 5-29 选用。

表 5-29　φ 与 V_y 的关系

气流方向	迎面风速 V_y（m/s）			
	1.5	2.0	2.5	3.0
水平气流（蒸发器立放）	1.65	1.52	1.5	1.48
垂直气流（蒸发器平放）	1.28	1.30	1.32	1.34

所以直接蒸发式冷却器对空气的阻力为：

$$\Delta H_s = 1.1\varphi\Delta H_g \tag{5-51}$$

式中　1.1——安全系数。

④迎面风速 V_y 的取值过大会使冷却器的两个冷却效率 E、η 降低。同时为了减少空气阻力和不让空气把析出水分带入风道系统，迎面风速 V_y 不宜过大。而迎面风速 V_y 过小，又

会使迎面风面积增加，从而加大初投资。因此，一般取 $V_y = 1.5 \sim 2.5 m/s$。

⑤蒸发温度 t_{zf} 的取值。为了提高冷冻机的产冷量，蒸发温度在一般条件下为 0 ~ 7℃范围内。运转中过高和过低的蒸发温度对制冷机的工作都是不利的。为了防止蒸发器表面结霜（结冰），蒸发温度应大于表 5-30 中数值。

表 5-30　防止蒸发器表面结霜（结冰）时的最小蒸发温度

出风湿球温度（℃）	迎风面风速 V_y（m/s）		
	1.5	2.0	2.5
7.2	0	0	0
10	0	0	0
12.8	0	-0.6	-1
15.6	-2.8	-3.3	-4

4）蒸发器与冷凝压缩机组的配套计算

前面的计算，只是从蒸发器的性能出发，按照蒸发器给出的冷量与处理空气所需要的冷量平稳来进行计算的，即：

$$Q = G(i_5 - i_2) \tag{5-52}$$

而为了满足蒸发器的制冷量，必须配有一定型号的压缩冷凝机组，并提供一定的冷凝条件（冷却水量和水温），使之维持一定的冷凝温度。这样，处理空气需要的冷量 $G(i_5 - i_2)$ 与制冷机的产冷量，二者才能平衡，否则如果二者不平衡，则空气的终状态就达不到要求。所谓配套就是保持它们的平衡。

（2）冷冻除湿机除湿

用直接蒸发式表面冷却器处理空气，虽然能对空气进行除湿，但处理后的空气温度较低。对于热湿比较大的工程，直接用它作为送风状态送风是可以的。而对于热湿比较小的工程，还必须将它加热以后才能作为送风状态，如图 5-21 所示。如另外再用一个空气加热器，就会增加初投资和能量消耗。冷冻除湿机就是将水冷式冷凝器改为风冷式冷凝器，用来加热空气。

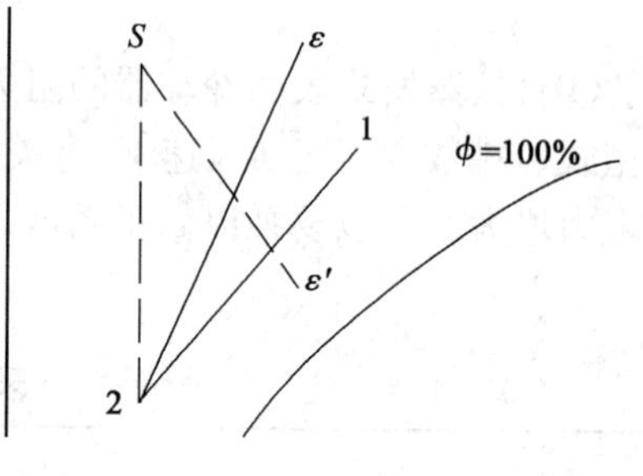

图 5-21　加热过程的 i-d 图

1）除湿机的工作原理。除湿机原理见图 5-22，图 5-22（a）中除湿机由制冷系统和风机组成。在制冷系统中制冷剂的循环和一般制冷机一样。

需要减湿的状态 1 的空气先经过蒸发器，由于制冷剂吸热蒸发，使蒸发器的表面温度降到空气露点温度以下，因而空气被降温、减湿到状态 2。然后空气经过冷凝器，由于冷凝器里是来自压缩机的高温气态制冷剂，它被低温空气冷却成了液态，而空气本身却被加热至状态 3。在 i-d 图上表示这一过程如图 5-22（b）所示。从图中可以看出，空气经过了冷却除湿（1→2）和等湿加热（2→3）两个过程。每公斤空气除去了 $\Delta d = d_5 - d_2$ g/kg 的湿量，同时在除湿机出口得到了温度较高的干燥空气。

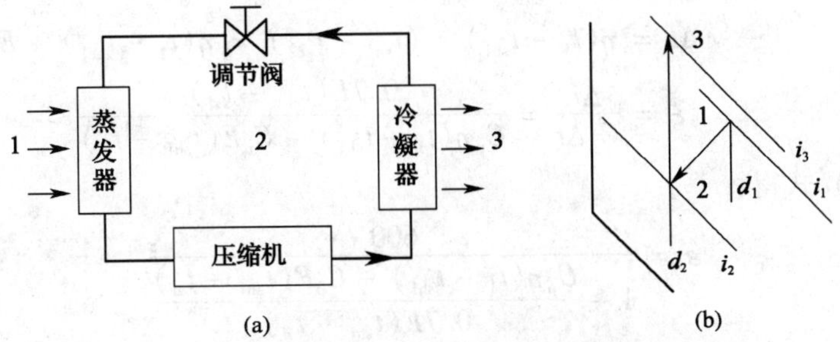

图 5-22 除湿机原理图

2）除湿机的性能分析。空气经过除湿机后，每公斤空气的除湿量为 $\Delta d = d_5 - d_2$ g/kg。如果经过除湿机的风量为 G（kg/h），则它的除湿量为：

$$W = G \cdot \frac{\Delta d}{1000} \quad (\text{kg/h}) \tag{5-53}$$

空气经过蒸发器冷却除湿 1→2 过程的热湿比为：

$$\varepsilon = \frac{i_1 - i_2}{\frac{d_1 - d_2}{1000}} = \frac{\Delta i}{\frac{\Delta d}{1000}}$$

即：

$$\frac{\Delta d}{1000} = \frac{\Delta i}{\varepsilon}$$

而除湿机的制冷量为： $Q = G(i_1 - i_2) = G \cdot \Delta i$

即：

$$G = \frac{Q}{\Delta i}$$

代入（5-53）式得：

$$W = \frac{Q}{\varepsilon} \tag{5-54}$$

除湿机的除湿量 W 与机组的制冷量 Q 成正比，而与冷却除湿 1→2 过程的热湿比 ε 成反比。而制冷量 Q 与蒸发温度 t_{zf}、冷凝温度 t_K 有关。热湿比 ε 与 t_{zf}、蒸发器的结构特性、空气的进口空气参数（t_1、t_{sh1}）等有关。下面具体介绍一下它们之间的关系。

析湿系数 ξ 为： $\xi = \frac{i_1 - i_2}{C_p(t_1 - t_2)} = \frac{\Delta i}{C_p \Delta t}$

可以写成：

$$\xi = \frac{C_p \Delta t + (595 + 0.47t)\frac{\Delta d}{1000}}{C_p \Delta t}$$

$$\approx 1 + \frac{600\Delta d}{C_p \cdot \Delta t \times 1000} = 1 + \frac{600 \times \frac{\Delta d}{1000}}{\Delta i} \cdot \frac{\Delta i}{C_p \Delta t} = 1 + \frac{600}{\varepsilon} \cdot \xi$$

所以：

$$\varepsilon = \frac{600}{1 - \frac{1}{\xi}} \tag{5-55}$$

又因为： $E = \frac{t_{sh1} - t_{sh2}}{t_{sh1} - t_{zf}} \quad \eta = 1 - \frac{t_2 - t_{sh2}}{t_1 - t_{sh1}}$

所以：

$$\Delta i = 0.7(t_{sh1} - t_{sh2}) = 0.7E(t_{sh1} - t_{zf})$$

$$\Delta t = \eta(t_1 - t_{sh1}) + (t_{sh1} - t_{sh2}) = \eta(t_1 - t_{sh1}) + E(t_{sh1} - t_{zf})$$

$$\xi = \frac{\Delta i}{C_p \Delta t} = \frac{0.7E(t_{sh1} - t_{zf})}{C_p\eta(t_1 - t_{sh1}) + C_p E(t_{sh1} - t_{zf})}$$

代入（5-55）式得：

$$\varepsilon = \frac{600}{1 - \dfrac{C_p\eta(t_1 - t_{sh1}) + C_p E(t_{sh1} - t_{zf})}{0.7E(t_{sh1} - t_{zf})}}$$

$$= \frac{600}{0.66 - \dfrac{C_p\eta(t_1 - t_{sh1})}{0.7E(t_{sh1} - t_{zf})}}$$

而：

$$Q = G\Delta i = 0.7GE(t_{sh1} - t_{zf})$$

所以：

$$W = \frac{Q}{\varepsilon} = \frac{0.7GE(t_{sh1} - t_{zf})}{\dfrac{600}{0.66 - \dfrac{C_p\eta(t_1 - t_{sh1})}{0.7E(t_1 - t_{zf})}}}$$

$$= \left[0.66 - \frac{C_p\eta(t_1 - t_{sh1})}{0.7E(t_{sh1} - t_{zf})}\right]\frac{0.7GE(t_{sh1} - t_{zf})}{600}$$

$$= \frac{0.46GE(t_{sh1} - t_{zf}) - GC_p n(t_1 - t_{zf})}{600}$$

又：

$$t_{zf} = t_{sh1} - \frac{t_{sh1} + \dfrac{1}{S}}{1 + \dfrac{0.7GE}{RS}}$$

代入上式得：

$$W = \frac{0.46GE \cdot \dfrac{t_{sh1} + \dfrac{1}{S}}{1 + \dfrac{0.7GE}{RS}} - GC_p(t_1 - t_{sh1})}{600} \tag{5-56}$$

由此可见，除湿机的除湿量 W 与进风量 G、进口空气参数（t_1、t_{sh1}）以及制冷机组的结构特性（E、η、R、S）等有关。

即：

$$W = f(G, t_1、t_{sh1}, E、\eta、R、S)$$

除湿量是除湿机的主要技术性能指标，设计计算时应考虑影响除湿机除湿量的主要因素。

【例 5-13】 一台 10 型除湿机，风量 $L = 2600\text{m}^3/\text{h}$，如果进风参数为 $t_1 = 20℃$，$\varphi_1 = 70\%$，试问出口空气参数为多少？

解：（1）由 $t_1 = 20℃$，$\varphi_1 = 70\%$ 查 i-d 图得：

$$t_{sh1} = 16.5℃, d_1 = 10.3g/(kg 干空气)$$

（2）由 $t_1 = 20℃$，$t_{sh1} = 16.5℃$ 查 10 型除湿机的性能曲线知其除湿量 $W = 4kg/h$，则：

$$d_3 = d_1 - \frac{1000W}{G} = 10.3 - \frac{1000 \times 4}{1.2 \times 2600} = 9.0[g/(kg 干空气)]$$

（3）由 $t_1 = 20℃$，$t_{sh1} = 16.5℃$ 查性能曲线得：$t_3 = 26℃$

（4）由 $t_3 = 26℃$，$d_3 = 9g/(kg 干空气)$，确定出口空气参数。得：$\varphi_3 = 43\%$。

3）除湿机的选择计算。除湿机在处理空气时，既减少了空气的含湿量，又加热了空气，所以它特别适用于余湿量大而余热量小的场合。而人防工程夏季一般余湿量很大，而余热量很少（特殊房间除外），正是除湿机使用的好场合。另外，用除湿机除湿、性能稳定，运行可靠，并可连续除湿。有电就可以使用，不需要水源。结构紧凑、占地面积小；管理也比较方便，所以除湿机在人防工程中得到广泛地采用。它的缺点是：有色金属耗量大，初投资高，运行要耗电，还有噪声。

选择除湿机时，除了要求除湿机实际除湿量 $W_{实}$ 应大于或等于人防工程所需要的除湿量 $W_{需}$ 外，还要综合考虑其单位电能除湿量、有色金属消耗量、设备使用灵活性、初投资、维护管理等条件。其中单位电能除湿量决定除湿系统和运行费用，一般应首先考虑。

【例 5-14】 某人防工程夏季工程内的余热量为 $-12000kJ/h$，余湿量为 $2.5kg/h$；工程内要求的空气参数为 $t_N = 24 \sim 28℃$，$\varphi_N \leqslant 75\%$，夏季工程外的空气计算参数为：$t_H = 32℃$，$d_H = 21g/(kg 干空气)$，要求新风量为 $L_H = 500m^3/h$。试选用除湿机并计算有关参数。

解：

（1）计算湿负荷。除湿机担负的湿负荷通常由两部分组成：一部分是工程内墙壁散湿和人员散湿等，也就是工程内的余湿量 W_N；另一部分为新风带进的湿负荷 W_H。如果人防工程内空气的含湿量为 d_N，室外空气的含湿量为 d_H，新风量为 L_H，则新风湿负荷为：

$$W_H = \frac{d_H - d_N}{1000} \cdot l_{H\rho} \tag{5-57}$$

在人防工程内要求的空气参数范围内，假定人防工程内空气参数为 $t'_N = 27℃$，$\varphi'_N = 70\%$ $[d'_N = 15.7g/(kg 干空气)]$ 则新风湿负荷为：

$$W_H = \frac{21 - 15.7}{1000} \times 500 \times 1.2 = 3.18kg/h$$

又已知人防工程内湿负荷为 $W_N = 2.5kg/h$，所以需要除湿机担负的总湿负荷为：

$$W_{总} = W_H + W_N = 3.18 + 2.5 = 5.68kg/h$$

（2）选用除湿机。根据除湿机的除湿量应大于或等于需要它担负的除湿量的原则，按需要除湿机担负的除湿量 $W_{总} = 5.68kg/h$，查升温型常规除湿机性能参数，CFZ6.3Q 除湿机，风量 $L = 1800m^3/h$，在标准工况下（$t_1 = 27℃$，$\varphi_1 = 70\%$），除湿量为 $6.3kg/h$，选用一台就可以满足要求了。

（3）确定进除湿机的空气参数和实际除湿量。总风量 $L = 18000m^3/h$，新风量 $L_H = 500m^3/h$，则回风量为 $L_N = L - L_H = 1800 - 500 = 1300$（$m^3/h$），根据新风和回风的混合比例可以确定进除湿机的空气参数为：$t_1 = 28.2℃$，$\varphi_1 = 71\%$，$d_1 = 17.0g/(kg 干空气)$。

查 CFZ 6. 3Q 型除湿机的特性曲线知，当进风参数为 $t_1=28.2℃$，$\varphi_1=71\%$，除湿机的除湿量为 $W=6.5kg/h$，符合要求。

（4）确定除湿机的出口空气参数：

$$d_3=d_1-\frac{1000W}{L\cdot\rho}=17.0-\frac{1000\times6.5}{1800\times1.2}=14.0[g/(kg干空气)]$$

根据进风参数 $t_1=28.2℃$，$\varphi_1=71\%$ 查 CFZ6. 3Q 型除湿机的出口温度曲线，知：$t_3=38.5℃$。

所以除湿机的出口空气参数为 $t_3=38.5℃$，$d_3=14.6g/kg$，$\varphi_3=34\%$。

（5）校核人防工程内空气参数。从除湿机至送风口有一段风道，考虑风道温降，一般取 $\Delta t=t_5-t_4=3\sim6℃$，究竟取多少要看管道的长短及保温情况而定。取 $\Delta t=3℃$，则送风参数为：

$$t_s=t_5-\Delta t=38.5-3=35.5(℃);$$

$$d_s=d_3=14.0[g/(kg干空气)];$$

$$i_s=72.0[kJ/(kg干空气)];$$

而人防工程内的空气参数：

$$d_N=d_S+\frac{1000W_N}{L\cdot\rho}=14.0+\frac{1000\times2.5}{1800\times1.2}=15.2[g/(kg干空气)]$$

$$i_N=i_s+\frac{Q}{L\cdot\rho}=72.0+\frac{-12000}{1800\times1.2}=66.4[kJ/(kg干空气)]$$

由 i_N、d_N 得 $t_N=27.0℃$，$\varphi_N=71\%$，与假设的人防工程内参数 $t'_N=27℃$，$\varphi'_N=70\%$ 相差不多，说明所设的人防工程内参数合适。如果相差较多，则应重新假设再算。

（3）调温除湿机

在人防工程的空调设计中，有时会遇到这种情况：同一个工程，有时余热量较大，有时余热量较小。例如，某些战时使用、平时维护的工程。平时主要设备不工作，只有少量人员进入工程，平时余热量较小，而战时工程的余热量较大。对某些平战结合的人防工程，如地下商店、地下影剧院，也存在同样问题，当人员大量进入时，发热量很大，工程的余热量较大；当人员离开以后，主要热源随之消失，工程的余热量较小。对于这种余湿量较大，而余热量有时大，有时小的人防工程采用什么设备比较合适呢？显然单纯采用冷风机或冷冻除湿机是不能适应工程余热量的变化的，此时应选用调温除湿机。

1）工作原理。调温除湿机工作原理见图 5-23 所示。调温除湿机可以对空气进行三种不同的处理过程，即三种运行工况：

①除湿降温。关闭阀门 2、3，打开阀门 1，水冷冷凝器内通入冷却水，制冷剂只经过水冷冷凝器，不经过风冷冷凝器，冷凝热全部由冷却水带走，故从蒸发出来的空气通过风冷冷凝器时未被加热。这完全与冷风机相同。

②除湿升温。关闭阀门 1，打开阀门 2、3，水冷冷凝器不通入冷却水，制冷剂在风冷冷凝器内放热，从蒸发器出来的空气通过风冷冷凝器时被加热。这完全与冷冻除湿机相同。

③除湿调温。关闭阀门 1，打开阀门 2、3，水冷冷凝器通入冷却水，并调节冷却水的水量和水温来控制水冷式冷凝器吸收冷凝热量的大小，剩余的冷凝热量由风冷冷凝器来担负。空气经蒸发器冷却除湿后进入风冷冷凝器，吸收这部分剩余的冷凝热量而被加热到要求的温度，然后送入人防工程内。

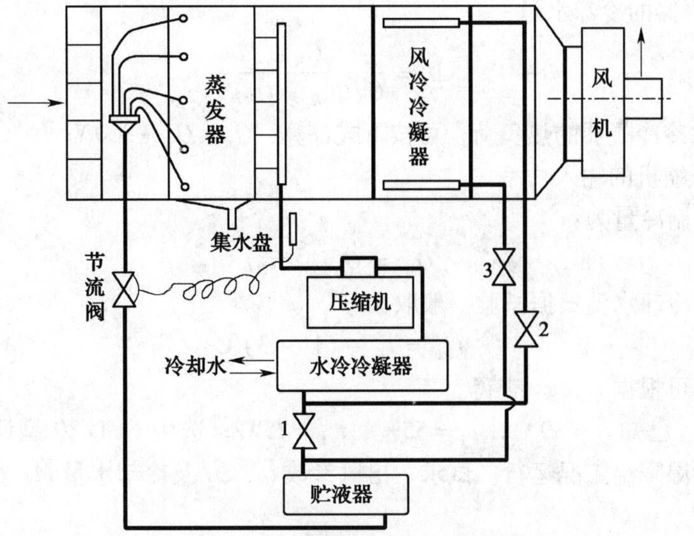

图 5-23　调温除湿机工作原理图

2）调温除湿机的工作性能。调温除湿机的工作性能与一般除湿机有以下的共同点：

①风量对除湿量的影响：与一般除湿机一样，风量过大或过少都会影响其除湿量。因此调温除湿机也有一个额定风量。使用时应在额定风量下工作。

②进口空气参数对除湿量的影响同一般除湿机一样。

③调温除湿机的出风温度可在一定范围内调整。它是通过调整进入水冷冷凝器的水量和水温来调整出风温度的，故对水温和水量有一定的要求。

④调温除湿机对空气和水的阻力同一般除湿机和冷风机。

3）调温除湿机的选择计算。调温除湿机有三种不同的工况，即除湿降温、除湿升温和除湿调温，其计算方法不尽相同，下面分别叙述。

①除湿降温工况的计算。除湿降温工况的特点是制冷剂全部由水冷冷凝器冷却。冷凝温度取决于冷却水的水温和水量，当蒸发温度一定时，冷凝温度越低，则制冷机组的制冷能力越大，机组的除湿量也就越大。根据我国具体情况，一般冷却水温不高于32℃，冷凝温度取30～35℃是比较合适的。

在冷却水的水温和水量一定的情况下，冷凝温度 t_K 的大小还与进风参数有关。

计算步骤是：

a. 求除湿量 W。根据进风参数 t_1、φ_1 查得除湿量 W，同时可查出蒸发温度 t_{zf}。

b. 计算出风参数：

$$d_2 = d_1 - \frac{1000 \times W}{L \cdot \rho}$$

$$E = \frac{t_{sh1} - t_{sh2}}{t_{sh1} - t_{zf}}$$

$$t_{sh2} = t_{sh1} - E(t_{sh1} - t_{zf})$$

对于蒸发器来说，冷却全效率 E 与面风速 V_y、蒸发器的结构型式以及制冷剂的种类有关。对于一定型号的调温除湿机来说，在额定风量下运行，面风速 V_y，结构型式，制冷剂的种类都是一定的。因此，它的冷却全效率 E 就是一定值。

c. 计算冷凝器的冷却水量：

$$M = \frac{Q_K}{C_W(t_{w2} - t_{w1})}$$

式中 Q_K——水冷冷凝器的热负荷，可按下式计算：$Q_K = Q_{zf} + 860N$；

N——压缩机的输入功率。

而蒸发器的制冷量为：

$$Q_{zf} = G(i_5 - i_2)$$

出冷却器的冷却水温根据试验一般取：

$$t_{w2} = t_K - (1 \sim 3)℃$$

式中冷凝温度 t_K 可根据 t_1、φ_1 查得。

【例 5-15】 已知 $t_1 = 30℃$，$\varphi_1 = 55\%$，$t_{w1} = 25℃$，选用 CFTZ20 型调温除湿机，在额定风量下，按除湿降温工况运行。试求，出风参数 t_2、φ_2 及冷却水量 M。

解：

（1）求除湿量：

根据 $t_1 = 30℃$，$\varphi_1 = 55\%$，得除湿量 $W = 21\text{kg/h}$。同时查出蒸发温度 $t_{zf} = 2.5℃$。

（2）求出风参数：

$$d_2 = d_1 - \frac{1000 \times W}{L \cdot \rho} = d_1 - \frac{1000 \times 21}{6000 \times 1.2} = 14.67 - 2.92 = 11.75[\text{g/(kg 干空气)}]$$

$$t_{sh2} = t_{sh1} - E(t_{sh1} - t_{zf}) = 22.9 - 0.277(22.9 - 2.5) = 17.2$$

由 d_2、t_{sh2} 定出风状态点 2，$t_2 = 18.5℃$，$\varphi_2 = 88\%$，$i_2 = 48.1$［kJ/（kg 干空气）］。

（3）计算冷却水量：

根据 t_1、φ_1 得 $t_K = 33℃$，$N = 8.5\text{kW}$，则：

$$\begin{aligned} Q_1 &= G(i_1 - i_2) + 860N \\ &= 6000 \times 1.2 \times (16.2 - 11.5) + 860 \times 8.5 \\ &= 41150(\text{kcal/h}) = 47.86(\text{kW}) \end{aligned}$$

因：$t_{w2} = t_K -$（$1 \sim 3$）℃，此处取 2℃，则：

$t_{w2} = 33 - 2 = 31℃$，所以：

$$M = \frac{Q_K}{C_W \cdot (t_{w2} - t_{w1})} = \frac{41150}{1 \times (31 - 25)} = 6858(\text{kg/h})$$

②除湿升温工况的计算。除湿升温工况的特点是制冷剂全部由风冷冷凝器来冷却。冷凝温度由从蒸发器出来的空气参数和风量来决定，而蒸发器的出风参数又随蒸发器的进风参数不同而变，所以冷凝温度 t_K 由进风参数 t_1、φ_1 来决定。

当已知进风参数 t_1、φ_1，在额定风量下选用 CFTZ20 型调温除湿机时，试求出风参数。计算步骤是：

a. 求除湿量。根据 t_1、φ_1 查得除湿量 W，同时查出蒸发温度 t_{zf}。

b. 求出风参数：

$$d_2 = d_1 - \frac{1000 \times W}{L \cdot \rho}$$

$$t_{sh2} = t_{sh1} - E(t_{sh1} - t_{zf})$$

由 d_2、t_{sh2} 定出蒸发器的空气状态点 2 并查出 t_2、i_2，则蒸发器的制冷量为：

$$Q_{zf} = G(i_5 - i_2)$$

经过风冷冷凝器后，空气被等湿加热至状态点 3。则：

$$d_3 = d_2$$

$$G(i_3 - i_2) = Q_K = Q_{zf} + 860N$$

$$i_3 = i_2 + \frac{Q_K}{G} = i_2 + \frac{Q_{zf} + 860N}{G}$$

$$= i_2 + i_1 - i_2 + \frac{860N}{G} = i_1 + \frac{860N}{G}$$

【例 5-16】 已知 $t_1 = 30℃$，$\varphi_1 = 55\%$，在额定风量下采用 CFTZ20 型调温除湿机，按除湿升温工况运行，求出风参数及制冷量。

解：

（1）求除湿量。

由 $t_1 = 30℃$，$\varphi_1 = 55\%$ 查得：

$$W = 21\text{kg/h}，同时查出\ t_{zf} = 5.3℃。$$

（2）求出风参数

根据 t_1、φ_1 查得 $N = 10.3\text{kW}$，则：

$$d_3 = d_1 - \frac{1000W}{L \cdot \tilde{n}} = 14.67 - \frac{1000 \times 21}{6000 \times 1.2} = 11.75[\text{g/(kg 干空气)}]$$

$$i_3 = i_1 + \frac{860N}{G} = 16.2 + \frac{860 \times 10.3}{6000 \times 1.2} = 17.4[\text{kcal/(kg 干空气)}] = 72.8[\text{kJ/(kg 干空气)}]$$

由 d_3、i_3 定出风参数，$t_3 = 43℃$，$\varphi_3 = 22\%$。

（3）制冷量

$$Q = G(i_1 - i_2)$$

$$d_2 = 11.75\ \text{g/(kg 干空气)}$$

$$t_{sh2} = t_{sh1} - E(t_{sh1} - t_{zf}) = 22.9 - 0.277(22.9 - 5.3) = 18℃$$

由 d_2、t_{sh2} 定状态点 2，得 $t_2 = 20.6℃$，$\varphi_2 = 77\%$，$i_2 = 51.1\text{kJ/（kg 干空气）}$

$$Q = 7200 \times (16.2 - 12.2) = 28800(\text{kcal/h}) = 33.5\text{kW}$$

③除湿调温工况的计算。调温除湿机在除湿调温工况下，通过调节水冷冷凝器中的冷却水的水温水量，可以在一定范围内调节出不同的出风温度。温度调节的上限值是除湿升温工况的出风温度，下限值是除湿降温工况的出风温度。

从压缩机出口来的制冷剂为过热蒸汽，先进入水冷冷凝器，其过热量被冷却水带走而变为蒸汽，其温度降到冷凝温度 t_K，此后在 t_K 不变的情况下继续冷凝。冷却水的温度则不断上升。当温度为 t_K 的制冷剂进入风冷冷凝器后，继续保持 t_K 温度冷凝。通过风冷冷凝器后的空气温度则由 t_2 升到 t_s。（$t_3 > t_s > t_2$）

由于除湿调温时水冷冷凝器和风冷冷凝器串联，冷凝面积增大，制冷剂可以获得较充分的冷却而使制冷量增加，因而除湿量也会略有增加。计算中采用除湿升温工况的性能曲线计算误差不会太大，并且是偏于安全的。

当已知进风参数 t_1、φ_1、冷却水的进水温度 t_{w1} 在额定风量下选用 CFTZ20 型调温除湿机，要求出风温度为 t_s 时，试求在除湿调温工况下出风参数（t_s、φ_s）及需要的冷却水量 M。

计算步骤：

a．求除湿量。根据 t_1、φ_1 查得除湿量 W。同时可查出蒸发温度 t_{zf}。

b．计算制冷量：

$$d_2 = d_1 - \frac{1000W}{G}$$

$$t_{sh2} = t_{sh1} - E(t_{sh1} - t_{zf})$$

由 d_2、t_{sh2} 确定出蒸发器的空气状态点 2，进而得到 i_2。则制冷量为：$Q = G\ (i_5 - i_2)$。

c．计算冷却水量 M。

冷凝器的热负荷为：$Q_K = Q + 860N$

故 $d_s = d_2$，t_s 定调温除湿机的出风参数 S，进而得到 i_s。风冷冷凝器担负的热负荷为：

$$Q_f = G(i_s - i_2)$$

故水冷冷凝器的热负荷为：

$$Q_w = Q_k - Q_f = G(i_1 - i_2) + 860N - G(i_s - i_2)$$
$$= G(i_1 - i_s) + 860N$$

故冷却水量 M 为：

$$M = \frac{Q_W}{C_W \Delta t_w} = \frac{G(i_1 - i_s) + 860N}{C_W \cdot t_w}$$

式中 N——压缩机输入功率，可由 t_1、φ_1 查得；

Δt_w——冷却水进出口温差。一般取 $\Delta t_w = 4 \sim 10$℃。进水温度较低时，Δt_w 取大值，进水温度较高时 Δt_w 取小值。

【例 5-17】 已知 $t_1 = 30$℃，$\varphi_1 = 55\%$，$t_{w1} = 25$℃，在额定风量下选用 CFTZ20 型调温除湿机。要求出风温度 $t_S = 30$℃，试求在除湿工况下的出风参数及需要的水量。

解：

（1）求除湿量。

根据进风参数 t_1、φ_1 查得除湿量 $W = 21$kg/h。

（2）求出风参数。

已知 $t_S = 30$℃

$$d_s = d_1 - \frac{1000w}{G} = 14.67 - \frac{1000 \times 21}{7200} = 11.75\ [\text{g/(kg 干空气)}]$$

由 t_s、d_s 定出风状态点，进而得 $i_s = 60.7$kJ/（kg 干空气）

（3）计算冷却水量。

$$M = \frac{G(i_1 - i_2) + 860N}{C_W \cdot \Delta t_w}$$

由 t_1、φ_1 查得 $N = 10.3$kW，取 $\Delta t_w = 6$℃，则：

$$M = \frac{7200 \times (16.2 - 14.5) + 860 \times 10.3}{1 \times 6} = 3516\ (\text{kg/h})$$

以上我们介绍了调温除湿机在三种运行工况下的计算方法。而在实际工程设计中，我们所关心的是调温除湿机出口空气的上限值（即除湿升温工况的出口空气参数）和下限值（即除湿降温工况的出口空气参数），至于中间值是靠调节水冷冷凝器的冷却水量和水温来达到的。在设计水路系统时，必须按除湿降温工况所需的冷却水量来设计。

6 地下汽车库通风与排烟设计

随着人民生活水平的提高，我国汽车数量增加很快，近几年地下汽车库大量出现。地下汽车库是指室内地坪面低于室外地坪面高度超过该层车库净高的一半的汽车库。由于地下汽车库仅靠少数出入口与外界相通，库内空气环境不如地面停车场好。汽车排放的尾气不易自然排出；发生火灾时，热量不易散失，烟气易于弥漫，扑救较困难。因而地下汽车库的通风排烟系统，对地下车库的正常运行显得十分重要。

6.1 地下汽车库通风

6.1.1 车库内环境标准

由于地下汽车库与天然光线和自然空气基本上处于隔绝状态，因此为了保持良好的内部环境，主要依靠人工创造和控制。环境质量标准包括四方面，即空气环境、光环境、声环境和心理环境。与地面建筑比较，地下建筑在这几方面都有一定的特殊性。地下汽车库中人员较少，人在其中活动和停留的时间不长，故对环境质量的要求不像其他建筑那样高，但是仍然需要针对地下汽车库运行和使用的特点，重点解决好空气质量问题，而光环境、声环境和心理环境，则相对处于次要地位。

对于地下汽车库，保证适当的温度和不超过标准的一氧化碳浓度，是衡量空气环境质量的主要内容。

（1）温度标准

地下汽车库内的温度，停车间冬季要求不低于5℃，其他服务、管理、生活等部分，都可按常规的标准：18～20℃，修理间可略低，为12～15℃。在我国自然条件下，地表以下6～10m地温已基本稳定，长江流域大体上为17℃左右，华北地区为10～15℃，北纬28℃（即株洲、温州）以南可达到20℃，岭南以南更高，广州市达到24℃。因此，要保证停车间内温度不低于5℃，一般没有什么困难，不需增加供热设施。但是在寒冷和严寒地区，由于换气，冬季外部冷空气大量进入后，很可能使原来的自然温度降到5℃以下。如有可能发生这种情况，设计中应考虑升温措施和在车辆出入口处设暖风幕等。

（2）有害物浓度标准

汽车在启动、行驶和上下坡道时，都要排出废气，其中包括对人体有害的气体，以汽油为燃料的汽车，主要有害气体是一氧化碳（CO），以柴油为燃料的汽车主要是败酯醛（HCHO）。进入地下汽车库的小型和中型汽车，多以汽油为燃料，主要有害气体是一氧化碳。

我国的《工业企业设计卫生标准》TJ 36—79规定，车间中一氧化碳的最高容许浓度为30mL/m^3，同时规定作业时间在60min以内时，容许浓度标准可降至50mL/m^3；30min以内时为100mL/m^3；考虑到管理人员的短期进入，并参考国外标准，我国以100mL/m^{3}为标准比较适宜。

6.1.2 车库内通风换气量计算

(1) 有害物一氧化碳散发量的确定

汽车在启动、加速过程中，尾气中有害物一氧化碳的含量超过正常匀速行驶的数倍以上，而车库内有害物的散发量不仅与每台车的单位时间排放量有关，而且与单位时间内进出车的数量、发动机在车库内的工作时间等因素有关。

有害物散发量的函数关系式：

$$m = M\alpha \sum_{i}^{n} B_{\mathrm{i}} D_{\mathrm{i}} t \qquad (\mathrm{g/s}) \tag{6-1}$$

式中 M——车库的停车总车位数（台）；

α——高峰时单位时间内，进出车库的车辆数与总车位数的比例：单位专用车库，$\alpha=0.5\sim0.6$；半开放性车库，$\alpha=0.7\sim0.9$；社会公共性车库，$\alpha=1.0$；

B_{i}——i 类车每台单位时间 CO 排放量（g/s）；

D_{i}——i 类车的台数；$D_{\mathrm{i}}=M\eta i$（台）；

η_{i}——i 类车辆占的比例数；

t——一台汽车在车库中平均运行时间（s）。据统计 $t=180\sim300$（s）。大型车库宜取上限，小型车库宜取下限。

(2) 按消除有害气体换气量的计算

车库内有害物的散发量是随着车辆的进出而产生的，而在一天内汽车的进出，即车流量是不稳定的。统计发现每天上午、下午及晚间均有较明显的高峰期，由于车库分为内部使用或对外服务或二者兼而有之，而使车流量的高峰出现的时间不同，持续时间也不同，但有一点是明确的，即峰、谷期车流量相差数倍以上，即有害物的散发量也会出现不同的差异，因而所必需的通风工况为典型的不稳定状态。

其换气量的计算公式：

$$L = \frac{m}{c - c_0} \qquad (\mathrm{m^3/h}) \tag{6-2}$$

式中 L——通风换气量（$\mathrm{m^3/h}$）；

C——车库内 CO 允许浓度，取 $C=100\mathrm{mL/m^3}$；

C_0——室外空气中 CO 浓度，一般 $C_0=3.0\mathrm{mL/m^3}$。

(3) 换气次数法

不同车型的 CO 排放量是不同的，若想精确地统计出停车库中某种车型所占比例是很困难的，因而用（6-2）式计算通风量比较困难。所以国内外广为采用的最简捷的方法是换气次数法。一般按每小时换气 4～10 次计算换气量。我国汽车库设计规范规定按不小于 6 次/h 计算。

(4) 车库通风量计算的有关讨论

根据实际工程调查，地下汽车库的机械通风系统一般实行定时通风，通风系统很少正常运行，这就说明在车库通风量达不到设计数值时，车库内空气环境尚可。这是因为地下汽车库的进风稀释汽车排出的 CO，使其平均浓度达到规定的标准，而汽车 CO 的排放量与车库内的停车数量、出入频度、汽车在停车库内平均运行时间、汽车的排放标准等因素有关，与建筑体积无关。所以应根据不同类型的车库计算排风量，根据全国民用建筑工程设计技术措施等文献，从节能的要求出发，换气次数可按下面的要求取值。

1）单层汽车库的排风量，按换气次数法计算排风量。

①出入频度较大的商业建筑，可取6次/h换气；

②出入频度一般的建筑，可取5次/h换气；

③出入频度较少的住宅建筑，可取4次/h换气；

④当层高≤3m时，应按实际高度计算换气体积，当层高>3m时，按3m计算换气体积。单层车库所需的层高较低，但因上部有管线，往往层高较高，但与停放的车辆无关。因而采用换气次数法计算时，限制在3m以下，避免计算的通风量过大，浪费能量。

2）双层或多层汽车库，宜按每辆车所需要的排风量计算。

①出入频度较大的商业建筑，可取500m^3/h；

②出入频度一般的建筑，可取400m^3/h；

③出入频度较少的住宅建筑，可取300m^3/h。

（5）风量调节

因为地下汽车库的有害物产生量是不均匀的，所以在运行时，应根据有害物的产生量调节通风量，以达到节能的目的。采取的措施有：

1）风机的风量便于调节：地下汽车库的通风机，可采用多台并联或采用变速风机，根据车库的出入频度调节风量。

2）设置机械通风设施的汽车库，有条件的应设置CO传感器，根据车库内CO的浓度控制通风系统的运行，当采用传统机械送排风方式时，应分散设置多个传感器；当采用喷射导流通风方式时，CO传感器应设在排风口附近。

（6）气流组织

车库是产生有害物的地方，车库内应保持一定的负压；防止有害物向周围扩散并使出入口为进风，保证行车安全；新风应送向车行道，以便及时冲淡车辆排放的尾气；排风口应设在车位的后方，使车库内烟气浓度在车位后方排风口处最高，其他地方低，以保证行车视距并使人员活动区CO浓度尽可能低。

排风口的设置及排风量的分配，现实工程和各国规范都不统一。我国汽车库建筑设计规范中规定下部排2/3，上部排1/3。上述规定，其理由是汽油蒸气的容重比空气大，易于停留在车库的下部，当浓度较高时，遇到明火容易引起爆炸。也有的国家认为，汽车尾气中主要有害物是CO，它比空气轻，再加上排烟温度高，易滞留在顶棚下，主要应由上部排风，所以没有做上下比例的规定。在实际设计中，大多车库只在上部排风，事实证明完全满足要求。

6.1.3 地下汽车库通风系统的设计

地下汽车库的通风方式有两种：自然通风和机械通风。

（1）自然通风

这种通风不用动力设备，完全靠自然压差进行通风换气，其优点：节省能源、运行费用低，是一种值得重视的通风方式。但是在城市特定环境下，必须因地制宜，经过精心设计才能实现。

（2）机械通风

机械通风分为传统机械通风和喷射导流机械通风。当车库层高较高时，应采用通风机加风管的传统机械通风方式，当停车库层高较低无法均匀布置排风口时，可采用诱导机械通风方式。

1）机械排风、自然进风。只设机械排风系统，靠出入口自然进风，又叫做负压通风。这种系统有如下优点：系统简单，初投资低，平时运行费用低，便于与防火排烟系统相结合。车库内负压排风，有害物不扩散，周围空气环境好，出入口部空气新鲜，行车安全等。一般小型车库多采用这种通风方式。

2）机械排风、机械进风。这种通风方式，同时设有机械进、排风系统。它的优点是：易于实现理想的气流组织形式；库内不会出现过大的负压值，当车库无直通的车辆出入口时，多采用这种方式。送风量要求大于排风量的 50%，宜取 80% 左右。送风口应布置在车道上，以冲淡行车产生的有害气体。

3）诱导机械通风。诱导通风是近年出现的一种新型通风方式，系统由喷嘴、风机、小口径管组成。无风管诱导通风系统运用空气动力学中的高速喷流的扰动特性来有效诱导周围静止的空气，通过在轴心气流前进方向上设置接力喷流，从而利用“气流推拉”的作用，将大量的空气带动至目标方向，最终沿预想的空气流程行进，消除气流死角。喷流的中心速度由喷嘴出口点起逐渐衰减，但射流宽度逐渐增加，所诱导周围的空气量也逐渐增加，垂直于射流中心轴的各断面的空气总动量不变。此系统虽仍需采用送风机和排风机，但其风压远比设有分支管道的低速风道小。地下车库诱导通风方式示意图见图 6-1。

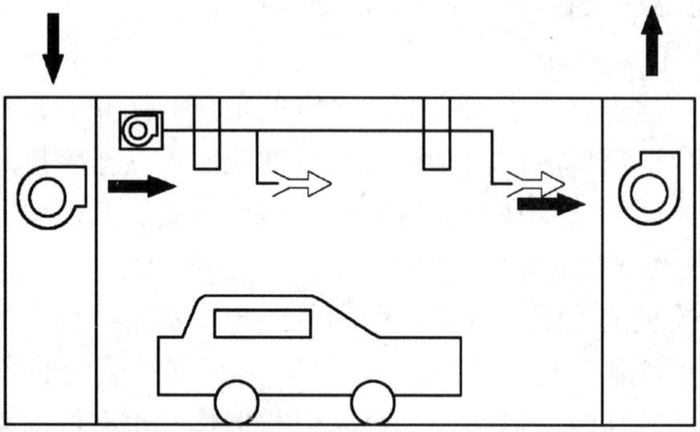

图 6-1　地下车库诱导通风方式示意图

从直观上看，我们可以发现诱导通风系统在许多方面比传统的通风系统更具优势。传统通风方式最常见的是把送、回风管置于梁下 500mm 范围内。对于一个层高 3.0m、面积为 2000m^{2}的车库，6 次/h 的换气次数需 36000m^3/h 的风量。即使管内风速选用 8m/s，主送回风管道的尺寸也要为 2500mm×500mm，这样庞大的管道，无疑布置上相当困难，并且要与防排烟管路、水管、电路进行配合，难度更大。而诱导通风系统不需要设置传统通风系统的进风管、排风管、各种风口、阀门，系统结构简单，泄漏的可能性小。目前，在美国、日本、德国等一些西方国家诱导通风方式已进入实用化阶段，并已有完善的 CFD（计算流体力学）软件对各种不同的室内气流组织进行模拟，实现优化设计。日本为了节约投资和空间，又生产了不带风机箱可直接安装在顶板下的专用送风机组。在东京港区 M. S 质朴大楼的地下车库中采用了这种设备，不仅通风效果良好，而且经济性也大大提高。在国内，江苏帝姆斯工业设备制造有限公司引进了诱导通风装置。

6.2 诱导通风系统模型

6.2.1 紊流及紊流模型

紊流是一种极为复杂的现象，通常把紊流定义为无规则性、扩散性、高雷诺数、三维有旋和连续性，这说明紊流不是流体的特性而是流动的特性。它是一种时间和空间上都具有某种准周期性和连续性特征的随机运动，因此可以用统计平均规律进行研究。与层流相比，紊流具有较强的动量、热量交换能力。

对紊流的研究主要有两个方面：一是紊流相关函数的统计理论，二是紊流的半经验理论。在使用统计平均法研究紊流问题时，由于未知量的数目远远超过能够描述紊流流动的方程数目，因此方程总是不封闭的，这就使得统计理论目前只限于研究较简单的均匀和各向同性紊流，而任何实际的紊流流动均为非均匀和非各向同性的。半经验理论法则是基于因紊流流动偏微分方程组的不封闭性，在一定的假设条件下，得到足够的补充方程，使方程组封闭，求得唯一解，然后再由实验验证半经验假设的正确性。这种方法已经在工程中的许多问题上得到了应用，在有关本专业问题研究中取得了较大的成就。

关于紊流流动的数值计算，已经采用的数值计算方法可以大致分为以下三类：

（1）完全模拟

这是用非稳态的 N－S 方程来对紊流进行直接计算的方法。如果这种方法能成功运用，所得结果的误差就仅是一般数值计算所引起的误差，并且可以根据需要加以控制。但是要对高度复杂的紊流流动进行直接的数值计算，必须采用很小的时间和空间步长，这就需要比较大的计算机容量。

（2）大涡旋模拟

按照紊流的涡旋学说，这种方法用非稳态的 N－S 方程来直接模拟大尺度涡，但不直接计算小尺度涡，小涡对大涡的影响通过近似的模型来考虑，但这种数值计算方法仍然需要比较大的计算机容量。

（3）Reynolds 时均法

在这类方法里，将非稳态控制方程对时间作平均，在所得出的关于时均物理量的控制方程中包含了脉动量乘积的时均值等未知量，于是所得方程的个数就小于未知量的个数，而且不可能依靠进一步的时均处理而使控制方程组封闭。要使方程组封闭，必须做出假设，即建立模型。这种模型把未知的更高阶的时间平均值表示成较低阶的在计算中可以确定的量的函数。这也是目前工程紊流计算中所采用的基本方法。

紊流时均的概念是雷诺 1866 年提出的。从不可压缩粘性流体运动的基本方程出发，1895 年雷诺导出了紊流时均量的连续性方程：

$$\frac{\partial \overline{u_i}}{\partial x_i} = 0 \tag{6-3}$$

和动量方程：

$$\frac{\partial u_i}{\partial t} + \frac{\partial}{\partial x_j}(u_i u_j) = G_i - \frac{1}{\rho}\frac{\partial p}{\partial x_i} + v\frac{\partial^2 u_i}{\partial x_i \partial x_j} - \frac{\partial \overline{u_i' u_j'}}{\partial x_j} \tag{6-4}$$

式中 G_i——质量力（N）；

u_i——速度矢量（m/s）；

p——压力（Pa）；

ρ——密度（kg/m^3）；

v——运动粘性系数（m^2/s）。

最后一项为雷诺应力项，它表示由于紊流的速度脉动而带走的动量。

半经验理论就是对雷诺应力项进行各种假设，即建立紊流模型。在紊流的半经验理论中，主要有应力方程模型和有效粘性模型。前者应用范围广，但封闭方程组时，要引入很多假设，不便于实际应用，仍处于发展阶段；后者是建立在涡粘性理论上，把雷诺应力与平均运动的应变率联系在一起，即：

$$-\overline{u_i' u_j'} = v_t\left(\frac{\partial u_i}{\partial x_j} + \frac{\partial u_j}{\partial x_i}\right) \tag{6-5}$$

式中 v_t——紊流粘性系数（m^2/s）。

本课题采用紊流粘性系数法。根据确定紊流粘性系数的微分方程数目的多少，其相应的模型有零方程模型、一方程模型和两方程模型。

1974 年由著名的美国学者 Patankar 和 Spalding 提出的 $k-\varepsilon$ 三维紊流数学模型是两方程模型中的一种。他们对各种模型进行了比较，证明 $k-\varepsilon$ 模型具有胜过其他各种模型的优越性，因此在一般工程中大多采用 $k-\varepsilon$ 模型。$k-\varepsilon$ 三维紊流数学模型有低雷诺数和高雷诺数两种。前者考虑了粘性的影响，适用于描述紊流边界层等靠近壁面区域的紊流现象，而后者，Patankar 和 Spalding 认为，可以忽略模型中的动力粘性及其高阶项的影响。本课题的研究对象主要是地下车库，除了靠近壁面的区域外，流体的粘性作用都非常弱，另一方面，研究对象的结构尺寸比较大，边界层对内部区域的影响相对较弱，因此采用高雷诺数模型比较合适。

高雷诺数的 $k-\varepsilon$ 模型为：

$$\frac{Dk}{Dt} = \frac{\partial}{\partial x_j}\left[\left(v + \frac{v_t}{c_k}\right)\frac{\partial k}{\partial x_j}\right] + v_t\left(\frac{\partial u_i}{\partial x_j} + \frac{\partial u_j}{\partial x_i}\right)\frac{\partial u_i}{\partial x_j} - \varepsilon \tag{6-6}$$

$$\frac{D\varepsilon}{Dt} = \frac{\partial}{\partial x_j}\left[\left(v + \frac{v_t}{c_k}\right)\frac{\partial \varepsilon}{\partial x_j}\right] + \frac{c_1 \varepsilon v_t}{k}\left(\frac{\partial u_i}{\partial x_j} + \frac{\partial u_j}{\partial x_i}\right)\frac{\partial u_i}{\partial x_j} - \frac{c_2 \varepsilon^2}{k} \tag{6-7}$$

式中 $\mu_t = f_\mu c_\mu \rho k^2/\varepsilon$；

k——紊流脉动动能，定义为 $k = \frac{\overline{u_i' u_j'}}{2}$（$m^2/s^2$）；

ε——紊流能量耗散率，定义为 $\varepsilon = -v\frac{\overline{\partial u'_i}}{\partial x_j}\frac{\overline{\partial u'_i}}{\partial x_j}$（$m^2/s^3$）；

v——运动粘性系数（m^2/s）；

v_t——紊流粘性系数（m^2/s）。

c_κ，c_ε，c_1 和 c_2 均为实验常数。作为紊流模型法则，常数由实验、理论分析和经验共同得出，Patankar 和 Spalding 给出了各常系数的值，见表 6-1。

应该指出，$k-\varepsilon$ 三维紊流数学模型并非根据特定流动形式确定的，其常数或系数的确定基本上来自于紊流脉动量的实验和研究结果，因此该模型具有广泛的适用性。但该模型的精度并不很高，特别在低 *Re* 数非等温气流分析计算中，不能充分反映浮力对气流分布的影响。

6.2.2 物理模型与数学模型的建立

（1）物理模型的简化

采用诱导通风的地下车库属三维非稳态紊流流动，为了能够满足现有的计算条件，并且最大限度地反映实际情况，做以下假设：

1）气流流动为稳态流动；

2）室内气流不可压缩，物性为常数，近似为理想气体；

3）假设为无温差送风，而且将室内温度场视为均匀温度场；

4）室内无内热源，围护结构绝热；

5）进行污染场模拟时，忽略污染粒子的质量；

6）室内污染物发生率为恒定。

（2）数学模型的建立

采用应用范围最广的 $k-\varepsilon$ 两方程模型，由于近壁面区附近，粘性作用较强，为了避免在近壁区产生较大的计算误差，本课题采用高 *Re* 数 $k-\varepsilon$ 三维紊流模型，但在这里考虑低阶粘性的作用，而将粘性作用的高阶量忽略。

连续性方程：

$$\frac{\partial u_i}{\partial x_i}=0 \tag{6-8}$$

动量方程：

$$\frac{\partial(u_iu_j)}{\partial x_j}=-\frac{1}{\rho}\frac{\partial P}{\partial x_i}+\frac{\partial}{\partial x_j}\left[(\nu+\nu_t)\left(\frac{\partial u_i}{\partial x_j}+\frac{\partial u_j}{\partial x_i}\right)\right] \tag{6-9}$$

紊流脉动动能方程：

$$\frac{\partial(u_j\kappa)}{\partial x_j}=\frac{\partial}{\partial x_j}\left[\left(\nu+\frac{\nu_t}{c_\kappa}\right)\frac{\partial\kappa}{\partial x_j}\right]+\nu_t\left(\frac{\partial u_i}{\partial x_j}+\frac{\partial u_j}{\partial x_i}\right)\frac{\partial u_i}{\partial x_j}-\varepsilon \tag{6-10}$$

紊流能量耗散率方程：

$$\frac{\partial(u_j\varepsilon)}{\partial x_j}=\frac{\partial}{\partial x_j}\left[\left(\nu+\frac{\nu_t}{c_\varepsilon}\right)\frac{\partial\varepsilon}{\partial x_j}\right]+c_1c_\mu\kappa\left(\frac{\partial u_i}{\partial x_j}+\frac{\partial u_j}{\partial x_i}\right)\frac{\partial u_i}{\partial x_j}-\frac{c_2\varepsilon^2}{\kappa} \tag{6-11}$$

浓度方程：

$$\frac{\partial(u_jc)}{\partial x_j}=\frac{\partial}{\partial x_j}\left(\frac{\nu_t}{c_c}\frac{\partial c}{\partial x_j}\right)+F_c \tag{6-12}$$

式中 c——空气含尘浓度（mg/m^3）；

F_c——污染物发生率［$mg/(m^3s)$］。

c_κ，c_ε，c_1，c_2，c_c，c_μ 均为常数，其值见表6-1。

表 6-1　各常数的取值

系数	c_κ	c_ε	c_1	c_2	c_c	c_μ
取值	1.00	1.30	1.44	1.92	1.00	0.09

（3）边界条件

1）高速喷嘴边界条件的确定。高速喷嘴是一个口径为80mm的圆。因为喷嘴非常细，在对计算区域进行网格划分时没有必要再对喷嘴处进行细化，采用一个和圆形喷嘴面积相同的正方形边界代替原有圆形边界，并认为矩形喷嘴出风速度是均匀的。

送风口处 κ、ε 受到多种因素的影响，一般由实验确定。日本学者山口克人经过理论和实验研究，并分析大量计算结果，给出了矩形送风口的 κ 和 ε 值，我国学者采用这个值都取得了满意的结果。本书也采用这个值，即 $\kappa = 0.04$，$\varepsilon = 0.008$。

2）固体壁面的边界条件。在壁面处进行网格划分时，假想把一个零厚度控制容积放在壁面处，根据壁面粘性流体无滑移特性直接得出速度边界条件为：

$$u = 0$$

$$v = 0$$

$$w = 0$$

由于壁面上速度的各分量均为零，根据 κ、ε 的定义式可知：

$$\kappa = 0$$

$$\varepsilon = 0$$

浓度在壁面处为第二类边界条件：

$$\frac{\partial c}{\partial n} = 0(n\text{ 为壁面外法线方向})$$

3）送风口处的边界条件。假定送风口处的速度分布均匀，且速度的大小值不变设为 v_s

$u = 0$，$v = v_s$，$w = 0$ 或

$u = v_s$，$v = 0$，$w = 0$（根据送风口布置方式而定）

$\kappa = 0.04$，$\varepsilon = 0.008$，$c = 0$

4）回风口处的边界条件。文献指出出口截面上的法向速度与切向速度都按局部质量守恒确定。

u（或 v）根据质量守恒定律得出

$$u = 0(\text{或 } v = 0)$$

$$w = 0$$

对于 κ、ε、c 认为符合第二类边界条件，即：

$$\frac{\partial \kappa}{\partial n} = 0$$

$$\frac{\partial \varepsilon}{\partial n} = 0$$

$$\frac{\partial c}{\partial n} = 0$$

5）压力边界的处理方法。对于压力修正方程，由于固体壁面以及送回风口处，速度已经给定，其前后迭代值也应相等，压力在此处无变化，即$\frac{\partial p'}{\partial n}=0$，压力修正方程边界条件为该面上相应系数等于零。

6.3 诱导通风系统数值模拟与分析

运用计算流体力学 AIRPAK 软件，对建筑面积为 2000m^2，层高 2.8m 的人防地下车库诱导通风系统速度场、CO 浓度场进行了模拟。系统排烟及通风平面见图 6-2，图中标注了无风管诱导通风机的序号与相对位置。

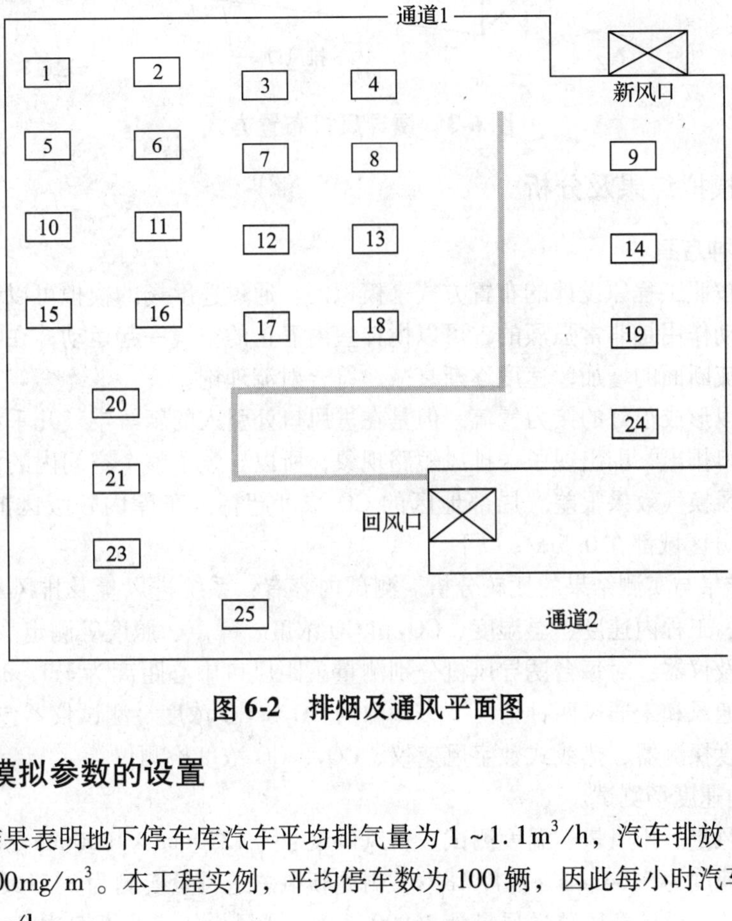

图 6-2　排烟及通风平面图

6.3.1　模拟参数的设置

1）实测结果表明地下停车库汽车平均排气量为 1～1.1m^3/h，汽车排放 CO 的平均浓度为 53500～55000mg/m^3。本工程实例，平均停车数为 100 辆，因此每小时汽车排放 CO 的产生量为：6.05kg/h；

2）这些 CO 将以点源形式散发，基于对实际情况的模拟，将车库内 CO 污染源假定为近地面处均匀散发，即假设各处污染源发生强度一样；

3）取汽车尾气的排放温度为 500℃，汽车尾气的废热为 18.3kW；

4）新风 CO 浓度为 3mg/m^3，CO 最高允许浓度设计采用 100mg/m^3；

5）诱导风机风量按实测平均值 933.2m^3/h；

6）风口模型尺寸近似取 200mm×75mm，风速 17.21m/s；

7）送风倾斜角 $\theta=30°$。

模型尺寸：$X\times Z\times Y=38.5\times52.0\times3.2$m，诱导风机布置方式如图 6-3。

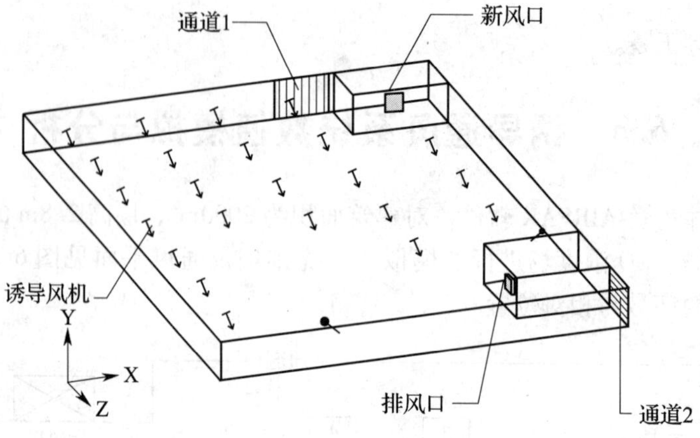

图 6-3　诱导风机布置方式

6.3.2　模拟结果及分析

（1）第一种方案

此方案是按照工程原设计的布置方式来模拟的。通过速度场的模拟可以看到：

喷嘴的扰动作用是非常强烈的，可以搅拌室内静止的空气一起运动；在喷嘴处气流速度最大，随着过流断面的增加，速度逐渐衰减，符合射流理论。

此方案可以形成很好的接力气流，但是在进风口处引入的新鲜空气几乎没有经过污染区就直接在排风口排出，即出现了送排风短路现象，所以导致了整个空间内的污染物不能得到有效排除，通风换气效果很差。局部地区的 CO 浓度超标。车库内呼吸区的最大风速小于 1.5m/s，大部分区域都在 0.5m/s 以下。

1）模拟结果与实测结果的比较分析。测试内容有：系统进风量及排风量测试、诱导通风机特性检测、工程内速度、温湿度、CO_2和 CO 浓度、噪声、照度等测定。

测试方法及仪器：对每台诱导风机分别测量了距风口中心距离为 1m、3m、10m 处的轴心风速。测量通风和未通风两种情况下车库内的 CO_2、CO 浓度。测试仪器包括噪声仪一个、照度仪、温湿度探测器、热线式数字风速仪、CO_2、CO 浓度检测仪等。

2）工程内速度场测试。

①系统进风量、排风量、温度测试。新风口尺寸为 1250mm × 1600mm，个数 1 个。新风送风口的平均速度为 5.64m/s、温度 18℃，由此新风总送风量实测为 34516.8m^3/h，新风换气率为 6.2 次/h；设计新风总送风量为 36000m^3/h，通风换气率为 6.5 次/h。排风口尺寸为 1250mm × 1600mm，个数 1 个。排风口的平均速度 6.47m/s、温度 18.5℃，由此排风口总排风量实测为 39696m^3/h，满足设计要求。

②诱导通风机特性检测。每台诱导器喷嘴尺寸为 d_0 = 80mm × 3mm，出风口平均速度、温度与风量见表 6-2。

工程内速度场测试采用准稳态下，测试平行于各诱导通风机送风断面的各断面的轴心速度，具体数据见表 6-2 和表 6-3。

表 6-2　诱导器风口平均速度、温度与风量

序号	1	2	3	4	5
平均速度（m/s）	16.32	17.62	16.55	18.62	16.99
温度（℃）	18.5	18.4	18.4	18.5	18.5
送风量（m^3/h）	885.51	956.04	897.98	1010.3	921.86
序号	6	7	8	9	10
平均速度（m/s）	19.46	19.97	20.15	17.22	15.45
温度（℃）	18.5	18.5	18.4	18.4	18.5
送风量（m^3/h）	1055.8	1083.5	1093.3	934.34	838.30
序号	11	12	13	14	15
平均速度（m/s）	16.38	15.59	13.46	15.94	13.43
温度（℃）	18.4	18.5	18.4	18.4	18.5
送风量（m^3/h）	888.76	845.90	730.32	864.89	728.70
序号	16	17	18	19	20
平均速度（m/s）	17.5	17.05	17.95	16.01	17.53
温度（℃）	18.5	18.5	18.4	18.4	18.5
送风量（m^3/h）	949.53	925.11	973.95	868.68	951.16
序号	21	22	23	24	25
平均速度（m/s）	18.37	18.75	16.14	16.72	20.82
温度（℃）	18.5	18.5	18.4	18.4	18.5
送风量（m^3/h）	996.74	1017.4	875.74	907.21	1129.6

表 6-3　各断面的轴心速度实测值（m/s）

测点与风口距离 s（m）／序号	0.0	1.0	3.0	10
1	16.32	3.02	2.09	0.52
2	17.62	4.12	3.17	—
3	16.55	3.56	3.44	0.92
4	18.62	7.92	3.08	0.81
5	16.99	5.62	1.46	0.56
6	19.64	6.57	2.78	—
7	19.97	6.84	2.49	—
8	20.15	7.34	1.31	1.27

续表 6-3

测点与风口距离 s（m）／序号	0.0	1.0	3.0	10
9	17.22	7.39	3.35	—
10	15.45	6.41	4.56	—
11	16.38	6.23	2.98	—
12	15.59	4.75	4.16	—
13	13.46	—	2.65	—
14	15.94	6.87	3.26	—
15	13.43	5.95	3.24	—
16	17.5	7.19	3.42	—
17	17.05	7.04	3.27	—
18	17.95	6.96	3.23	—
19	16.01	7.29	2.87	—
20	17.53	7.16	3.92	—
21	18.37	8.57	—	—
22	18.75	8.29	3.42	—
23	16.14	6.46	3.38	—
24	16.72	6.90	3.92	—

为与各测点的测试值比较，需计算出口风速为实测值时，不同断面的理论值，由计算得诱导通风机射流口的紊流系数 $\alpha = 0.127$。因地下车库内温度变化不大，射流风口在 25°～35°角度范围内向下送风，这样可按大空间等温射流模型公式来计算各测点与送风口距离 s 处的特性参数。计算公式见（6-13）～（6-16）。各测点不同断面的断面直径、轴心速度、断面平均速度、断面流量的计算值见表 6- 4。

$$\text{断面直径}\ D = 6.8\left(\frac{\alpha_s}{d_0} + 0.147\right)d_0 \tag{6-13}$$

$$\text{轴心速度}\ v_m = \frac{0.48v_0}{\dfrac{\alpha_s}{d_0} + 0.147} \tag{6-14}$$

$$\text{断面平均流速}\ v_1 = \frac{0.095v_0}{\dfrac{\alpha_s}{d_0} + 0.147} \tag{6-15}$$

$$\text{断面流量}\ Q = 4.4\left(\frac{\alpha_s}{d_0} + 0.147\right)Q_0 \tag{6-16}$$

表 6-4 各测点的不同断面直径、轴心速度、断面平均速度、断面流量值

测点	出口风速 v_0 (m/s)	1m 处轴心风速 (m/s)	3m 处轴心风速 (m/s)	10m 处轴心风速 (m/s)	1m 处平均风速 (m/s)	3m 处平均风速 (m/s)	出口流量 Q_0 (m^3/s)	1m 处断面流量 (m^3/s)	3m 处断面流量 (m^3/s)
1	16.32	4.52	1.59	0.48	0.89	0.31	885	6758	19128
2	17.62	4.88	1.72	0.52	0.96	0.34	956	7296	20652
3	16.55	4.58	1.62	0.49	0.91	0.32	897	6853	19398
4	18.62	5.15	1.82	0.55	1.01	0.36	1010	7710	21824
5	16.99	4.70	1.66	0.51	0.93	0.32	921	7035	19913
6	19.46	5.38	1.90	0.58	1.06	0.37	1055	8058	22808
7	19.97	5.53	1.95	0.59	1.09	0.38	1083	8269	23406
8	20.15	5.58	1.97	0.60	1.10	0.38	1093	8344	23617
9	17.22	4.77	1.68	0.51	0.94	0.33	934	7130	20183
10	15.45	4.27	1.51	0.46	0.84	0.29	838	6397	18108
11	16.38	4.53	1.60	0.49	0.89	0.31	888	6782	19198
12	15.59	4.31	1.52	0.46	0.85	0.30	845	6455	18272
13	13.46	3.72	1.31	0.40	0.73	0.26	730	5573	15776
14	15.94	4.41	1.55	0.47	0.87	0.31	864	6600	18683
15	13.43	3.71	1.31	0.40	0.73	0.26	728	5561	15741
16	17.5	4.84	1.71	0.52	0.95	0.33	949	7246	20511
17	17.05	4.71	1.66	0.51	0.93	0.33	925	7060	19984
18	17.95	4.97	1.75	0.54	0.98	0.35	973	7433	21039
19	16.01	4.43	1.56	0.48	0.87	0.31	868	6629	18765
20	17.53	4.85	1.71	0.52	0.96	0.34	951	7259	20546
21	18.37	5.08	1.80	0.55	1.00	0.35	996	7606	21531
22	18.75	5.19	1.83	0.56	1.02	0.36	1017	7764	21976
23	16.14	4.46	1.58	0.48	0.88	0.31	875	6683	18917
24	16.72	4.63	1.63	0.50	0.91	0.32	907	6923	19597
25	20.82	5.76	2.03	0.62	1.14	0.40	1129	8621	24403

③工程内 CO_2、CO 浓度场测试。在未通风情况下，工程内 CO（mg/m^3）、CO_2（%）浓度主要与人员数、车辆进出数等有关。测试值见表 6-5。

通风情况下，工程内 CO（mg/m^3）、CO_2（%）浓度各点的测试值见表 6-6。

表 6-5 未通风时工程内 CO（mg/m^3）、CO_2（%）浓度与人员、车辆数的关系

车辆数	人数	时间（h）	CO 浓度（mg/m^3）	CO_2浓度（%）
0	0	0	3.12	0.0617 ±0.002
10	15	1	43.55	0.187 ±0.002
10	15	2	67.91	0.211 ±0.005

表 6-6 通风时工程内 CO（mg/m^3）、CO_2（%）浓度各点的测试值

测点序号	CO（mg/m^3）	二氧化碳（%）
1	47.02	0.117
2	53.34	0.092
3	—	0.127
4	—	0.083

模拟的速度场与实测数据基本吻合，浓度场的模拟结果与实测相差较大，这是因为进行实测时车库内仅有 10 辆车左右，实测得到的是浓度的瞬时值，且测点的布置有限，并不能反映整个车库内浓度的情况。流场模拟的一致性说明采用此种模拟方法是可取的。

（2）第二种方案

诱导通风系统消除室内有害物的机理仍然是稀释通风的原理，因此喷嘴布置的原则应当引导新风充分稀释室内各处发生的污染物，并使含污染物的空气向排风口迁移。为达到此目的，对于一个实际的车库，室内气流不可能是一个方向，必然要使气流在适当的地方转向，也就是喷嘴的射流方向需要在平面方向有一定角度的偏移。所以第二种方案设置如下：

1）送风倾斜角在垂直剖面上为向下倾斜 30°；

2）左起第二排诱导风机送风方向，在水平剖面上与 Z 方向顺时针夹角 45°。诱导风机布置方式如图 6-4 所示。

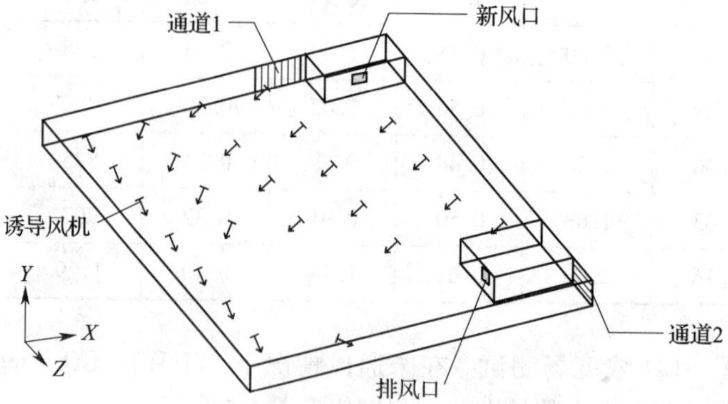

图 6-4 第二种方案诱导风机布置方式

模拟结果，此方案可以形成很好的接力气流，进风口处引入的新鲜空气经诱导风机的诱导作用，有效降低了整个空间内的污染浓度，通风换气效果比较好，几乎整个空间呼吸区内的 CO 浓度都在 $100mg/m^3$ 以下。车库内呼吸区的最大风速小于 1.5m/s，大部分区域都在 0.5m/s 以下。这种喷嘴布置方式的特点是：由三排喷嘴将车库内的污染物吹赶至车道地带，由车道地带的喷嘴纵向接力形成气流流通通道，诱导污染空气至排风口排出。

（3）第三种方案

送风倾斜角在垂直剖面上为向下倾斜 30°，诱导风机布置方式见图 6-5。

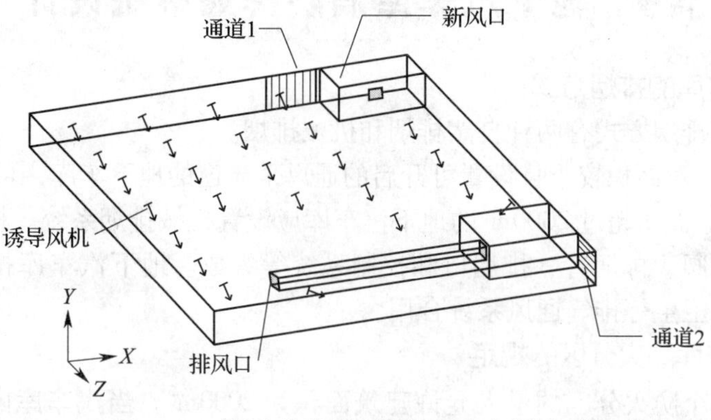

图 6-5 第三种方案诱导风机布置方式

模拟结果分析：此方案可以形成很好的接力气流，进风口处引入的新鲜空气经诱导风机的诱导作用，有效降低了整个空间内的污染浓度，通风换气效果很好，几乎整个空间呼吸区内的 CO 浓度都在 $100mg/m^3$ 以内，且低 CO 浓度区域增大。主要原因是排风口位置的改变避免了新风气流组织短路的现象，使得新风在车库内与污染空气经过诱导风机的搅拌得到充分混合，有效地降低了整个空间内的 CO 浓度。车库内呼吸区的最大风速小于 1.5m/s，大部分区域都在 0.5m/s 以下。

由于诱导风机的存在，不但使得地下停车场内形成了明显的空气主气流，且流速高于送风机和排风机形成的气流流速，也大于诱导风机单独运行形成的气流流速，同时由于诱导风机形成的多股辅气流，将停车场内非主流区的有害气体排至主气流内，使得污染空气可以尽快排出室外。依据《工业企业设计卫生标准》TJ 36—79，车库内 CO 浓度控制在 $100mg/m^3$，车库的新风量控制在 5 次/h，排风量控制在 6 次/h 是合适的。由此可以得出一个结论：诱导通风的采用是确保空气气流传输、扩散、稀释的一种手段，其室内污染物的平均浓度关键还是总通风量的大小。

另外也可以看到，CO 浓度并不像大多数参考文献上提出的，从车库进风口至排风口是逐渐增加的。研究表明，这除了由于模拟软件本身的误差和诱导风机的布置方式存在问题外，再就是实际工程中，影响气流组织的因素很多，诱导通风系统不能按照理想的方向推动气流前进。理论上，诱导通风系统效果上近似于置换通风，CO 的浓度在排风口是最高的。但实际上，在进、排风口之间往往有一段很长的距离，气流的接力作用减弱，尤其是污染源靠近进风口和通风系统在低风速运行时，这种情况表现得更加明显；另外，车库中车辆的移动也形成紊流，混合了空气，使得 CO 的浓度并不像理论上那样分布。因此，有条件设置 CO 气体浓度传感器控制通风系统运行的车库，当采用诱导通风系统时，除在排风口附近设置传感器外，在预期的CO浓度较高的区域也应设置。诱导通风系统从整体来看表现为全面通风换气，CO平均浓度明显是较低的。

无风管诱导通风系统由于合理地利用了送风机、诱导风机和排风风机形成有组织的空气流动，可以及时将地下车库内的有害气体稀释到标准规定的范围内，并排出室外。实际工程现场实测表明，采用这种通风系统的地下停车场，CO平均浓度较低，工作区内气流速度均匀，无有害气体沉积。因此，是一种较理想的车库通风系统形式。

6.4 地下汽车库消防排烟系统设计

（1）地下汽车库的排烟方式

地下汽车库的排烟方式有两种自然排烟和机械排烟。

1）自然排烟。对面积较小且设置可开启的通风采光窗的地下车库，可采用自然排烟。

2）机械排烟。面积超过2000m^2的地下汽车库应设置机械排烟系统。机械排烟系统由排烟风机、排烟防火阀、排烟管、排烟口和控制系统等组成。地下汽车库排烟系统可单独设置，也可与人防、卫生等排气通风系统合用。

（2）地下汽车库防火分区的规定

地下汽车库一个防火分区的最大允许建筑面积为2000m^2，当汽车库内设有自动灭火系统时，其防火分区的最大面积可增加一倍，即4000m^2。

（3）地下车库防烟分区的规定

设机械排烟系统的地下汽车库的每个防烟分区的建筑面积不宜超过2000m^2，并且防烟分区不能跨越防火分区。防烟分区可采用挡烟垂壁、隔墙或从顶板下突出不小于0.5m的梁隔开。地下汽车库一般用梁把防烟分区隔开。

（4）排烟口的设置要求

因地下汽车库发生火灾时产生的烟气，开始时绝大多数集聚在车库上部，所以要将排烟口设在车库上部，这样排烟效果好；排烟口距该防烟分区内最远点的水平距离不应超过30m。当排风与排烟系统合并设置时，可用排风口代替排烟口；如排风口是上下设置的，排烟时应采取措施关闭下部排风口。当排烟系统单独设置时，要求排烟口平时关闭，发生火灾时自动或手动打开，并与消防控制中心联动。排烟口的风速不应大于10m/s。

（5）排烟量的计算

因地下汽车库内可燃物少，发烟量不大，且人员不多，基本没人停留。所以规范规定地下汽车库排烟量按不小于6次/h换气计算。因为地下汽车库层高有限，当排烟量太大时，不便于风机和风管的布置。

（6）排烟补风方式

当地下汽车库设置机械排烟时，排烟时应有室外新风补风，补风方式有自然补风和机械补风两种。

1）自然补风：对有直接通向室外的汽车疏散口的防火分区，可采用汽车疏散口（车道）自然补风，补风阻力应小于50Pa。

2）机械补风：对无直接通向室外的汽车疏散口的防火分区，应设置机械补风系统，且补风量不宜小于排风量的50%，宜取80%～85%。

（7）排风与排烟系统合并设置时注意的问题

1）一般情况下，应尽可能地将排风与排烟系统合用，这样可简化系统设计和降低造价，特别是只设上部排风口时，两套系统完全合一，造价可减少。

2）当设置上、下部同时排风时，因排烟口只设在上部，火灾时应采取关闭下部排风口的技术措施，一般在支管上设电动防火阀，这增加了系统造价和控制的复杂性，此时应校核剩下的排风口是否满足排烟的要求。

3）选风机时应能同时满足排风、排烟的要求，因而应选用耐高温的专用排烟风机（离心或轴流）。当排风量小于排烟量时，应选用变速风机，低速时排风，高速时排烟。

4）通风管路上设置的防火阀，应选用280℃的防火排烟阀，并应在排烟支管上设有烟气温度超过280℃时能自动关闭的排烟防火阀。排烟防火阀应联锁关闭相应的排烟风机。

7 柴油发电站通风降温

战时外部电力供应很容易遭到敌人破坏，因此要求人民防空重点工程设置自备电源——柴油发电站，其目的是当外电源遭到破坏后，依靠内部电源保障工程内部动力、明照、通讯等设备的正常运行。电站通风降温系统是为柴油发电机提供适宜的空气环境，是保障电站正常运行的必要设施。

按供电的范围，柴油发电站分为区域电站和内部电站。区域电站是独立设置或设置在某个防空地下室内，能供给多个防空地下室电源的柴油电站，它还具有与所供防空地下室抗力一致的防护功能。内部电站是设置在防空地下室内部的柴油电站，按其设置机组情况，可分为固定电站和移动电站。发电机组固定设置，且具有独立的通风、排烟、贮油等系统的柴油电站称固定电站。而移动电站是指具有运输条件，发电机组可方便设置就位，且具有专用通风、排烟系统的柴油电站。

7.1 柴油电站的通风防护标准

7.1.1 柴油电站的通风防护标准

柴油发电站机房战时允许染毒，电站通风降温应按排除机房内余热和有害气体，并满足柴油机所需的燃烧空气量进行设计。

（1）电站温湿度要求

柴油发电机要正常运行必须要有适宜的温湿度环境，否则将影响发电机组的发电效率，所以规范要求柴油发电机房的温度：人员直接操作时温度不应超过35℃，人员隔室操作时温度不应超过40℃，电站控制室的温度不大于30℃，相对湿度不大于75%。

（2）有害物容许浓度

电站空气中的主要有害物是CO和丙烯醛，其容许浓度CO为30mg/m^3，丙烯醛为0.30mg/m^3。由实测可知，柴油电站内消除丙烯醛所需的通风量最大，其次为CO。

7.1.2 柴油电站通风降温系统的作用

（1）提供柴油机所需的燃烧空气

柴油机运行需要足够的燃烧空气，一般需要6.8~9.5m^3/（h·kW）。

（2）排除柴油电站内的有害气体

柴油机运转过程中，从机组和排烟管不严密部位，不断地向室内泄漏烟气。烟气中的主要有害物是CO、氮氧化物、SO_2和丙烯醛等，其中主要有害物是CO和丙烯醛，对人体危害较大。因而需要通过通风换气的方法向工程内送入工程外的新鲜空气，将有害物排至工程外，使电站内有害物的浓度在容许范围内。

（3）保证电站内的温湿度要求

电站内温度过高、湿度过大，对柴油机的发电效率影响较大，对工作人员的健康和设备的正常运行都不利。因此，必须通过通风、降温的方式保证电站内的温湿度要求。

7.2 柴油发电站余热量的计算

柴油发电机运转过程中，机组和排烟管向机房内散发大量的热量，柴油机房的余热量应包括柴油机、发电机、排烟管道的散热量等，其他设备、人员、照明的散热量以及围护结构的传热量因数量不大，一般可忽略不计。

7.2.1 柴油机的散热量

柴油机散热量按（7-1）式计算。

$$Q_1 = 0.278 N_e B q \eta_1 \quad (\text{kW}) \tag{7-1}$$

式中 N_e——柴油机额定功率（kW）；

B——柴油机的耗油率［kg/(h·kW)］，一般为0.20～0.24，可查产品样本；

q——柴油的热值，取 $q=41.87$MJ/kg；

η_1——柴油机散至室内的热量百分比，一般取4%～6%，见表7-1。

表7-1 柴油机工作时的散热量系数 η_1 的值

N_e（kW）	η_1（%）	N_e（kW）	η_1（%）
<37	6	74～220	4～4.5
37～74	5～5.5	>220	3.5～4

7.2.2 发电机的散热量

发电机散热量按（7-2）式计算。

$$Q_2 = P\left(\frac{1}{\eta_2} - 1\right) \quad (\text{kW}) \tag{7-2}$$

式中 P——发电机的额定功率（kW）；

η_2——发电机的效率（%），通常为80%～94%，具体根据产品样本取值。

部分国产柴油发电机组的散热量计算值可按表7-2选用。

表7-2 部分国产柴油机、发电机散热量表

柴油机		发电机		Q_1+Q_2（kW）	备注
N_e（kW）	Q_1（kW）	P（kW）	Q_2（kW）		
7.4	1.465	5	1.135	2.600	
14.7	2.651	12	2.118	4.769	
33	6.279	24	3.586	9.865	
44	7.674	30	4.091	11.765	
59	8.953	40	5.198	14.151	
74	11.192	50	5.866	17.058	

续表 7-2

柴油机		发电机		Q_1+Q_2 (kW)	备注
N_e (kW)	Q_1 (kW)	P (kW)	Q_2 (kW)		
88.2	10.988	75	7.873	18.861	
99	13.068	84	9.333	22.401	
136	16.940	120	13.333	30.273	
184	22.892	160	17.778	40.670	
220	27.471	200	19.780	47.251	
330	36.000	300	21.888	57.888	
550	61.047	400	19.727	80.774	

柴油机组输出功率的修正：当柴油机工作地点的大气压不是标准大气压或相对湿度大、温度高时，其输出功率会发生变化，需对其输出功率进行修正，其修正系数β可查表 7-3。柴油机组修正后的发热量为：$Q'=(Q_1+Q_2)\beta$。

表 7-3 柴油发电机功率修正系数（$\varphi=80\%$）

大气压力 (mmHg)	海拔高度 (m)	β		
		25℃	30℃	35℃
760	0	0.968	0.948	0.922
751	100	0.953	0.933	0.909
742	200	0.938	0.918	0.896
733	300	0.923	0.903	0.881
725	400	0.908	0.888	0.866
716	500	0.898	0.878	0.854
706	600	0.888	0.868	0.842
699	700	0.873	0.853	0.829
691	800	0.858	0.838	0.816
682	900	0.848	0.828	0.864
674	1000	0.838	0.818	0.792
654	1250	0.808	0.788	0.762
634	1500	0.778	0.758	0.732
615	1750	0.748	0.728	0.704
596	2000	0.718	0.698	0.676
561	2500	0.658	0.638	0.622
526	3000	0.608	0.592	0.572
493	3500			0.522
462	4000			0.472

7.2.3 排烟管在机房内部分散热量

柴油机的烟气由柴油机气缸直接排到工程外，排烟温度一般在400~600℃之间，机房内的排烟管宜架空或地沟敷设并保温，保温层表面温度不应超过60℃。

1）单位长度保温排烟管的散热量用（7-3）式计算。

$$q_c = \frac{t_r - t_n}{\frac{1}{2\pi\lambda}\ln\frac{D}{d} + \frac{1}{D\pi\alpha}} \quad (\text{W/m}) \tag{7-3}$$

式中 q_c——保温排烟管单位长度散热量（W/m）；

D——排烟管道保温层外径（m）；

d——排烟管道外径（m）；

λ——保温材料的导热系数［W/（m·℃）］；

α——保温管道外表面向周围空气的放热系数［W/（m^2·℃）］；

一般 α = 11.63W/（m^2·℃）；

t_r——排烟管外壁面温度（℃），一般取300~400℃；

t_n——管道周围空气温度（℃），一般取35~40℃。

2）排烟管在机房内的散热量：

$$Q_3 = q_c \cdot l/1000 \quad (\text{kW}) \tag{7-4}$$

式中 l——保温排烟管在机房内架空敷设的长度（m）。

7.2.4 柴油机冷却排热量

柴油机工作时，柴油燃烧产生高温以及运动部件的相互摩擦散发热量。为使柴油机气缸等部件保持正常的工作温度，冷却系统必须带走受热部件的部分热量。

柴油机冷却排热量值很大，一般是 $Q_1 + Q_2$ 之和的3.5倍左右，设计中对这部分热量应采取有效的方法进行控制和排除。柴油机冷却排热量 Q_4 可按式（7-5）估算。

$$Q_4 = 0.278\eta NeBqK_B \quad (\text{kW}) \tag{7-5}$$

式中 Ne——柴油机额定功率（kW）；

B——柴油机的耗油率［kg/(h·kW)］，一般为0.20~0.24，可查产品样本；

q——柴油的热值，取 q = 41.87MJ/kg；

η——柴油机汽缸冷却水带走的热量占燃料发热量的比例，一般取30%；

K_B——考虑散热损失后的系数，一般取0.85。

目前人防工程中使用的柴油机内部冷却一般采用水冷，其水循环方式有：闭式水循环、开式水循环或混合水循环方式。柴油机冷却水进水温度为40~60℃，出水温度为55~85℃，最高不超过90℃，由调温阀自动控制。进出水温差以15~25℃为宜；设计时可取20℃。进水口压力不宜大于0.2MPa。

（1）闭式水循环

1）闭式风冷。柴油机冷却水在柴油机前部的表面式空气－水换热器和柴油机内部的冷却系统（包括汽缸冷却器、润滑油冷却器和水泵等）组成的封闭管路内循环，散热器与柴油发电机组成一个整体。由柴油机带动风扇进行换气。通过散热器的风量约为 60 ~ 100m^3/（h · kW），设计时要从厂家获取参数。其冷却原理图见 7-1。

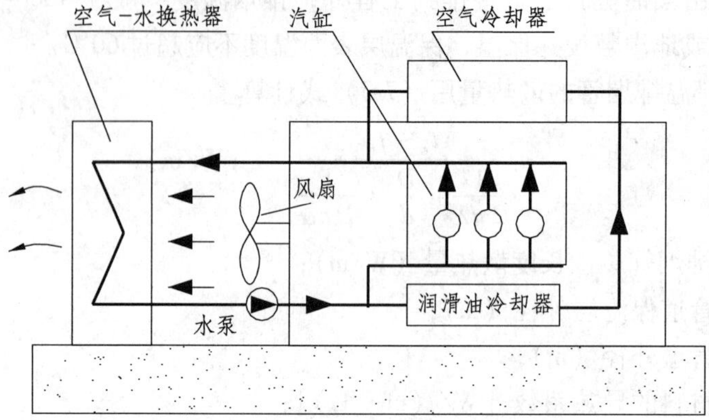

图 7-1　闭式水循环冷却原理图

如果空气 - 水散热器排出的热量直接进入机房空气中，这部分热量要计入机房余热量。因这部分热量较大，一般将经过散热器的热风直接从专用风道排出工程外，此时这部分热量可不计入机房余热量。

2）闭式水冷。图 7-2 中的机头散热器为水 - 水换热器，柴油机组内循环为闭式循环，外部水循环是开式循环，通过水将柴油机组热量带走。

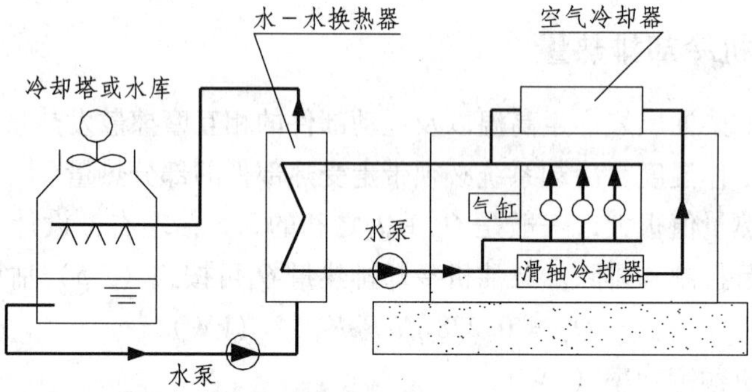

图 7-2　闭式水循环冷却原理图（水冷）

（2）开式水循环

柴油机冷却水在由汽缸冷却器、空气冷却器、润滑油冷却器、水泵和水库等组成的开式管路内循环。冷却水冷却柴油机后，排除部分热水，补充部分冷水，再进入柴油机。因柴油机排热量由冷却水带走，又称为水冷。

（3）混合水循环

这种冷却水系统同时有开式循环和闭式循环两种系统，系统较复杂，但运行灵活，可根据室外空气参数和水源情况决定采用闭式水循环、开式水循环或混合式水循环方式。

水冷（闭式水冷、开式水循环和混合水循环）方式中，柴油机排热量由冷却水带走，Q_4不计入机房余热中。

7.2.5 电站机房余热量

电站机房余热量按（7-6）计算。

$$Q_u = Q_1 + Q_2 + Q_3 \quad (kW) \tag{7-6}$$

式中 Q_u——电站机房总余热量（kW）；

Q_1——柴油机散热量（kW）；

Q_2——发电机散热量（kW）；

Q_3——排烟管散热量（kW）。

机头散热量 Q_4是否计入总余热量，要根据 Q_4热量排放的具体情况而定，如 Q_4排至机房空气中则计入 Q_u，否则不计入。

7.3 柴油发电站的通风降温方式

降低柴油电站机房内的空气温度，有风冷、水冷以及风冷与蒸发冷却相结合三种冷却方式。不论哪种冷却方式，在冬季、过渡季都应充分利用工程外的空气进行电站机房的降温。

7.3.1 电站风冷降温方案

利用室外温度较低的进风带走机房内柴油机组散发的热量称为风冷。这种冷却方式适用于取水困难而室外空气温度较低的地区。风冷的优点是不用水，系统简单、操作方便。但是因为进风量大，不利于电站的防护，战时通风时使用风冷方式会造成机房染毒严重，其原理见图 7-3。设计中如无专门进、排风机房时，防火调节阀可不设。风冷降温电站通风平面布置图见图 7-4。

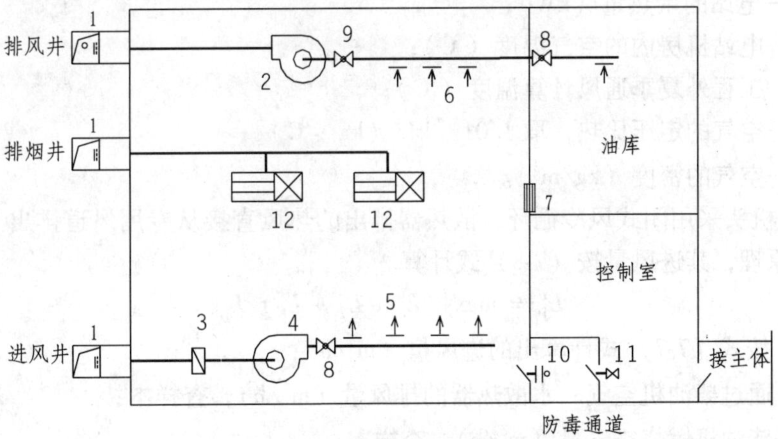

图 7-3 电站风冷通风原理图

1—悬板活门；2—排风机；3—粗滤器；4—进风机；5—送风口；6—排风口；7—防火风口；8—防火调节阀（70℃）；9—防火调节阀（280℃）；10—自动排气活门；11—密闭阀门；12—柴油发电机

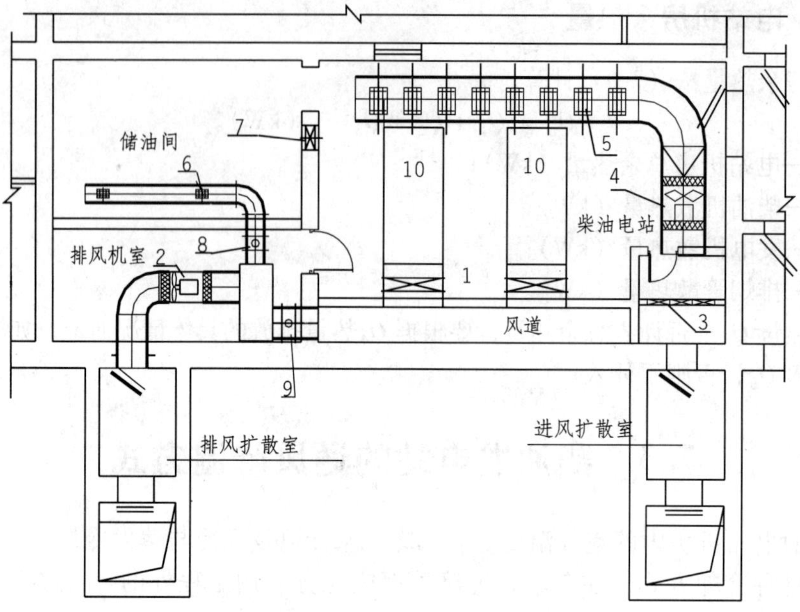

图 7-4　风冷降温电站通风平面布置图

1—风量调节阀；2—排风机；3—粗滤器；4—进风机；5—送风口；6—排风口；7—防火风口；8—防火调节阀（70℃）；9—防火调节阀（280℃）；10—柴油发电机

风冷时电站进、排风量的计算方法如下：

（1）电站进风量计算

1）按消除余热计算电站进风量。

$$L_j = \frac{3600Q_u}{C_p\rho(t_n - t_w)} \quad (m^3/h) \tag{7-7}$$

式中　Q_u——电站的余热量（kW）；

t_n——电站机房内的空气温度（℃）；

t_w——工程外夏季通风计算温度（℃）；

C_p——空气的定压比热，取 1.01［kJ/（kg·℃）］；

ρ——空气的密度（kg/m^3）。

2）如果机头采用闭式风冷循环，散热器排出的热风直接从专用风道排出工程外时，根据风量平衡原理，其进风量按（7-8）式计算。

$$L_j' = \max\{(L_c + L_Y + L_K), L_j\} \tag{7-8}$$

式中　L_j——按式（7-7）式计算出的进风量（m^3/h）；

L_c——通过柴油机空气－水散热器的排风量（m^3/h），查样本；

L_Y——柴油机燃烧空气量（m^3/h），查样本；

L_K——油库排风量（m^3/h），按 $K \geq 5$ 次/h 换气计算；

即：L_j' 取 $L_c + L_Y + L_K$ 和 L_j 中数值大者作为进风量。

（2）排风量 L_P 的计算

1）根据风量平衡，排风量为：

$$L_p = L_j - L_Y \tag{7-9}$$

式中 L_P——电站排风量（m^3/h）；

L_j——电站进风量（m^3/h），按（7-7）或（7-8）式计算；

L_Y——柴油机燃烧空气量（m^3/h）。

2）因柴油发电站是产生有害气体的房间，机房内应呈微负压，实际排风量应比计算排风量稍大（附加10%）。

(3) 电站油库排风

油库空气中的油蒸气达到一定浓度后，易产生火灾或爆炸，因而需要定时排风，排风支管可并入电站的总排风管，排风换气次数不小于5次/h，进排风管上应加70℃防火阀，如采用侧墙进风，进风口应设防火风口（70℃动作）。

7.3.2 电站水冷降温方案

利用冷水通过表面式冷却器或湿式冷却器进行电站降温冷却的方式，称为水冷。这种冷却措施一般用在水源充足且水温较低的地区或有其他可供利用的水源的情况。

其优点是，主体工程处在过滤式和隔绝式通风时，电站机房染毒程度较轻（此时，电站停止进风和排风，柴油机从工程外自吸燃烧空气）；进、排风量小，故进、排风系统的设备较小。缺点是用水量大，运行费用高，受到水温等条件的限制；利用外水源时，水源遭到破坏后这种冷却方式维持不了多久。

当电站的余热是靠水带走（水冷）时，电站的进风量是按排除有害气体所需的通风量确定。

电站中有害气体散发量与柴油机型号、功率大小和排烟管的敷设方式及施工质量有关，不易精确计算，进风量的计算一般采用经验估算方法，见表7-4。规范中要求按不小于$20m^3/(kW \cdot h)$计算进风量。

表7-4 降低电站机房内有害气体浓度的通风量

排烟管敷设方式	通风量标准［$m^3/(kW \cdot h)$］
架空敷设	13.6～20.4
地沟敷设	27.2～34

(1) 通风风量计算

1）进风量 L_j：

$$L_j = Pq \quad (m^3/h) \tag{7-10}$$

式中 q——进风量标准，［$m^3/(kW \cdot h)$］，查表7-4，但不小于$20m^3/(kW \cdot h)$；

P——柴油机的功率（kW）（增压柴油机按增压马力计算）。

2）排风量 L_p：

$$L_p = 1.1(L_j - L_Y) \quad (m^3/h) \tag{7-11}$$

柴油电站是产生有害气体的房间，要求负压排风，所以电站的实际排风量（清洁式通风时）应稍大于计算排风量，故乘1.1系数。电站水冷降温原理图见7-5。

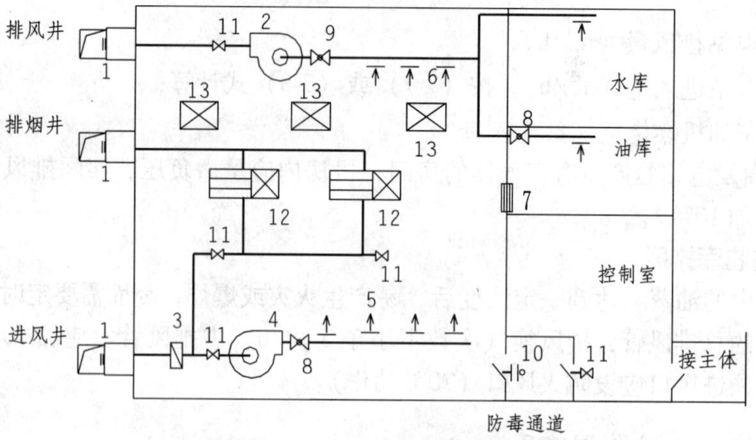

图 7-5 电站水冷降温原理图

1—悬板活门；2—排风机；3—粗滤器；4—进风机；5—送风口；6—排风口；7—防火风口；8—防火调节阀（70℃）；9—防火调节阀（280℃）；10—自动排气活门；11—密闭阀门；12—柴油发电机；13—表面式冷却器

（2）柴油电站机房水冷降温的主要技术措施

1）利用表面式冷却器进行降温。利用表面式冷却器的优点是使用灵活，配置方便，冷却水的初温要求不高于20℃。常用的表面式冷却器有S型冷暖风机、LZT型冷暖风机组、风机盘管等。

S型冷暖风机采用了厚壁铝管冷轧出翅、管一体的螺旋翅片管，传热效果好，风扇采用双鸟翼形叶片，效率高，耗电少，噪声低，S型冷暖风机技术性能见表7-5，其外形尺寸见图7-6。

表 7-5 S型冷暖风机技术性能（进水温度20℃，进风温度35℃）

型号	制冷量（kW）	出风温度（℃）	耗水量（kg/h）	回水温度（℃）	水流速（m/s）	水阻（m）	风量（m^3/h）	功率（kW）
S324	4.36	28.7	2260	21.7	1	2.96	2350	0.12
S334	4.88	27.9	3400	21.3	1	5.22	2330	0.12
S524	7.91	29.8	2260	23	1	3.88	5050	0.4
S534	9.76	28.5	3400	22.5	1	6.87	4980	0.4

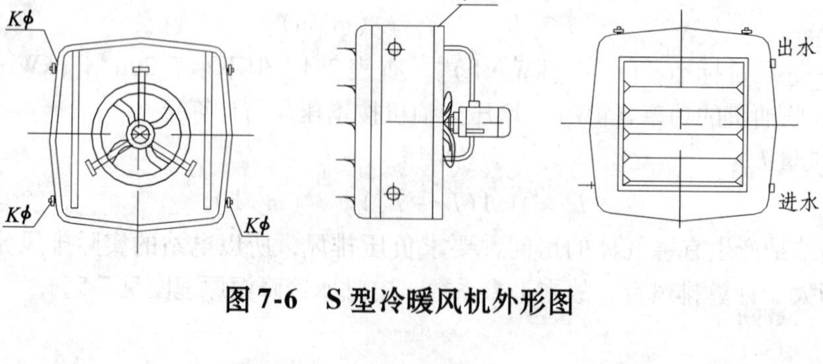

图 7-6 S型冷暖风机外形图

S 型冷暖风机的选用。每台冷暖风机所带走的热量，可由（7-12）式确定。

$$Q = \left(\frac{t_j - t_{j0}}{\frac{1}{KF} + \frac{1}{2W} + \frac{1}{0.48G}} \right) 860^{-1} \quad (kW) \tag{7-12}$$

$$t_p = t_j - \frac{Q}{0.24G}$$

$$t_{h0} = t_{j0} + \frac{Q}{W}$$

式中 G——冷暖风机的风量（kg/h），查表 7-5；

W——水流量（kg/h）；

Q——产冷量（kW）；

t_{j0}——进水温度（℃），要求不高于 20℃；

t_{h0}——回水温度（℃）；

t_j——进风温度（℃）；

t_p——排风温度（℃）；

KF——传热系数和换热面积乘积（kW/℃），查表 7-6。

表 7-6 各流通水量的 KF 值（kW/℃）

型号	排管内水流速（m/s）									
	0.1	0.15	0.2	0.3	0.4	0.5	0.6	0.8	1.0	1.5
S324	293	311	324	343	359	359	381	398	450	
S334	373	397	414	440	459	473	487	507	528	
S524			656	694	728	749	771	804	828	883
S534			843	896	936	963	991	1034	1073	1127

2）利用湿式冷却器进行电站降温。利用淋水室冷却的优点是加工方便，消耗钢材少，成本低，便于维护，降温效果好，由于空气和水直接接触可溶解机房空气中的一部分一氧化碳；缺点是占地面积大。常用的淋水室为立式冷却器、非金属空调器和玻璃钢冷却塔。喷水初温不应超过 24℃。利用立式冷却器降温的通风系统原理见图 7-7。

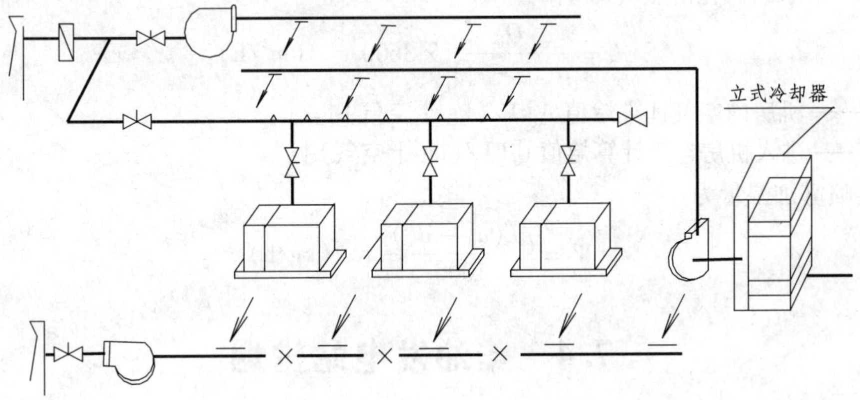

图 7-7 电站用立式冷却器降温的通风原理图

7.3.3 风冷和蒸发冷却相结合的降温方案

这种冷却方式是在风冷的基础上，利用少量冷却水自身的蒸发，使空气降温冷却，这是一个等焓加湿降温过程，它与风冷比较，进风量小，与水冷比较，用水量较少，所以比较经济，使用起来也比较灵活，可以根据一年四季室外温度的变化启动不同的冷却方式。如冬季工程内外温差较大时，电站冷却可以采用全风冷，夏季温差变小，风冷不能满足冷却要求时，可同时启动蒸发冷却，这种方式很适用于缺水的地区。

蒸发冷却一般采用直接喷雾加湿。直接喷雾可采用电动喷雾器、加湿器等，使用时要注意在柴油机组停机前 1 ~2h 停止喷雾，以保持机房的正常湿度。风冷和蒸发冷却相结合通风系统原理图见图 7-8。

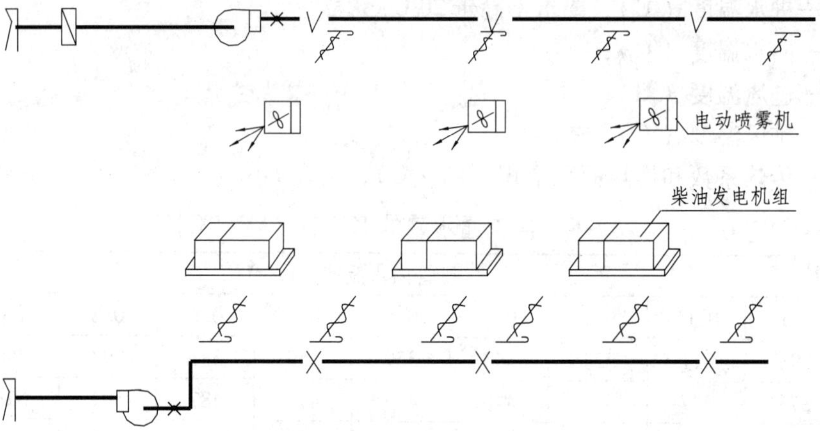

图 7-8　风冷和蒸发冷却相结合通风系统原理图

当采用风冷和蒸发冷却相结合时，电站进风量可用（7-13）或（7-14）计算。

$$L = \frac{Q_u}{C_p\rho(t_n - t_w) + [2487\rho(d_n - d_w)/1000]} \times 3600 \quad (m^3/h) \qquad (7\text{-}13)$$

式中　d_n——夏季机房空气计算含湿量［g/(kg 干空气)］；

d_w——机房进风含湿量［g/(kg 干空气)］；

2487——水的汽化潜热（kJ/kg）。

$$L = \frac{Q_u}{\rho(i_N - i_w)} \times 3600 \quad (m^3/h) \qquad (7\text{-}14)$$

式中　i_N——机房内空气计算焓值［kJ/(kg 干空气)］；

i_W——进入机房空气计算焓值［kJ/(kg 干空气)］。

直接喷雾加湿量为：

$$W = \frac{\rho L(d_n - d_w)}{1000} \quad (kg/h) \qquad (7\text{-}15)$$

7.4 柴油发电站排烟

柴油发电站排烟系统的任务是：将柴油在柴油机汽缸内燃烧所产生的高温废气从机

房内排出人防工程外。由于柴油机烟气温度高（400～600℃）、速度大（出口速度20～30m/s），所以给排烟系统的设备提出了许多要求，主要是保温、消音、消烟降温要求。

7.4.1 排烟系统的设计要求

1）柴油机排烟口与排烟管应采用柔性连接，一般采用钢制波纹管。当连接两台或两台以上机组时，排烟支管上应设置单向阀门；

2）排烟管的室内部分，应作隔热处理，其表面温度不宜超过60℃；

3）排烟管出口处应设置消声装置（见图7-9）；

4）当电站机房设置多台柴油机时，各机组的排烟管应合并成一根干管或排烟道，经消波系统引向工程外部，组成排烟系统；

5）排烟管路应尽量顺直，减少弯头的附件，有条件时宜用斜井或竖井排烟；

6）排烟系统总阻力不应大于2500Pa；

7）排烟管引出工程外部时，隐蔽伪装，防止向工程内部倒烟，并考虑防冲击波、防雨水和扩散消烟等问题；

8）排烟管应选用耐热、防腐和具有一定强度的管材。

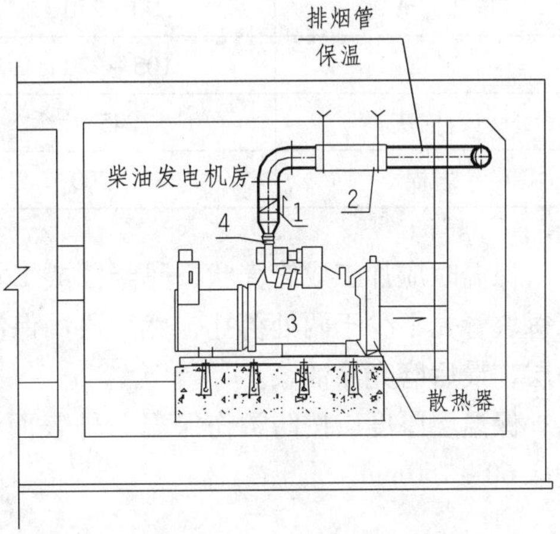

图7-9 柴油机排烟布置图

1—单向阀；2—柴油机消音器；3—柴油发电机；4—波纹管

7.4.2 排烟管的敷设方式及要求

柴油机排烟管通常有架空敷设和地沟敷设两种方式。

架空敷设又分为水平架空和垂直架空方式。这种敷设方式的优点是：烟管转弯少、管道短、阻力小、有利于柴油机运行，应优先采用。

地沟敷设的优点是：机房空间布置整齐，室内散热量小，缺点是管道长且转弯多，使排烟阻力增大，且不便于检修。

为了便于安装维护和检修，排烟管尽可能采用架空敷设。排烟管应有0.5%以上坡度，在排烟管最低点设置放水阀，以便排除管内积水。

排烟支管与排烟干管连接时可采用斜接（交角45°）异径或等径三通以减少阻力。排烟管敷设时尽量减少弯头、尽量沿最短的路径敷设。排烟管连接通常采用焊接，防止漏烟。排烟管敷设前内外应除锈，并用高温防锈漆做防腐处理。

7.4.3 排烟管的保温

柴油机运行时，排烟管将散发出大量的热能，使机房内空气温度升高，这样对机组的运行和人员操作都不利，也给电站降温系统增加了负担。为此，对排烟管道必须作保温处理。排烟管常用保温材料性能见表7-7。

表 7-7 排烟管常用保温材料性能表

保温材料	ρ（kg/m³）	λ［W/(m·℃)］	安全使用温度（℃）
离心玻璃棉	10～96	0.035～0.05	<400
水泥珍珠岩管壳	250～400	0.058～0.087	600
微孔硅酸钙	200～250	0.059～0.060	600
矿棉	105～220	≤0.052	600
石棉灰	245	0.112	800
岩棉	80～200	0.047～0.058	<400

保温时应加工成管壳状，呈半圆或 1/4 圆形，然后用 16#铁丝将其绑扎至排烟管上。要求每块管壳不少于两处绑扎，然后再用保温材料将缝隙填实抹平，保温层外应有防潮层和保护层，最后磨光涂油漆。

保温层厚度应按防烫伤保温，外表面温度取 60℃，环境温度按 35～40℃计算确定，一般取 60～150mm。

8 人防工程自然通风

自然通风作为一种通风方式，在我国人防工程中得到了广泛的应用，并积累了一定经验。

自然通风与机械通风相比，具有系统简单、管理方便、不用动力设备、不用电、节省运行费用以及无噪声污染等优点，对节能和环保有重要意义。

自然通风受自然条件的限制，其通风量大小和气流的流动方向不稳定，所以必须进行科学地规划和设计才能达到有效通风的目的。本章将简要介绍防空地下室自然通风的设计和计算。

8.1 风的有关参数及风玫瑰图

8.1.1 风的形成及风的参数

(1) 风的形成

众所周知，地球表面吸收太阳辐射热的能力是不同的。例如两极与赤道之间、大陆与海洋之间、空气高层与低层之间、不同地形之间的温度差经常是很大的。由于空气温度不同，因而密度也不同，这样，各地区就形成了不同的空气压力（冷空气较热空气的密度大、气压高）。在连续性的大气中，各地之间的气压差是造成空气流动的直接原因。空气从气压高的一边被推向气压低的一边，便使空气流动起来（就像水从高处流向低处一样）。空气的流动，就形成了自然界的风。

(2) 风的参数

1）风速。空气在单位时间内所流动的距离，称为风速，单位（m/s）。

各时的风速是选正点前10min至正点时间内的平均风速，为该正点的风速（如正点为2时，取1：50～2：00；正点是8时，取7：50～8：00）。每日各时的风速值加起来，除以24即为日风速，月平均风速等于该月各日风速的总和除以该月的日数。年平均风速，为各月平均风速的总和除以12。各月平均风速可由有关资料查得。

2）风向。风吹来的方向称之为风向。共分16个方位，以英文字母表示，如图8-1所示：NE（东北）、SW（西南）等。所谓NNW（北西北）是指北和西北之间的风向，也可读作西北偏北；WNW（西西北）也可读作西北偏西，以此类推。

实际观测是记录正点前10min内的最多风向，即为该正点的风向。如果有两个方向的记录一样多，则选两个风向。当风速为0（m/s）时，风速记“O”；风向记“C”称作“静风”。

3）风向频率。在一定时间内某风向出现的次数，占所有观测总次数的百分比，叫做风向频率。

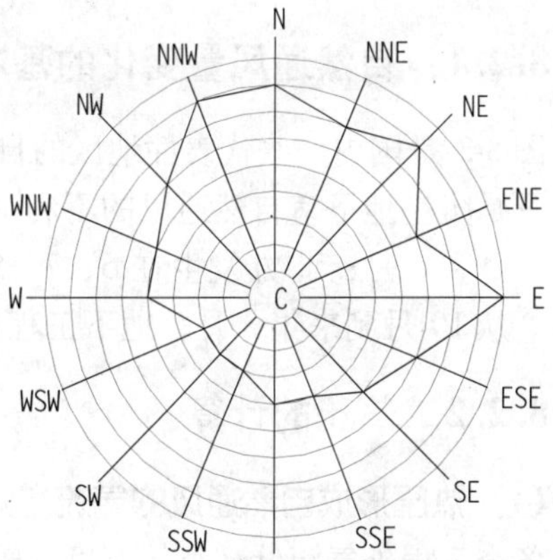

图8-1 十六方位风向玫瑰图

例如年某风向的频率。

$$某风向频率 = \frac{某风向该年出现总次数}{全年实测总次数} \times 100\%$$

对一年而言，我们将风向频率最大的风向称为年主导风向；对夏季或冬季，则分别称为夏季或冬季主导风向。

8.1.2 风玫瑰图的绘制和应用

在通风总平面图上，常以比较直观的风玫瑰图表示出各方向的风向频率和风速大小。风玫瑰图按风的资料内容可分为风向和风速玫瑰图。根据工程设计中的实际需要，这里只介绍风向玫瑰图。

风向玫瑰图是将风向分为16个方位，根据各方向风出现的频率，以一定的比例长度标在极座标上，并将相邻各点用直线连接起来，即形成一个闭合折线。这个闭合折线，就叫风向玫瑰图，见图8-2。根据不同要求，风向玫瑰图可分为月、季、年等三种。从防空地下室自然通风的要求来看，一般多采用年和季风向玫瑰图。各地气象台站都整理和统计了累年各月的风向频率和风速资料。

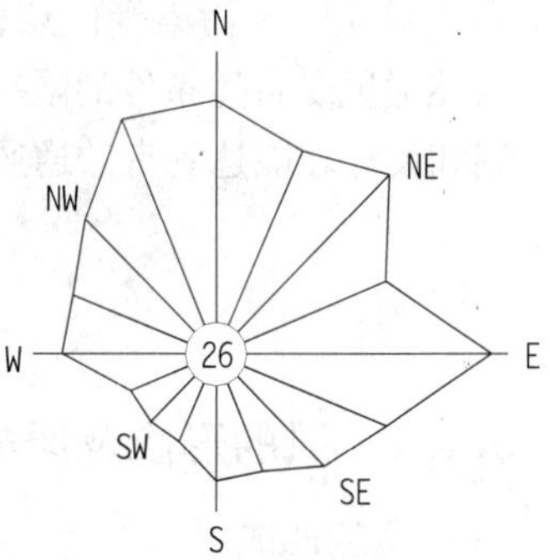

图8-2 杭州市风向玫瑰图

图8-2是依据杭州市1951～1970年20年的累年各月风向频率资料绘制成的风向玫瑰图。

8.2 自然压差的计算

形成自然压差（P）的因素有两个：热压（P_r）和风压（P_f），即：

$$P = P_r + P_f \quad (Pa) \tag{8-1}$$

（8-1）式是“+”号说明热压P_r和风压P_f的作用方向一致，而“-”号则相反，使其始终为“+”，是自然通风设计及研究的重要课题。要保持一致，必须熟悉由热压形成自然通风的气流方向随季节变化的规律和工程所在地风向常年变化规律，并配合合理的建筑设计及其他技术性措施才能实现。

8.2.1 自然通风量变化的基本规律

图8-3是国内一些代表性地区的自然通风量变化规律曲线。分析该曲线可知：①我国4至9月是防空地下室自然通风的不利季节；②南方防空地下室月平均自然通风量最低值，发生在5月和6月；北方发生在6、7、8三个月；全国地下工程自然通风量的最低月份是6月；③从10月到来年3月，地下工程自然通风量变较大，其中12月、1月和2月份最大。

8.2.2 热压的计算

（1）热压形成自然通风的气流方向

冬季工程外气温低、空气密度ρ较大，工程内气温高，空气密度较小。当打开工程（图8-4）的1、2、3道门时，密度小的热空气上升，从高风井流出工程；密度大的冷空气，从低口进入补充，同时又被岩石加热变轻上升，从高口流出。如此不断地补充、加热、上升、排出，循环不止，形成了冬季由热压产生的自然通风，其气流方向：低口进、高口出。

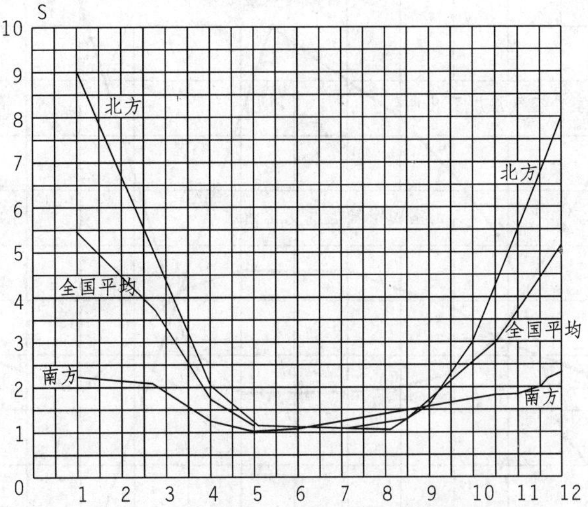

图 8-3　自然通风量变化规律曲线图

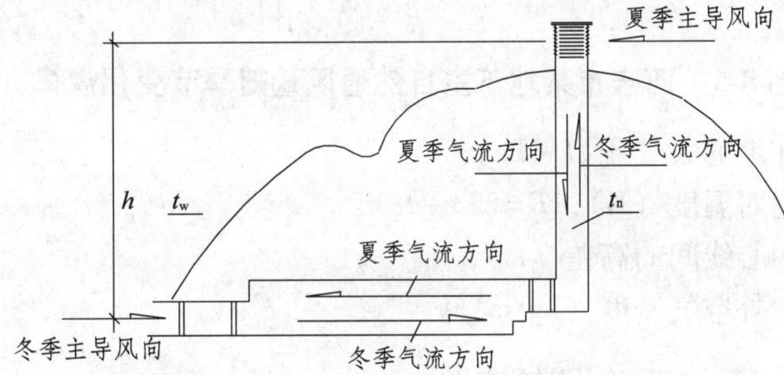

图 8-4　热压作用产生的气流方向

由此看来，夏季和冬季由热压形成自然通风的气流方向是截然相反的。这种现象与工程内的余热量有关。对于无热源工程，如西宁某地下工事，室内空气温度年波动曲线（见图 8-5），室内空气温度 t_n 小于室外空气温度 t_W 的时间将近半年，所以由热压形成自然通风的气流方向：高口进、低口出的时间也将近半年。有热源的工程室内空气温度年波动曲线将向上抬升，$t_n < t_w$ 的时间将缩短。

掌握每个工程的这几条曲线的变化规律，对组织好自然通风是很重要的。

（2）热压的计算

热压的形成应具备两个条件：一是工程内外空气的温度差，由此产生密度差；二是高低风口中心线间的高度差。

由温度差所产生的空气重力差，一般称之为热压（P_r）。

$$P_r = h(\rho_w - \rho_n)g \qquad (\text{Pa}) \tag{8-2}$$

$$\rho = 0.003484\frac{B}{T} \qquad (\text{kg/m}^3) \tag{8-3}$$

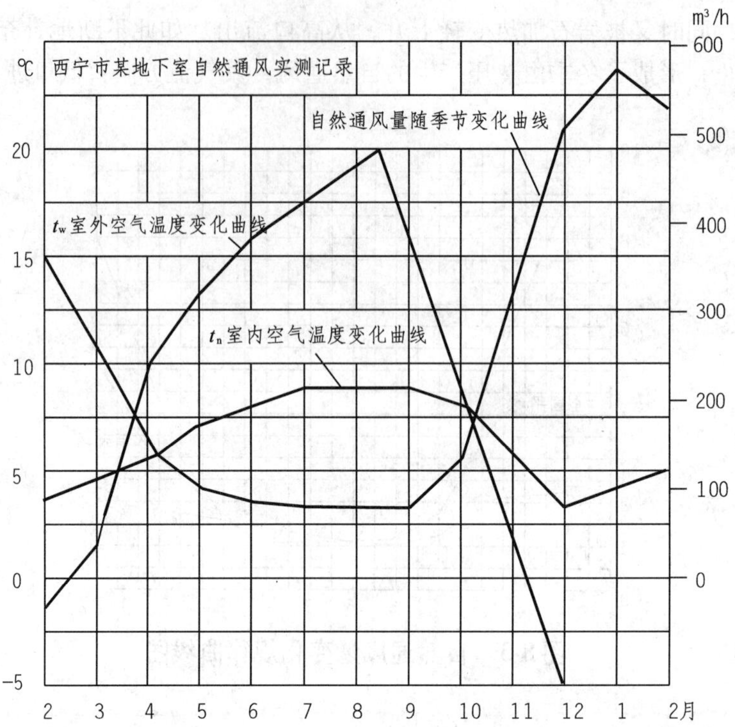

图 8-5　西宁市某地下室自然通风量随季节变化规律

式中　B——工程所在地的大气压力（Pa）；

T——空气的绝对温度（K），$T=273+t$；

h——高低口中心线间的高差（m）；

ρ_n、ρ_w——工程内、外空气密度（kg/m^3）。

所以：

$$\rho=0.003484\frac{B}{273+t}\quad (kg/m^3) \tag{8-4}$$

将（8-4）式代入（8-2）式：

$$P_r=0.003484hB\left(\frac{1}{273+t_w}-\frac{1}{273+t_n}\right)g\quad (Pa) \tag{8-5}$$

式中　t_w——最不利月室外空气的月平均温度（℃）；

t_n——最不利月室内空气的月平均温度（℃）。

当全年都自然通风时，$t_w=t_{w6}$，$t_n=t_{n6}$，分别取室外、室内 6 月份的平均温度。

8.2.3　风压的计算

当风吹过建筑物或工程的孔口时，气流受到建筑物和工程孔口的阻挡，使运动的气流降低流速和改变流向。使部分动能转变成静压，如图 8-6 所示。迎风面 b-b 静压上升，如果取没受扰动的（a-a）断面气流相对静压为“0”，则迎风面相对静压大于零（$\Delta P_1>0$），故

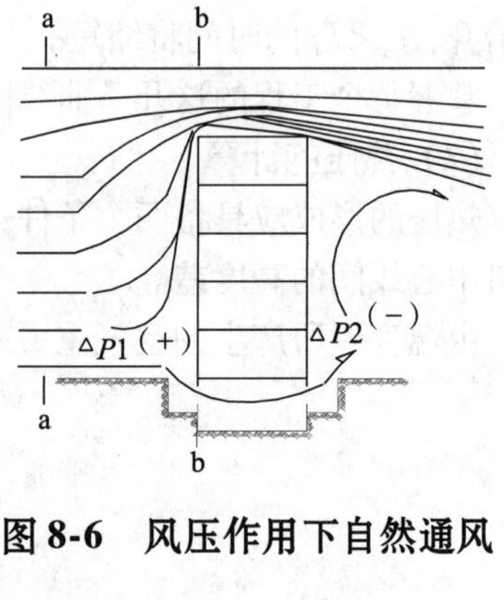

图 8-6　风压作用下自然通风

取正值（+）；背风面由于流线脱离建筑物表面，叫做附面层分离，造成背风口处相对静压小于零（$\Delta P_2<0$），故取负值（-）。

用下式可以分别求得：

$$\Delta P_1 = K_1 \frac{V^2\rho}{2}\alpha_1\beta_1 g \qquad (\text{Pa})$$

$$\Delta P_2 = K_2 \frac{V^2\rho}{2}\alpha_2\beta_2 g \qquad (\text{Pa}) \tag{8-6}$$

如果一口和二口之间的风压差用 P_f 表示，则：

$$P_f = (K_1\alpha_1\beta_1 - K_2\alpha_2\beta_2)\frac{V^2\rho}{2}g \qquad (\text{Pa}) \tag{8-7}$$

式中 α_1、α_2——风压因工程所在地地面粗糙程度与气象站所在地地面的粗糙程度不同，对10m 高度处风压的修正系数，无因次，见表 8-1；

β_1、β_2——风压的高度修正系数，无因次，查图 8-7；

K_1、K_2——两风口处的风压转换系数，无因次，一般取 $K_1=0.7$、$K_2=-0.3$；

V——自然通风季节，当地气象台离地 10m 高度处，最不利月月平均风速，如全年自然通风时，应取 6 月的月平均风速（m/s）；

ρ——最不利月月平均温度下的空气密度，如全年自然通风，应取 6 月份平均气温对应的空气密度（kg/m^3）。

表 8-1　风压修正系数表

粗糙度（m）（地貌）	0.01（湖面）	0.03（空旷平面）	0.20（多树乡村）	0.30（城镇）	1.00（大城市）
风速比值 Z_f	1.14	1.00	0.69	0.63	0.48
风压比值 α	1.30	1.00	0.48	0.40	0.23

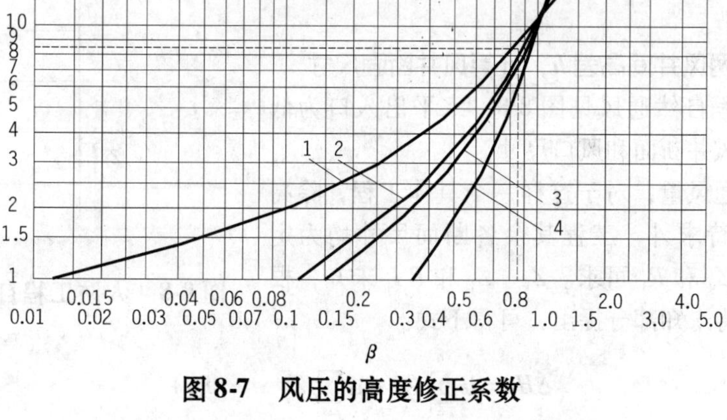

图 8-7　风压的高度修正系数

8.3 自然通风阻力及风井断面尺寸的计算

自然压差 P，是推动空气在工程中流动的动力。这个动力不是固定不变的，而是随着室内、外温差和室外风速以及风向的变化而变化的，它等于自然气流在工程中流动所遇到的阻力 ΔH。

即：
$$P = \Delta H \quad (\text{Pa}) \tag{8-8}$$

计算的目的，就在于保证自然压差 P 在一年中绝大部分时间内都能克服该阻力 ΔH，使工程中有足够的通风量。

8.3.1 自然通风的阻力计算

自然气流在工程中所遇到的阻力有两部分：一是摩擦阻力，二是局部阻力。
$$\Delta H = \Delta H_m + \Delta H_z \quad (\text{Pa}) \tag{8-9}$$

自然通风系统阻力计算的方法与机械通风相同。

（1）摩擦阻力

$$\Delta H_m = RL \quad (\text{Pa}) \tag{8-10}$$

式中 R——单位长度摩阻（比摩阻）（Pa/m）；

L——风道长度（m）。

在自然通风系统中，摩擦阻力较小，一般占总阻力的10%以下。

（2）局部阻力

局部阻力在自然通风系统的总阻力中，一般要占90%以上，所以，减少系统阻力，主要应从局部阻力方面考虑。尤其是风井、风口的局部阻力应引起设计人员的足够重视。

根据上述分析，为了简化计算，将摩擦阻力项用系数（$\mu = 1.1$）代入（8-9）式得：

$$\Delta H = \mu \sum_{i=1}^{m} Z_i = 1.1 \sum_{i=1}^{m} Z_i \quad (\text{Pa}) \tag{8-11}$$

8.3.2 风井断面尺寸及两风井间高差 *h* 的计算

人防工程自然通风阻力计算的目的，是为了确定风井的断面尺寸、风口尺寸或两风井间的高差 h，以便满足工程对自然通风量的要求，是自然通风设计中的一个重要环节。

（1）已知两风井间高差 *h*，计算风井断面尺寸

某人防工程自然通风见图8-8，水平出入口为低口，只计算高风井断面和风口尺寸。

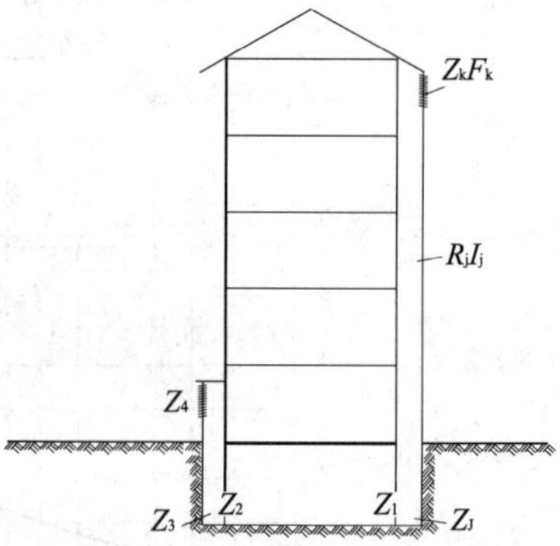

图8-8 人防工程自然通风例图

已知自然通风量，对于这样一个具体工程，除高风井断面尺寸待求外，工程其余各断面尺寸均为定值。所以 $Z_1 \cdots Z_4$ 和 R_1 可求。Z_k、Z_{j1} 和 R_jl_j 未知，根据(8-11)式并将未知部分提出，可得下式：

$$\Delta H = \mu \sum_{i=1}^{n} Z_i + \mu \sum_{j=1}^{m} Z_j \quad (\text{Pa}) \tag{8-12}$$

其中，风井的阻力：

$$\sum_{j=1}^{m} Z_{\mathrm{j}} = \sum_{j=1}^{m} \zeta_{\mathrm{j}} \frac{V_{\mathrm{j}}^2 \rho}{2} \qquad (\mathrm{Pa}) \tag{8-13}$$

式中　ζ_{j}——风井局部阻力系数。

在设计中，当风口形式和风口有效面积比确定之后，ζ_{k} 可以从局部阻力系数表中查得：ζ_{j} 按 90°直角弯头（等截面和不等截面）暂取 1.04。

此时，式中等号的右端，只有 V_{j} 未知，将此式代入（8-12）式，则得下式：

$$\Delta H = \mu\left(\sum_{i=1}^{n} Z_{\mathrm{i}} + \sum_{j=1}^{m} \zeta_{\mathrm{j}} \frac{V_{\mathrm{j}}^2 \rho}{2} \right) \qquad (\mathrm{Pa}) \tag{8-14}$$

工程所在位置确定以后，自然压差 P 可求。根据 $P = \Delta H$ 得下式，并可求出式中的未知数 V_{j}：

$$\frac{P}{\mu} = \sum_{i=1}^{n} Z_{\mathrm{i}} + \sum_{j=1}^{m} \zeta_{\mathrm{j}} \frac{V_{\mathrm{j}}^2 \rho}{2}$$

$$V_{\mathrm{j}} = \sqrt{\frac{\left(\frac{P}{\mu} - \sum_{i=1}^{n} Z_{\mathrm{i}} \right) 2}{\rho \cdot \sum_{j=1}^{m} \zeta_{\mathrm{j}}}} \tag{8-15}$$

求出 V_{j}，根据下式可得 F_{j}：

$$F_{\mathrm{j}} = \frac{L}{2600 V_{\mathrm{j}}} \qquad (\mathrm{m}^2)$$

式中　L——自然通风量（m^3/h）；

V_{j}——高风井内风速（m/s）；

F_{j}——高风井断面尺寸（m^2）。

（2）已知通风量和风井的断面尺寸，求风井所需高差 h

这类工程由于通风量和风口断面尺寸已定，所以风井内气流速度 V_{j} 可求。如果自然通风量一定，则 ΔH 可由（8-14）式求出。

根据（8-8）式，即：

$$\Delta H = P, \Delta H = P_{\mathrm{r}} + P_{\mathrm{f}}$$

$$\Delta H = h(\rho_{\mathrm{n}} - \rho_{\mathrm{m}})g + (K_1 \alpha_1 \beta_1 - K_2 \alpha_2 \beta_2) \frac{V^2 \rho}{2} \qquad (\mathrm{Pa}) \tag{8-16}$$

在（8-16）式中，由于两风井高差 h 未知，所以高风口 β 也是未知数（因低风口位置是已知的，故低口处的 β 也是已知的）。在实际工程设计计算中，应先令高风口的 $\beta = 1.0$；这样可以利用（8-16）式第一次求得 h_1，根据 h_1 利用图 8-7 求得 β'，并将 β' 代入（8-16）式，求得 h_2；再根据 h_2 求 β''……，如此反复几次就可以求得 h。

8.4　自然通风与建筑设计

建筑设计与自然通风的关系十分密切。工程的平面布局、风井的位置、风口的形式以及尺寸等设计得是否合理，直接影响到工程自然通风的实际效果。

8.4.1 工程平面布局与风井的设计

工程建筑平面的设计，应注意自然通风气流能通畅地流经每个房间，并且气流阻力要小。

高、低风井位置的确定，应注意能控制全局，避免出现气流短路，并使各房间气流均匀。同时还应注意周围建筑对风压的影响。

（1）设有地面风井的防空地下室

这种形式应将高口设在迎向夏季主导风向的墙上，将低口设在迎向冬季主导风向的墙上，如图8-9（a）。也可以只设低风井，靠建筑物两侧的风压差形成自然通风，如图8-9（b）。目前国外有人提出都用高风井，如图8-9（C）。这种完全依附于屋顶的风口，排风口处负压绝对值较高，但进风口正压值较小，因为平屋顶基本处在负压区。所以实际效果不及前者，但风口较隐蔽，比前者美观。

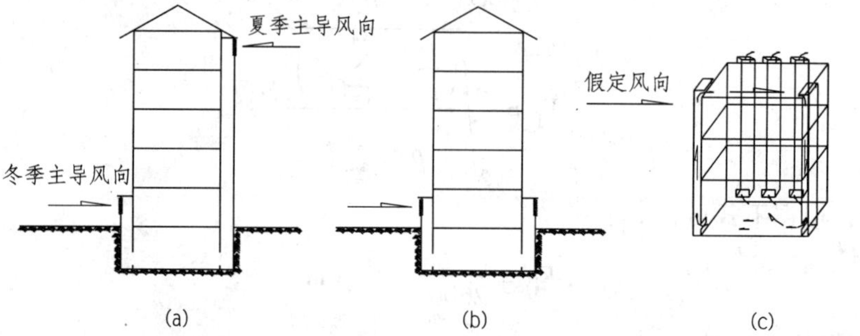

图8-9 地下室自然通风井地上风口形式

（2）设有采光窗的防空地下室

利用采光窗进行自然通风是上述风帽的特例。它仍然是利用风压和热压的作用原理，在风的作用下，迎风面为正压区，背风面为负压区，迎背风面形成风压差，此时只要采光窗一打开就有穿堂风吹过。热压作用原理如图8-10所示。

采光窗的设置要有利于工事的气流组织。目前人防地下室有许多工程单面设窗，这对自然通风是不利的，如图8-11。风在不同方向作用时，均使室内气流扰动较小；同时，也没有很好地利用热压和风压，因而换气量少，通风效果较差。

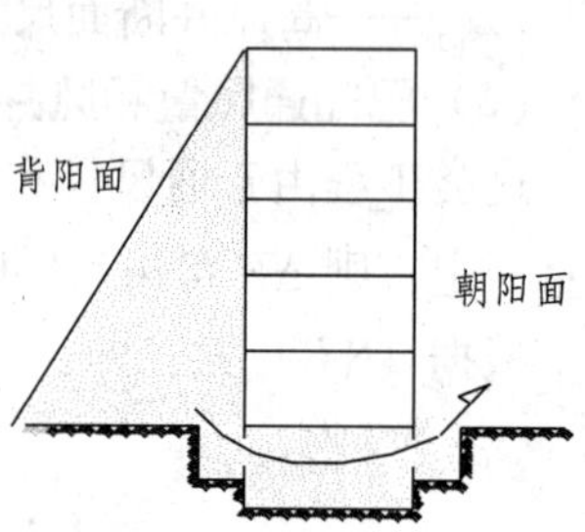

图8-10 地下室在热压作用下自然通风

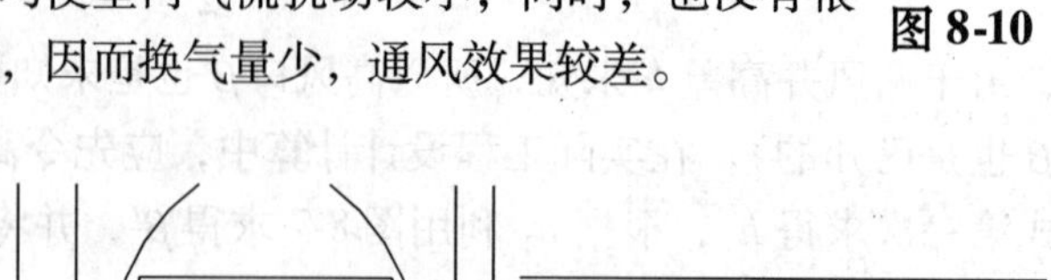

图8-11 单面设窗通风效果差

四面设窗的工事，不受风向影响，通风效果好。有条件的工事应四面设窗（至少要在对称的两面设有采光窗），如图8-12所示。

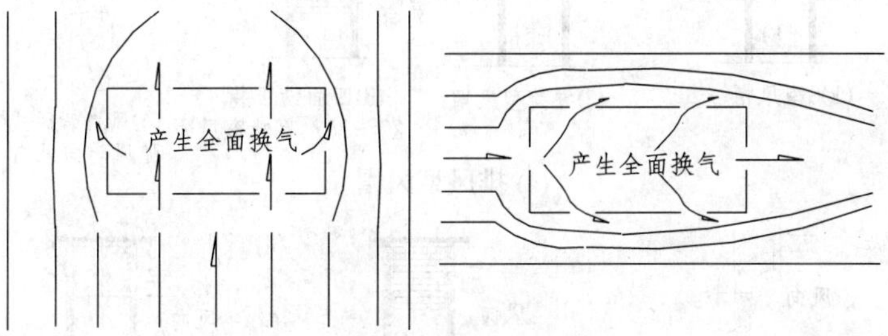

图8-12　四面设窗通风效果好

8.4.2　风口的设计

设有风井的防空地下室，自然通风井的室内和室外风口的面积要大些，气流阻力要尽量小，下面分别对其加以叙述：

(1) 风井的室内风口

风井的室内风口，要求平时通风阻力小，战时能与室外隔绝并与人员出入口有同样的防护能力；风口的面积应等于或大于风井的断面积。如果面积过小，将影响自然通风量。

目前有些工程，自然通风井的断面尺寸较大，但与室内相通的洞很小，这样便增加了气流阻力。还有许多工程自然通风井根本没有防护，这样就降低了工程的防护能力。

(2) 风井上地面风口

地面风口的设计应注意两点：

1）阻力要小。目前自然通风井的室外风口，多采用百叶窗，少数也有其他花格子的，目的是防止垃圾进入、鸟雀做窝以及落入雨水、美观等。如果不设对自然通风更为有利，因为它挡在风口上增加了气流阻力。为了减少百叶对气流的阻力，应在条件允许的前提下，尽可能加大百叶的间距，将百叶厚度δ减薄，并且使百叶表面尽量光滑。地上百叶风口见图8-13。

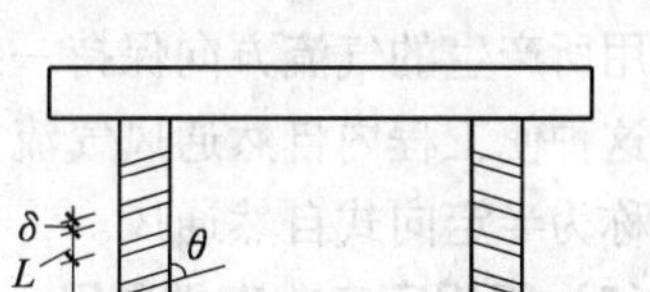

图8-13　地上百叶风口

2）能利用风压。工程能有效利用风压的关键是对进、排风口的合理设计。分清风口（或风帽）的类型，选用最佳进、排风帽。进风型风帽与排风型风帽见图8-14。进风口应安装进风型风口（帽），排风口应安装排风型风口（帽），只有这样才能合理利用风压。

排风型风口应具备如下条件：①不受风向影响，始终排风；②气流阻力小；③风压利用系数（K）高。

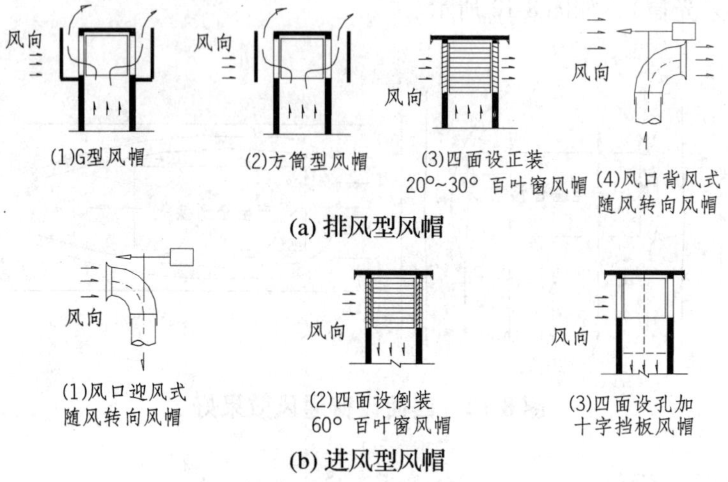

图 8-14　风帽类型

进风型风口应具备如下条件：①不受风向影响，始终进风；②气流阻力小；③风压利用系数（*K*）高。

8.4.3　保证热压与风压作用方向始终一致的方法

设法使热压作用的气流方向与风压作用的气流方向始终保持一致，是防空地下室自然通风设计的难题，有条件的工程可参照以下原理进行设计。

（1）组织半定向式自然通风

热压作用所产生的气流方向，夏季是高口进、低口排，冬季则相反。对于工程内没有余热可利用的工程，可根据季节改变风口的型式。

夏季，将高口改为进风型风口，低口改为排风型风口，使风压作用产生的气流方向与热压作用所产生的气流方向保持一致；冬季反之。

这种使工程内自然通风气流方向，仅随季节变化，不随室外风速、风向变化而变化的通风，称为半定向式自然通风。

（2）组织定向式自然通风

所谓定向自然通风，就是工程内自然通风的气流方向，不随季节和室外风速、风向变化而变化，始终向同一方向流动的通风。当工程内有余热时，可以利用余热加热高风井内排风，使排风温度始终高于夏季室外气温。这样可以使热压作用所产生的气流方向始终是低口进风、高口排风。

具体工程是将锅炉或柴油机的排烟管设在高风井内，用烟气的热量来加热高风井内的气流，使高风井内的平均温度 t_n 高于夏季室外空气温度 t_w，从而使热压的气流方向是从低口进、高口排，高风井再装上排风型的风口（帽），低风口装上进风型的风口（帽），风压和热压作用的气流方向就可一致，定向式自然通风见图 8-15。也可以利用太阳能加热高风井内的空气，定向式自然通风与除湿见图 8-16。

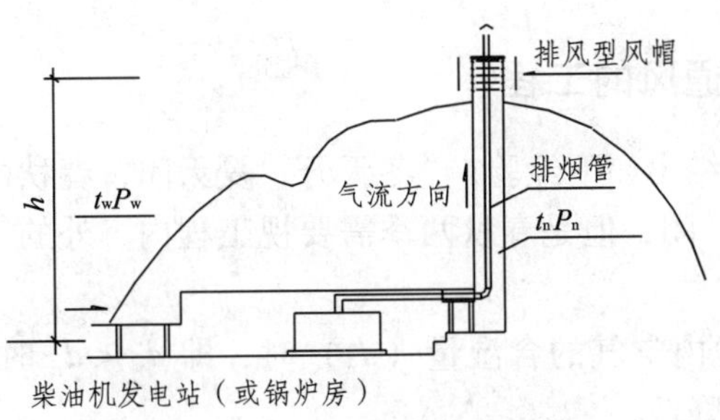

图 8-15 定向式自然通风

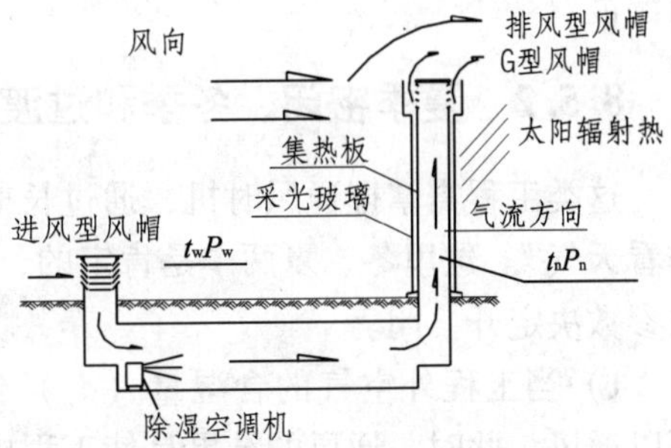

图 8-16 定向式自然通风与除湿

8.5 自然通风与防潮除湿

“防潮与除湿”这个概念，可作如下理解。

“防潮”：主要是从土建结构和维护管理方面设法防止外部湿源进入工程和对内部湿源加强管理与控制。

“除湿”：主要是从通风空调方面设法降低工程内空气的含湿量。

由此可知，防潮除湿是土建设计施工、通风空调以及维护管理等诸方面的综合性技术措施。

工程潮湿的湿源：工程外的热湿空气进入室内产生的凝结水；围护结构的渗水和三缝（施工缝、沉降缝、裂缝）等处的漏水；人员散湿及人为散湿；用水设备及用水房间的散湿等。

根据这些湿源的存在和特点以及当前除湿措施与除湿设备的发展状况等，防护工程防潮除湿的原则应是：“以防为主、以除为辅”，防、除结合。防主要是控制湿源，最主要的是控制夏季工程外热湿空气进入工程内所产生的凝结水。对自然通风而言、这是至关重要的环节。

对于利用采光窗进行自然通风的工程、由于通风口面积大、阻力小，通风和采光效果好，室内壁面随室外气温变化而变化，所以潮湿问题不明显；对设自然通风井的工程，可以根据下述情况配合机械除湿。

8.5.1 定向自然通风与除湿

防空地下室实现了定向和半定向自然通风之后，则可以有效地与机械除湿相配合，方能解决夏季工程内潮湿问题。

（1）在定向自然通风条件下

工程采用定向自然通风时，应将除湿设备设在工程的进风口，如图 8-16。让降湿机的出风气流吹向高（排）风井。

（2）在半定向自然通风条件下

除湿设备应设在夏季的进风井下，让降湿设备的出风气流吹向低（排）风井。

实践证明，因为除湿设备是设在工程夏季的进风口处，所以，机组可以控制整个工程的温湿度。

8.5.2 夏季密闭、冬季和过渡季自然通风的工程

这类工程需掌握通风时机，通过长期实践总结出如下经验；“冬天开，夏天闭，春秋两季看天气”。这里冬、夏两季是肯定的，一开、一闭，但是春秋两季需要视工程内、外的气象参数决定开、闭。

1）当工程外空气的含湿量（d_w）低于工程内空气的含湿量（d_n）时，即 $d_w < d_n$ 时，可以通风。此时，通风的结果是使工程内含湿量降低。

2）当工程外空气含湿量（d_w）高于工程内空气含湿量（d_n）时，则不能通风。此时，通风的结果工程内含湿量 d_n 不断升高。继续通风墙壁和地面有可能结露。

9 常见人防工程通风设计要点及实例

9.1 人员掩蔽工程防护通风设计

人员掩蔽工程是主要用于战时保障人员掩蔽的人防工程。按照战时掩蔽人员的作用，人员掩蔽工程共分为两等：一等人员掩蔽所和二等人员掩蔽所。一等人员掩蔽所是供战时坚持工作的政府机关、城市生活重要保障部门（电信、供电、供气、供水、食品等）、重要厂矿企业和其他战时有人员进出要求的人员掩蔽工程；二等人员掩蔽所是指战时留城的普通居民掩蔽所。人员掩蔽工程要求设置清洁通风、滤毒通风和隔绝通风三种通风方式。一等人员掩蔽所在人员主要出入口要设洗消间，二等人员掩蔽所设简易洗消间。

9.1.1 人员掩蔽工程的防护通风要求

根据《人民防空地下室设计规范》GB 50038—2005，人员掩蔽工程的防护通风要求见表9-1。

表9-1 人员掩蔽工程战时通风标准

等级	隔绝防护时间（h）	CO_2 体积浓度（%）	O_2 体积浓度（%）	清洁通风量［m^3/（人·h）］	滤毒通风量［m^3/（人·h）］	最小防毒通道换气次数（h^{-1}）	清洁区超压（Pa）
一等	≥6	≤2.0	≥18.5	≥10	≥3	≥50	≥50
二等	≥3	≤2.5	≥18.0	≥5	≥2	≥40	≥30

9.1.2 一等人员掩蔽所战时通风设计

（1）工程概况

有一防空地下室，平时为库房，平时进风量6500m^3/h，平时排风排烟量为13000m^3/h。战时为5级一等人员掩蔽所。建筑面积1050m^2，室内净高为3.0m，使用面积850m^2，战时清洁密闭区的面积为740m^2，掩蔽人员的数量为300人。设有两个出入口，其中二号口为进风口，设有进风机房、滤毒室、进风扩散室和进风竖井；一号口为战时人员主要出入口，设有战时用男女冲水厕、两个防毒通道、洗消间、排风机室、排风扩散室和排风竖井。防护通风系统平面布置见图1-1（平时、战时共用通风竖井）。

（2）战时通风量计算

1）清洁通风量。查表9-1取清洁通风量标准为10m^3/（人·h），则

清洁式进风量：$L_{qj}=300\times10=3000$（m^3/h）

清洁式排风量：$L_{qp}=L_{qj}\times0.9=3000\times0.9=2700$（$m^3$/h）

清洁式排风量一般取进风量的 80% ~90%，使工程内保证微正压。

2）滤毒通风量。查表 9-1，取滤毒通风量标准为 $L_2=3m^3/$（人·h），最小防毒通道换气次数取 50 次/h。

按人员数量计算 $L_R=L_2\times n=3\times300=900m^3/h$

第一防毒通道的有效容积 $V_{F1}=5.0m^2\times3.0m=15m^3$

第二防毒通道的有效容积 $V_{F2}=5.75m^2\times3.0m=17.25m^3$

主体清洁区的体积 $V_0=740m^2\times3.0m=2220m^3$

主体超压时的漏风量 $L_f=V_0\times4\%=2220\times4\%\ m^3/h=88.8m^3/h$

保持超压及防毒通道换气所需的新风：

$$L_H=V_{F1}\times K+L_f=15\times50+88.8=838.8\ (m^3/h)$$

滤毒通风新风量 L_D 应取 L_R 和 L_H 二者中的大值，故 $L_D=900m^3/h$

超压排风量：$L_p=L_D-L_f=900-88.8=811.2\ (m^3/h)$

（3）校核防毒通道换气次数和隔绝防护时间

1）最小防毒通道的换气次数 K_f：

$$K_f=\frac{L_P}{V_{F1}}=\frac{811.2}{15}=54>50(次/h)$$

满足规范要求。

2）隔绝防护时间：

$$\tau=\frac{1000\cdot V_0(C-C_0)}{n\cdot C_1}=\frac{1000\times2220\times(2.0\%-0.25\%)}{300\times20}=6.48(h)\geqslant6(h)$$

满足规范要求。

（4）与土建配合内容

1）防爆波活门。应按清洁通风进、排风量 3000m³/h 和 2700m³/h 和工程抗力（5 级）由土建专业选择具体型号。本工程可选 HK400 型。平时打开门扇，门洞尺寸为 1400mm × 620mm，满足平时进排风要求。

2）通风竖井面积。因通风竖井平时战时合用，计算竖井面积时应按平时风量计算，风速取 4 ~6m/s 为宜。

进风竖井面积：

平时进风量为 6500m³/h，风速取 5m/s，则其面积为 0.36m²。

排风竖井面积：

平时排风量为 13000m³/h，风速取 5m/s，则其面积为 0.72m²。

（5）战时进风系统设备选择

1）粗滤器。因粗滤器设在清洁、滤毒共用风管段上，所以按清洁通风量选择。通过每个 LWP 过滤器的风量一般取 800 ~1600m³/h，此处取 900m³/h。因而应选 4 个 LWP－D 粗滤器，采用管式安装。

2）过滤吸收器。因滤毒式进风为 900m³/h，因而可选两台 SR-500 型过滤吸收器或一台 SR-1000 型过滤吸收器。

3）清洁式进风管及阻力。风速一般取 6 ~ 8m/s，此处取 7m/s，$D=0.39m$，根据

D940X-0.5 密闭阀门的内径，选 *DN*400 的密闭阀门，其内径为 441mm，因而取清洁式进风管的内径为 441mm。

查 HK400 风量－阻力曲线图，风量 $3000m^3/h$ 时，其阻力为 140Pa，粗滤器阻力 30Pa，其他阻力包括进风竖井、扩散室、清洁式风管、送风管、阀门等的阻力为 115Pa，计算过程略。

总阻力为：140＋30＋115＝285（Pa）

4）滤毒进风管及阻力。风速取 6m/s，$D=0.23m$，根据 D940X－0.5 密闭阀门的内径，选 *DN*300 的密闭阀门，其内径为 315mm，因而取滤毒式进风管的内径为 315mm。

查 HK400 风量－阻力曲线图，风量 $900m^3/h$ 时，其阻力为 12.6Pa，粗滤器阻力 10Pa，SR－1000 型过滤吸收器阻力为 700Pa，其他阻力包括进风竖井、扩散室、滤毒进风管、送风管、阀门等的阻力为 48Pa，计算过程略，主体超压值为 62.5Pa。

总阻力为：12.6＋10＋700＋48＋62.5＝833.1（Pa）

5）进风机选择。因工程内无备用电源，因而选 DJF－1 型电动脚踏两用风机一台，其主要参数为：风量 $3273\sim1278m^3/h$，风压 410～1430Pa，功率 1.1kW。

（6）战时排风系统设备选择

1）清洁式排风管及阻力。排风量 $2700m^3/h$，风速取 6m/s，$D=0.40m$，根据 D940X－0.5 密闭阀门的内径，选 *DN*400 的密闭阀门，其内径为 441mm，因而取清洁式进风管的内径为 441mm。

查 HK400 风量－阻力曲线图，风量 $2700m^3/h$ 时，其阻力为 121Pa，其他阻力包括排风竖井、扩散室、清洁式风管、排风管、阀门等的阻力为 91Pa。

总阻力为：121＋91＝212（Pa）

2）超压排风系统及阻力。超压排风量为 $811m^3/h$。

通风短管，风速取 2.5m/s，$D=338mm$，取通风短管直径 $\phi400$，$v=1.79m/s$。

查 HK400 风量－阻力曲线图，风量 $811m^3/h$ 时，其阻力为 10Pa，其他阻力包括排风竖井、扩散室、排风管、通风短管、阀门等的阻力 23.5Pa。

选一个 PS－D250 超压排气活门，查其气体动力性能曲线，排风量为 $811m^3/h$ 时，其阻力为 49Pa。

工程超压值：10＋23.5＋49＝82.5（Pa）＞50Pa，满足要求。

选二个 PS－D250 超压排气活门，每个排风量为 $406m^3/h$ 时，其阻力为 29Pa。

工程超压值：10＋23.5＋29＝62.5Pa＞50Pa，满足要求。

因此工程超压值是由超压排风系统的阻力决定的。

此处取一个 PS－D250 型自动超压排气活门。

3）排风机选择。根据风量 $2700m^3/h$，风压 212Pa，考虑一定的安全系数，选 GXFNo4.5A 低噪声斜流风机一台，其参数为：风量 $3514m^3/h$，风压 278Pa，功率0.55kW。

（7）战时进风系统布置

战时进风系统布置见图 9-1。

（8）战时排风系统布置

战时排风系统布置见图 9-2。

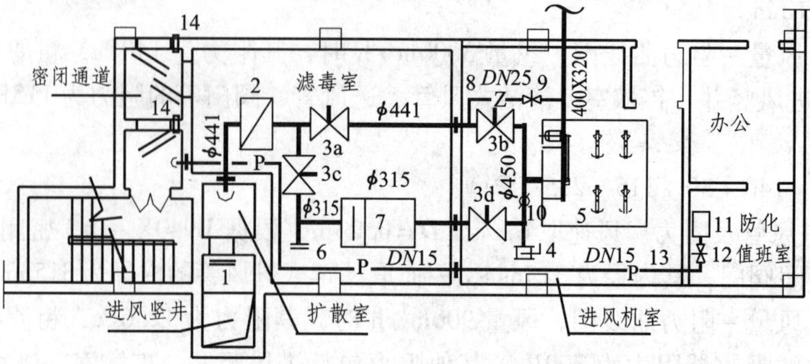

图 9-1　战时进风系统布置图

1—消波设施；2—油网过滤器；3—密闭阀门；4—风管插板阀；5—进风机；6—换气堵头；7—过滤吸收器；8—增压管（*DN*25 镀锌钢管）；9—铜球阀；10—风量调节阀；11—测压计；12—旋塞阀；13—测压管（*DN*15 镀锌钢管）；14—密闭测量管（*DN*50 镀锌钢管）

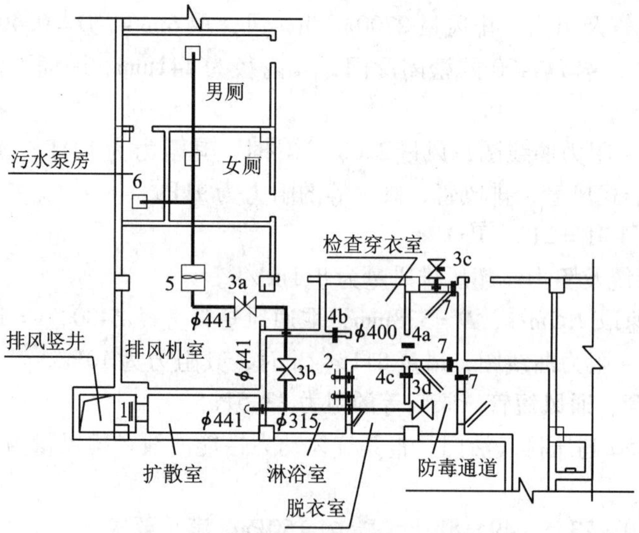

图 9-2　战时排风系统布置图

1—消波设施；2—超压排气活门；3—密闭阀门；4—通风短管（ϕ400）；5—排风机；6—排风口；7—密闭测量管（*DN*50 镀锌钢管）

9.2　物资掩蔽工程通风设计

战时物资库用于存放战时需要的食物、装备等战备物资。规范中要求的物资库最小换气次数为 1 次/h。设计中可根据库中存放物资的种类和数量，确定其具体的换气次数，一般按 1 ~ 2 次/h 换气计算通风量。

战时物资库内，一般无人员长期滞留，当敌人空袭时允许暂停通风，因此规范规定物资库内一般只设置清洁通风和隔绝通风两种方式。只有当工程要求在外界染毒时有人员或物资出入时，才设计滤毒通风系统。

为简化物资库设计、节约成本，可用防护密闭门和密闭门代替密闭阀门，可不设置扩散室和防爆波活门，这就要求在有空袭警报时关闭进排风口防护密闭门和密闭门，停止通风，利用战时的有利时机进行清洁式通风。

某人防物资库见图 9-3，其掩蔽区面积 1500m²，库内净高 2.6m，换气次数取 1.5 次/h。

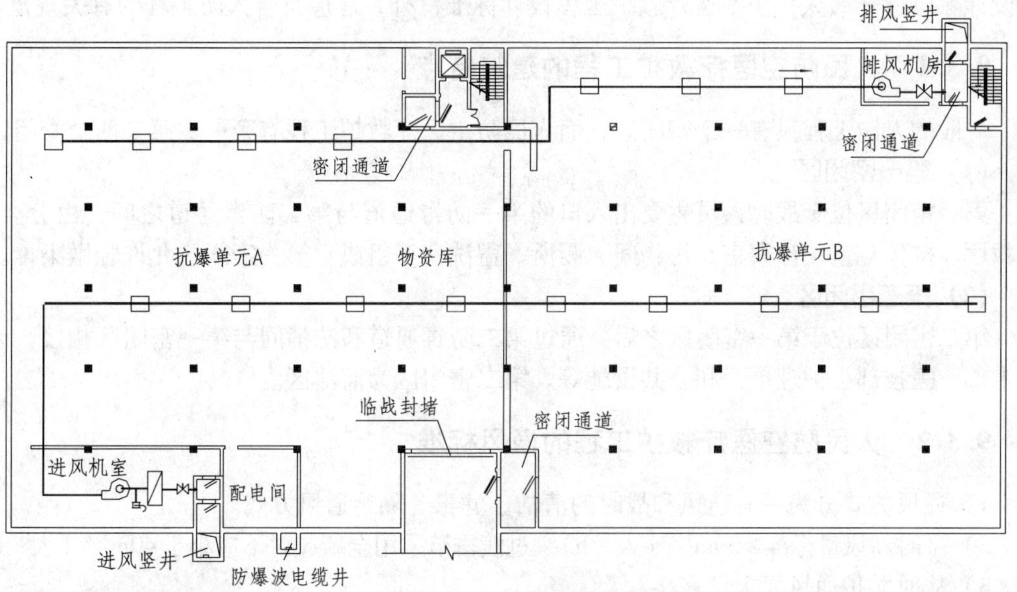

图 9-3　战时物资库通风平面图

则进风量为：

$$L_j = 1500 \times 2.6 \times 1.5 = 5850(m^3/h)$$

排风量为：

$$L_p = L_j \times 0.9 = 5265(m^3/h)$$

V 取 8m/s，则管径计算值为 $D = 508$mm，密闭阀门选 DN500 的 D940X－0.5，管径取 ϕ560。

进、排风机选 SJG－4.5F 型斜流风机，参数如下：

风量 6000m³/h，风压 297Pa，功率 1.1kW，转速 $n = 1450$rpm。

（1）清洁通风运行原理

打开进、排风口的防护密闭门和密闭阀门，关闭密闭门和插板阀，启动进、排风机进行通风。

进风：进风竖井→防护密闭门→密闭阀门→进风机→工程内。

排风：工程内→排风机→密闭阀门→防护密闭门→排风竖井。

（2）隔绝通风运行原理

关闭进、排风口的防护密闭门、密闭门和密闭阀门，打开插板阀，启动进风机。室内空气经过插板阀、进风机、室内送风口形成循环。

9.3 人民防空医疗救护工程通风设计

人民防空医疗救护工程是对伤员独立进行早期救治的医疗机构。早期救治的医疗分级和任务是：一等中心医院工程主要对伤员的早期治疗和部分专科治疗；二等急救医院工程主要承担对伤员的早期治疗；三等救护站工程主要承担对伤员的紧急救治。人民防空医疗救护工程设计除应遵守《人民防空医疗救护工程设计标准》外，还应符合人防工程的有关规范。

9.3.1 人民防空医疗救护工程的建筑特点

一般的人防工程只有一个密闭区，而人民防空医疗救护工程有第一、第二两个密闭区。

（1）第一密闭区

第一密闭区位于战时人员主要出入口的第一防毒通道与第二防毒通道之间，由分类厅、急救厅、抗休克室、诊察室、污物间、厕所、盥洗室等组成。第一密闭区允许轻微染毒。

（2）第二密闭区

第二密闭区位于第一密闭区之后，通过第二防毒通道和洗消间与第一密闭区相接，设有手术部、医技部、护理单元和公共设施等。第二密闭区为清洁区。

9.3.2 人民防空医疗救护工程的通风标准

1）通风方式分为平时通风和战时的清洁、滤毒、隔绝通风方式。

2）平时新风量标准≥30m^3/（人·h），过渡季节采用全新风时不应小于40m^3/（人·h）。

3）战时防护通风要求见表9-2。

4）战时医疗救护工程室内温、湿度要求见表9-3。

表9-2 人民防空医疗救护工程防护通风标准

防化级别	隔绝防护时间（h）	CO_2体积浓度（%）	O_2体积浓度（%）	清洁通风量[m^3/（人·h）]	滤毒通风量[m^3/（人·h）]	最小防毒通道换气次数（h^{-1}）	主体超压（Pa）
乙	≥6	≤2.0	≥18.5	≥12	≥5	≥50	≥50

表9-3 人民防空医疗救护工程室内温、湿度要求

类别	夏季		冬季	
	温度（℃）	相对湿度（%）	温度（℃）	相对湿度（%）
手术室、急救室	22～28	50～60	20～28	30～60
病房及其他	≤28	≤70	≥16	≥30

9.3.3 人民防空医疗救护工程的通风设计实例

某三等人民防空救护站工程（见图9-4），建筑面积1200m^2，有效掩蔽面积940m^2，空调面积约700m^2，战时设计人数为150人。第一密闭区设有分类厅、急救室、抗休克室、诊察室、污物间、厕所等房间；第二密闭区设有手术室、病房、办公室、厕所等房间。

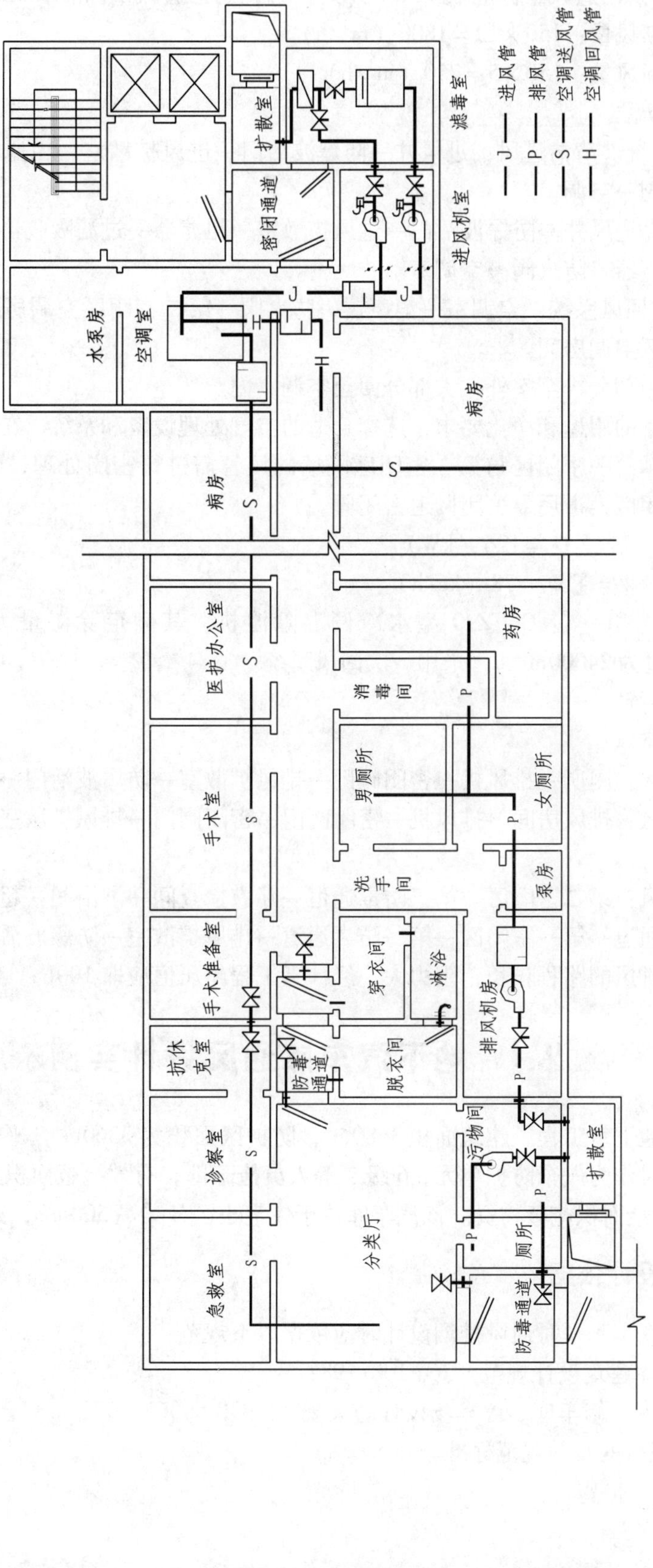

图9-4 医疗救护工程通风示意图

（1）新风量计算

查表9-2，清洁通风量标准取12m^3/（人·h），滤毒通风量标准取5m^3/（人·h）。

清洁通风新风量：150×12=1800（m^3/h）

滤毒通风新风量：150×5=750（m^3/h）

（2）空气流程

1）进风系统。清洁进风：进风井→防爆波活门→进风扩散室→粗滤器→清洁进风机→消声器→防火阀→空调室。

滤毒进风：进风井→防爆波活门→进风扩散室→粗滤器→过滤吸收器→滤毒进风机→风量调节阀→消声器→防火阀→空调室。

2）空调送回风系统。空调室→消声器→防火阀→第二密闭区空调房间→密闭阀→密闭阀→第一密闭区空调房间。

空调送风中部分排至室外，大部分回至空调室内。

根据手术室的用途和净化要求，选择合适的空气处理设备和系统，在此不予详述。

注意：穿越第一密闭区与第二密闭区隔墙的风管需进行密闭处理，两边各装一个密闭阀，当第一密闭区染毒后，关闭两道密闭阀。

总热负荷：$Q=\sum Q_i=126$（kW）

总湿负荷：$W=\sum W_i=78$（kg/h）

空调设备选用一台CGTZ90型水冷调温除湿机，其额定除湿量为90kg/h，制冷量150kW，送风量为24000m^3/h，采用一次回风系统。

3）排风系统。

①清洁式排风：

第一密闭区：厕所→排风机→密闭阀门→排风扩散室→防爆波活门→排风竖井。

第二密闭区：排风房间→排风机→密闭阀门→密闭阀门→排风扩散室→防爆波活门→排风竖井。

②超压排风：第二密闭区→第三防毒通道→穿衣检查间→淋浴间→超压排气活门→脱衣间→第二防毒通道→第一密闭区→第一防毒通道→排风扩散室→防爆波活门→排风竖井。

由于超压排风的路程较长，阻力大，经计算工程超压值应取100Pa。

9.4 地下汽车库通风设计实例

有一防空地下室工程，建筑面积3680m^2，防护区面积为3360m^2，平时为汽车库，一个防火分区；战时作为一个防护单元，6级二等人员掩蔽部，有效掩蔽面积为2630m^2，掩蔽人数1200人，多余面积掩蔽物资。该汽车库位于住宅小区，梁高500mm，梁下净高2.7m。

9.4.1 设计依据

进行地下汽车库平时通风排烟设计时应依据以下规范：

1）《汽车库建筑设计规范》JGJ 100—98；

2）《汽车库、修车库、停车场设计防火规范》GB 50067—97；

3）国家现行的有关规范标准。

9.4.2 平时通风、排烟设计

平时车库采用机械排风，排风量按 4 次/h 换气次数计算，由车辆出入口自然进风；因车库内设有自动喷淋灭火系统，本车库作为一个防火分区，分为两个防烟分区，防烟分区用梁分隔。火灾时采用机械排烟，车辆出入口自然补风，排烟量按通风换气次数 6 次/h 计算。排烟和排风系统合一，每个防烟分区设一套排烟、排风系统，采用消防耐高温排烟双速风机，由火灾报警系统控制自动切换。风机吸入口管道上设有常开的 280℃ 自动关闭的排烟防火阀，并与风机联动。补风量大于排风（烟）量的 50%。均采用上部排风。

排风、排烟量计算：

（1）第一防烟分区

排风量：$L_1 = 1450 \times 2.7 \times 4 = 15660$（$m^3/h$）

排烟量：$L_{1Y} = 1450 \times 2.7 \times 6 = 23490$（$m^3/h$）

考虑 1.1 的安全系数，选 GZ－IINo8 型双速消防耐高温风机，高速（1450rpm）：风量 27000m^3/h，风压 620Pa，耗功 7.5kW；低速（960rpm）：风量 17920m^3/h，风压 273Pa，耗功 4kW。

（2）第二防烟分区

排风量：$L_2 = 1360 \times 2.7 \times 4 = 14688$（$m^3/h$）

排烟量：$L_{2Y} = 1360 \times 2.7 \times 6 = 22032$（$m^3/h$）

考虑 1.1 的安全系数，选 GZ－IINo7 型双速消防耐高温风机，高速（1450rpm）：风量 24380m^3/h，风压 610Pa，耗功 7kW；低速（960rpm）：风量 16141m^3/h，风压 267Pa，耗功 2kW。

采用变速风机，平时排风可节约运行费用。

地下汽车库平时通风平面布置见图 9-5，平时排风机房平面布置见图 9-6。平时风管接至集气室，打开集气室与排风竖井间的防护密闭门和密闭门，进行排风排烟。

9.4.3 战时防护通风设计

战时作为一个防护单元，为 6 级二等人员掩蔽部，掩蔽人数 1200 人。

战时通风量标准，查表 9-1。

清洁通风量标准：取 7m^3/（人·h）

滤毒通风量标准：取 2m^3/（人·h）

隔绝防护时间：$t \geqslant 3h$

CO_2 允许浓度：$C \leqslant 2.5\%$

最小防毒通道换气次数 $K \geqslant 40h^{-1}$

清洁区超压：≥30Pa

（1）清洁通风量

清洁式进风量：$L_{qj} = 1200 \times 6 = 7200$（$m^3/h$）

清洁式排风量：$L_{qp} = L_{qj} \times 0.9 = 7200 \times 0.9 = 6480$（$m^3/h$）

清洁式排风量一般取进风量的 80%～90% 使工程内保证微正压。

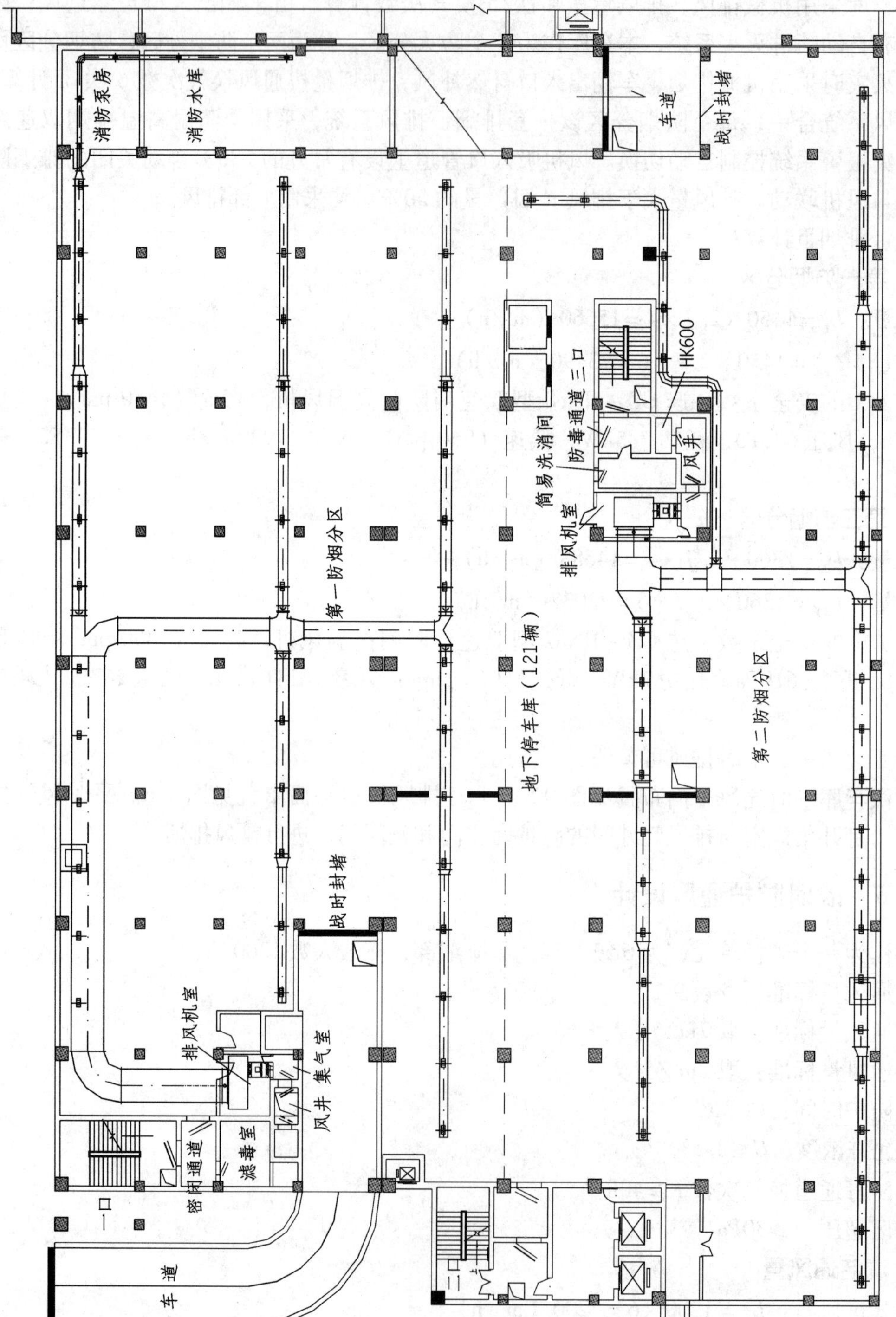

图 9－5　汽车库平时通风平面图

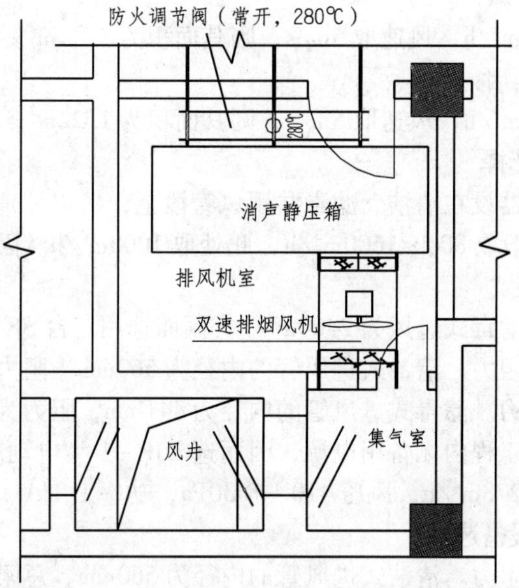

图 9-6　平时排风机房平面图

（2）滤毒通风量

按人员数量计算 $L_R = L_2 \times n = 2 \times 1200 = 2400$（$m^3/h$）

防毒通道的有效容积 $V_F = 20.4m^3$

主体清洁区的体积 $V_0 = 2630m^2 \times 3.2m = 8416m^3$

主体超压时的漏风量 $L_f = V_0 \times 4\% = 8416 \times 4\% = 336.6$（$m^3/h$）

保持超压及防毒通道换气所需的新风量：

$$L_H = V_F \times K + L_f = 20.4 \times 40 + 336.6 = 1152.6(m^3/h)$$

滤毒通风新风量 L_D 应取 L_R 和 L_H 二者中的大值，故 $L_D = 2400m^3/h$

超压排风量：$L_p = L_D - L_f = 2400 - 336.6 = 2063.4$（$m^3/h$）

（3）校核防毒通道换气次数和隔绝防护时间

1）最小防毒通道的换气次数 K_f：

$$K_f = \frac{L_P}{V_{F1}} = \frac{2063.4}{20.4} = 101 > 40(次/h) \qquad 满足要求。$$

2）隔绝防护时间：

$$\tau = \frac{1000 \cdot V_0(C - C_0)}{n \cdot C_1} = \frac{1000 \times 8416 \times (2.5\% - 0.40\%)}{1200 \times 20} = 7.36(h) \geqslant 3h$$

满足规范要求。

（4）与土建配合内容

1）防爆波活门。应按清洁通风进、排风量 $7200m^3/h$ 和 $6480m^3/h$ 和工程抗力（6 级）由土建专业选择具体型号。本工程可选 HK600 型。

2）通风竖井面积。因通风竖井平时战时合用，计算竖井面积时应按平时风量计算。风速取 4 ~6m/s 为宜。

战时进风竖井平时排烟：

平时排烟量为23490m³/h，风速取5m/s，则其面积为1.31m²。

战时排风竖井平时排烟：

平时排烟量为22032m³/h，风速取5m/s，则其面积为1.22m²。

（5）战时进风设备选择

1）粗滤器。因粗滤器设在清洁、滤毒共用风管段上，所以按清洁通风量选择。通过每个LWP过滤器的风量一般取800～1600m³/h，此处取1000m³/h。因而应选8个LWP－D粗滤器，采用墙式加固安装。

2）过滤吸收器。因滤毒式进风为2400m³/h，因而选用三台SR－1000型过滤吸收器。

3）清洁式进风管及阻力。清洁式进风管的内径为560mm，阻力为310Pa。

4）滤毒进风管及阻力。滤毒式进风管的内径为441mm，阻力为：865Pa。

5）进风机选择。因工程内无备用电源，因而选DJF－1型电动脚踏两用风机三台并联，其参数为：风量3273～1278m³/h，风压410～1430Pa，功率1.1kW。

（6）战时排风系统设备选择

1）清洁式排风管及阻力。清洁式进风管的内径为560mm，总阻力为295Pa。

2）超压排风系统及阻力。超压排风量为2063.4m³/h，选三个PS－D250型超压排气活门，每个排风量为688m³/h时，其阻力为37Pa。

通风短管，风速取3m/s，$D=493\text{mm}$，取通风短管直径$\phi500$。

其他部分的排风阻力约20Pa。

则超压排风阻力为57Pa，此即为工程的超压值。

3）排风机选择。根据风量6480m³/h，风压295Pa，考虑一定的安全系数，选GXF-No5.5A型低噪声斜流风机一台，其参数为：风量7891m³/h，风压427Pa，功率1.5kW。

战时进风系统布置见图9-7，图中设备编号的名称见表9-4。

战时排风系统布置见图9-8，图中设备编号的名称见表9-4。

主要设备材料表见表9-4。

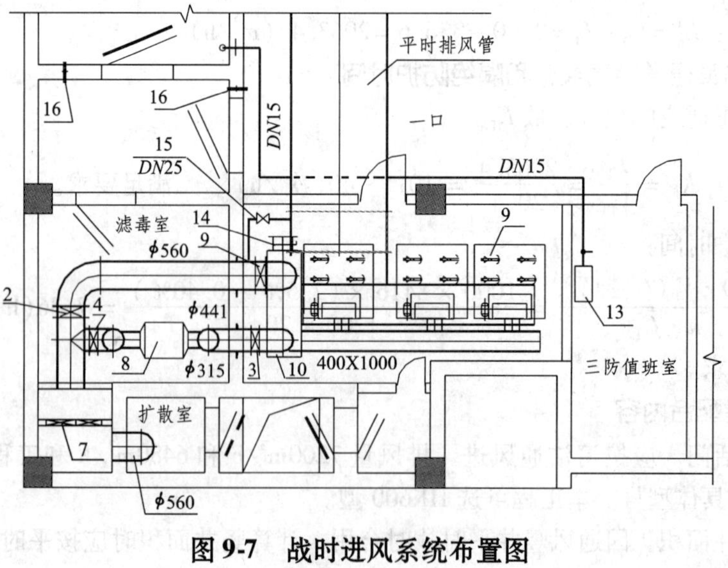

图9-7　战时进风系统布置图

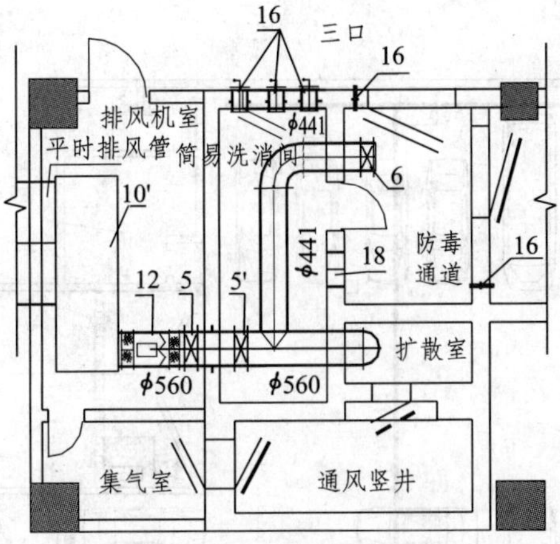

图 9-8　战时排风系统布置图

表 9-4　战时主要设备材料表

编号	名称	型号与规格	单位	数量	备注
1	手动密闭阀	D940J－0.5*DN*500	个	1	
2	手动密闭阀	D940J－0.5*DN*500	个	1	
3	手动密闭阀	D940J－0.5*DN*400	个	1	
4	手动密闭阀	D940J－0.5*DN*400	个	1	
5	手动密闭阀	D940J－0.5*DN*500	个	1	
6′	手动密闭阀	D940J－0.5*DN*500	个	1	
6	手动密闭阀	D940J－0.5*DN*400	个	1	
7	油网除尘器	LWP－D	个	8	
8	过滤吸收器	SR－1000	个	3	
9	电动、脚踏两用风机	DJF－1	台	3	
10	过渡箱	2130×700×800	个	1	
10′	过渡箱	3200×1000×700	个	1	
11	超压排气阀门	PS－D250	个	3	
12	排风机	GXF5.5A7891m^3/h　427Pa	个	2	
13	测压管装置	*DN*15（带煤气阀）	套	1	倾斜式微压计 0　200Pa
14	插板阀	*D*500	个	1	
15	密闭增压管	*DN*25（带闸阀）	个	1	
16	气密性测量管	*DN*50	个	4	两端用管帽密封
17	拆换阀	*DN*400	个	1	滤毒室换气用
18	通风短管	ϕ500	个	1	
19	风量调节阀	400×320	个	3	

9.4.4　人防车辆掩蔽部通风设计实例

人防车辆掩蔽部，战时允许染毒，空袭时可以停止通风。工程内设机械排风、排烟，排风量按 4～6 次/h 换气计算。进风采用车道自然进风。为减轻工程染毒程度，空袭时关闭进出口的防护密闭门和排风口的防护密闭门，其布置见图 9-9。

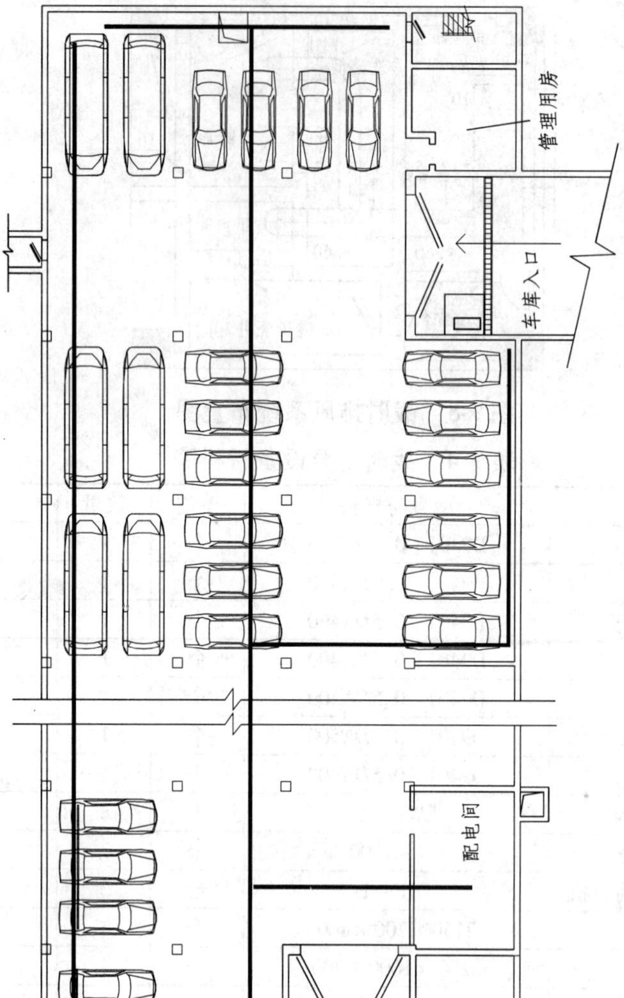

图9－9 人防车辆掩蔽部通风原理

附录A 人防工程设计文件编制要求（通风空调）

人防工程各阶段设计一般分初步设计、施工图设计两个阶段，各专业应协同处理好防护、密闭、口部设置、平战转换、设备安装等重要问题。对大型和重要的人防工程，在初步设计前，应进行工程项目的可行性研究及方案优选；对小型工程可以用方案设计代替初步设计。

人防工程设计各阶段设计文件的主要组成包括：

初步设计阶段：设计说明书、设计图纸、设计计算书、主要设备及材料表和概算。

施工图阶段：设计说明书、设计图纸、选用的标准设计、主要设备及材料表和施工图预算。

A.1 人防工程通风空调专业初步设计

A.1.1 初步设计说明书

人防工程暖通专业初步设计说明应载明下列内容：

(1) 设计依据

1) 设计规范；

2) 当地水文、气象资料。

(2) 通风空调设计

1) 按内设计参数，工程内冷、热、湿负荷统计与计算值；

2) 平时通风、空调设计标准、方式与主要技术措施；

3) 战时通风、空调设计标准、方式与主要技术措施；

4) 消防排烟系统划分与主要技术措施；

5) 电站通风降温技术措施；

6) 主要设备材料表；

7) 战时通风方式及转换；

8) 平战功能转换设计。

(3) 采暖设计

热源状况、热媒参数，采暖热负荷，采暖系统形式、散热器型号、管材及保温。

A.1.2 初步设计图纸

人防工程暖通初步设计图纸主要由平时通风、战时通风、排烟、空调平面图、主要设备及材料表组成。一般包括通风总平面图、主要机房平面图、进风系统平面图、排风系统平面图、通风空调系统原理图及主要设备材料表等。

在平面图中应绘制设备位置、主要尺寸、管道走向、管径等。

A.1.3 初步设计计算书

1）平时、战时冷热及湿负荷计算；

2）战时清洁、滤毒风量的计算及设备选择，最小防毒通道换气次数、隔绝防护时间的校核；

3）平时进、排风量及换气次数，主要管道尺寸及设备选择；

4）空气处理过程及设备选择；

5）消防排烟量计算及设备选择；

6）电站负荷计算及设备选择。

A.2 人防工程通风空调专业施工图设计

A.2.1 施工图设计说明

人防工程通风空调专业施工图设计说明应明确：

1）工程内外设计参数，冷热源情况，冷、热媒参数，空调冷、热、湿负荷；

2）平时、战时通风形式和系统平战功能转换主要技术措施；

3）平时与战时各系统设计指标及数据的选用。防火分区、防烟分区的划分、排烟量、新风量标准、防毒通道、排风房间换气次数、隔绝防护时间、工程超压值等参数；

4）防护、密闭、隔音、消音、防腐、风道、管道等材料选择与技术措施；

5）战时通风方式的转换方式；

6）施工安装要求。

A.2.2 人防工程通风空调专业施工图

人防工程通风专业施工图主要由通风空调平面图、通风空调系统图、局部详图、口部平剖面图及主要设备材料汇总表等组成。

（1）通风空调平面图

1）平时、战时通风空调平面图应绘出建筑轮廓、口部平面、防护单元的定位轴线或编号，与本专业有关的房间名称。

2）以双线绘出管道、异径管、弯头以及检查孔、测压孔、调节阀、防火阀、进（排、回、送）风口等位置，标注风管与风口尺寸，设备基础主要尺寸，弯头曲率半径，设备、部件的规格、型号，以及标准图、通用图的索引等。

3）战时人员出入口要标注洗消间、防毒通道等区域的管道，密闭阀门、自动排气阀门，防爆自动排气活门等防护设备和规格、位置、尺寸、标高等。

4）除尘、滤毒系统应绘出各部分管道、孔口、阀门的位置、规格、尺寸，标注防护、除尘、滤毒、进风、测压、检测、消音等设备设施的规格、型号、位置、主要尺寸等。

（2）通风空调系统图

1）战时通风空调系统图应按比例单线绘出轴侧投影图，标注出各种设备设施，主要零配件、风口、阀门、检测口等，以及各种异型部件的位置。

2）标明风管管径、标高、坡度，每个进（排、送、回）风口、排烟口的位置及标高。

（3）局部详图

1）设备设施布置比较复杂的部位，应绘制局部或节点详图，或注明详图、标准索引图。

2）风管预埋大样图。

3）外部测压管口部大样图。

4）口部平剖面图。进排风口部及其他复杂部位应绘制较大比例的平面图与剖面图。

5）平战功能转换设计。设计好平战功能转换方案和主要技术措施。

6）主要设备材料汇总表。

附录B 防空地下室设计文件审查要点（通风空调）

防空地下室作为人防工程的重要组成部分，在战时起着不可估量的作用。防空地下室的建设质量好坏，在设计环节起着至关重要的作用，设计不合格，防空地下室建设质量更无从谈起。与地面建筑设计相比，防空地下室设计有许多特殊要求。

B.1 人防工程防护通风要求

人防工程防护通风应满足如下要求：

1）有良好的密闭性，防止外界污染空气进入工程内部。

2）能有效地防止冲击波沿进、排风口进入工程内部。

3）对有人员掩蔽的工程应有除尘滤毒装置，能将一定量的染毒空气处理至允许浓度，供工程内人员生活需要。

4）有一定的隔绝防护能力，在规定的隔绝时间内，保持工程内二氧化碳浓度不超过允许浓度。

5）有过滤式通风时，保证工程内一定的超压和防毒通道的通风换气。

6）能够随时了解工程内外染毒和超压情况。

7）应有洗消设备。

一个较完善的人防工程通风系统，一般由进风系统、送风系统、回风系统、排风系统组成。

B.2 战时三种通风方式

（1）清洁式通风

当工程外的空气没有被污染而采取的通风方式叫清洁式通风。一个较完善的清洁式通风系统一般是：

进风：进风口——消波系统——进风机——空调室——送风机——送风房间

排风：排风房间——排风机——消波装置——排风口

（2）过滤式通风

当敌人进行核、化学或生物武器袭击时，工程外空气被沾染。进入工程内部的空气需要经过除尘滤毒处理，这种通风方式称过滤式通风。

过滤式通风系统一般是：

进内：进风口——消波装置——除尘滤毒设备——进风机——使用房间

超压排风：工程内——防毒通道——消波装置——排风口。

（3）隔绝式通风

关闭所有与外界联系的孔、口、门和进排风机，使工程与外界隔绝（但工程内部送风机运转，实现工程内空气循环），这种通风方式称隔绝式通风。

B.3 进风系统

从进风口，经进风处理设备，再由进风机到空调机的进风管道称为进风系统。防空地下室的进风系统，根据不同的通风方式应由消波装置、密闭阀门、过滤吸收器等防护设备组成。

B.4 排风系统

（1）排风系统组成

经排风房间的吸风口，经过排风机至排气消波设施、排风口等排气设备称为排风系统。防空地下室的排风系统，根据不同的情况应由消波设施、密闭阀门、自动排气阀门或防爆超压排气活门等组成。

（2）排风系统的主要作用

1）清洁式通风时，由风机排除工程内所产生的废气和有害气体。

2）过滤式通风时，与进风系统配合保证工程内的超压，保证洗消间和防毒通道的通风换气，防止由于人员进出工程时外界沾染空气从通道侵入工程内部。

3）隔绝式通风时，排风机停止工作，关闭排风管路，防止冲击波和毒剂沿排风管进入工程内部。

（3）排风系统操作

设（简易）洗消间和自动排气阀门的排风系统。清洁式排风时，开启排风机进行机械排风；隔绝式通风时，关闭所有阀门；过滤式通风时，不开排风机，工程内气体利用主体超压，经自动排气阀门排至（简易）洗消间，通过通风短管至防毒通道，经密闭阀门进入排风管至消波设施，经排风井排到工程外部。

附录C 防空地下室设计互提资料深度要求

C.1 建筑专业向其他专业提供设计资料的深度

建筑专业向其他专业（包括结构、通风空调、给水排水、电气、技术经济等）提供资料的深度主要有：

1）设防等级（根据建设单位提供的设计资料）。

2）防空地下室平时平面图、战时平面图、剖面图（主要包括防护单元的划分、口部设防条件、通风采光窗井、沉降缝等）。

3）平时使用要求及平战功能转换措施等。

4）战时用水人数，水箱设置位置。

5）防空地下室平时防火设计要求及分区。

6）防空地下室的防水、排水方案及相关位置等。

7）防空地下室的竖向设计尺寸（主要包括结构层厚度、覆土层厚度、设备管道高度以及工程净高等）。

8）地面建筑与防空地下室结构、设备结合设计内容。

9）有关平时及战时供电情况。

10）防空地下室掩蔽人数和平时使用人数。

11）需要空调设施时，提出有关空调的技术要求。

12）防空地下室的建筑设计说明。

C.2 结构专业向其他专业提供资料的深度

结构专业向其他专业（包括建筑、通风空调、给水排水、电气、技术经济等，主要指建筑专业）提供资料的深度主要有：

1）结构布置图（包括顶板布置、主要梁板尺寸、基础形式等）。

2）墙体厚度及墙体材料（包括工程主体以及口部的防护密闭门、活门的门框墙，扩散室，防毒通道，密闭通道，滤毒室等房间及设施）。

3）出入口、进排风竖井、防倒塌棚架等做法。

4）防空地下室的结构说明。

C.3 给排水专业向其他专业提供资料的深度

C.3.1 向建筑、结构专业

给排水专业向建筑与结构专业提供资料的深度主要有：

1）染毒房间清洗时的排水地漏、集水井的位置、尺寸与标高等。

2）厕所（包括干厕所）房间的位置，当是水冲厕所时提供有关给排水管道的布置及消波、密闭等措施。

3）战时水箱或水库的位置及有关做法。

C.3.2 向电气专业

给排水专业向电气专业提供资料的深度主要有：

1）用电点名称、容量、相别及位置。

2）用电设备控制要求。

C.4 通风空调专业向其他专业提供资料的深度

C.4.1 向建筑、结构专业

通风空调专业向建筑与结构专业提供资料的深度主要有：

1）根据风量标准选用的活门型号。

2）根据工程进排风设施的布置，提供墙体（特别是防护密闭墙体）开洞的尺寸与标高。

3）提出室内测压装置埋设的部位与标高。

4）有较严格防振要求的设备提供设备规格、隔振基础尺寸、型号、重量等。

5）有空调、除湿设备的，提供设备规格、基础尺寸、型号等。

C.4.2 向给排水专业

有空调、除湿设备的，需要埋设给排水管道时，提出有关的给排水要求。

C.4.3 向电气专业

给排水专业向电气专业提供资料的深度主要有：

1）用电点名称、容量、相别、位置及进线标高。

2）用电设备控制要求。

参考文献

[1] 人民防空地下室设计规范 GB 50038—2005
[2] 人民防空工程设计防火规范 GB 50098—98
[3] 人民防空工程设计规范 GB 50225—2005
[4] 汽车库、修车库、停车场设计防火规范 GB 50067—97
[5] 防空地下室通风设计—FK01 ~02（2004 年合订本）. 2004
[6] 人民防空地下室设计规范图示—05SFK10（通风专业）. 2005
[7] 汽车库建筑设计规范 JGJ 100—98
[8] 人民防空医疗救护工程设计标准 RFJ 10—95
[9] 陈志龙. 人民防空工程技术与管理. 北京：中国建筑工业出版社，2004
[10] 建设部工程质量安全监督与行业发展司，国家人民防空办公室工程组，中国建筑标准设计研究所. 全国民用建筑工程设计技术措施－防空地下室，2003
[11] 孙一坚. 工业通风. 北京：中国建筑工业出版社，1994
[12] 耿世彬，等. 防护工程通风. 北京：解放军出版社，2000
[13] 朱培根，等. 防空地下室设计手册. 北京：中国建筑标准设计研究院，2006
[14] 胡定玺，等. 地下建筑暖通空调设计手册. 北京：中国建筑工业出版社，1983